建筑工程BIM造价应用

主　编　赵海成　蒋少艳　陈　涌

副主编　刘慧超　刘　萌　黄凤丽

　　　　卢永刚　高婷婷

北京理工大学出版社

BEIJING INSTITUTE OF TECHNOLOGY PRESS

内 容 提 要

本书根据目前建筑工程造价业务场景，按照项目任务模式展开，主要分为BIM钢筋算量、BIM土建算量、BIM建筑工程计价、BIM土建计量（GTJ）、云计价五个模块。全书以两套实际案例工程为载体，依托广联达BIM造价系列软件进行建模、计量与计价操作精讲。每个模块中将实操内容按照建筑工程构造划分为若干个项目，每个项目又分解为若干个任务，项目内容按照"知识链接""实操解析""专业小贴士""知识拓展""思考与练习"进行编排，层次分明、结构紧凑。

本书可作为高等院校土木工程类相关专业的教学用书，也可作为建筑工程相关技术及管理人员的参考用书。

图书在版编目（CIP）数据

建筑工程BIM造价应用／赵海成，蒋少艳，陈涌主编.—北京：北京理工大学出版社，2020.12

ISBN 978-7-5682-9323-5

Ⅰ.①建… Ⅱ.①赵… ②蒋… ③陈… Ⅲ.①建筑工程－工程造价－应用软件－高等学校－教材 Ⅳ.①TU723.3-39

中国版本图书馆CIP数据核字（2020）第247793号

出版发行／北京理工大学出版社有限责任公司

社　　址／北京市海淀区中关村南大街5号

邮　　编／100081

电　　话／（010）68914775（总编室）

　　　　　（010）82562903（教材售后服务热线）

　　　　　（010）68948351（其他图书服务热线）

网　　址／http://www.bitpress.com.cn

经　　销／全国各地新华书店

印　　刷／北京紫瑞利印刷有限公司

开　　本／787毫米×1092毫米　1/16

印　　张／20　　　　　　　　　　　　　　　　　　　　　责任编辑／孟祥雪

字　　数／537千字　　　　　　　　　　　　　　　　　　文案编辑／孟祥雪

版　　次／2020年12月第1版　2020年12月第1次印刷　　责任校对／周瑞红

定　　价／75.00元　　　　　　　　　　　　　　　　　　责任印制／边心超

编写委员会

主　编：赵海成（山东商务职业学院）

　　　　蒋少艳（山东商务职业学院）

　　　　陈　涌（山东商务职业学院）

副主编：刘慧超（山东商务职业学院）

　　　　刘　萌（山东商务职业学院）

　　　　黄凤丽（山东商务职业学院）

　　　　卢永刚（山东商务职业学院）

　　　　高婷婷（山东电子职业技术学院）

编　委：王普红（山东华维工程咨询有限公司）

　　　　孙小艺（山东久丰造价事务所有限公司）

　　　　杨红云（烟台广软软件有限公司）

　　　　冯美娜（山东鲁成招标有限公司）

　　　　宋　歌（中恒信工程造价咨询有限公司烟台分公司）

　　　　王培俊（同圆设计集团有限公司）

　　　　杨官松（山东德铭建设项目管理有限公司）

　　　　万夫花（山东明信工程管理有限公司）

　　　　宋好袁（山东蓝科工程咨询有限公司）

前 言　FOREWORD

伴随着 BIM 技术理念不断深化、范围不断拓展、价值不断彰显，BIM 技术已成为建设行业创新和可持续发展的重要技术手段。BIM 技术对建筑行业是一次颠覆性变革，对参与工程建设的各方，无论工作方式、工作思路，还是工作路径，都将发生革命性的改变。

面对新的趋势和需求，需要我们从技术技能应用型人才培养角度出发，更多地理解和掌握 BIM 技术，将 BIM 技术与其他先进技术融合到人才培养方案，融合到课程，融合到课堂之中，创新培养模式和教学手段，让课堂变得更加生动，使之受到更多学生的喜爱和欢迎。本书将信息化手段融入传统理论教学，以项目化案例任务为驱动，与岗位实操无缝对接，使学生到了工作岗位之后能够实现"零适应期"。

本书是按照项目任务模式展开的，主要分为 BIM 钢筋算量、BIM 土建算量、BIM 建筑工程计价、BIM 土建计量（GTJ）、云计价五个模块。每个模块中将软件操作划分为若干个项目，每个项目又分解为若干个任务。项目内容按照"知识链接""实操解析""专业小贴士""知识拓展""思考与练习"进行编排，层次分明、结构紧凑。另外，本书根据两个真实的案例工程，从头至尾讲解了五种工程造价软件的使用。本书依据《房屋建筑与装饰工程工程量计算规范》（GB 50854—2013）、《山东省建筑工程消耗量定额》（SD 01—31—2016）等编写，力求表达简洁，概念明确，方法具体，实用性强，便于教师授课，更便于学生自学。

为满足学校对实训和实习模块的教学需求，强化学生动手能力的培养，本书附有完整的工程项目图纸，供教师和学生参考练习，可通过访问链接"https://pan.baidu.com/s/1sB3SgVtLMd1PSltDScWaxQ"（提取码：6wva），或扫描右侧的二维码进行下载。本书适合工程造价、建筑工程技术、建设工程管理等专业的学生选用，也可供工程技术人员参考。

由于时间仓促，编者水平有限，书中难免存在不足之处，恩请广大读者批评指正，以便及时修订与完善。

编 者

CONTENTS 目录

CONTENTS

CONTENTS

CONTENTS

模块一

BIM 钢筋算量

项目一 BIM 钢筋算量概述

工程计量和工程计价是工程造价确定的主要工作。工程造价人员要完成一项工程的预结算，最基本、耗时最长的一步就是计算各种构件的工程量，工程量计算的准确与否直接决定着工程造价的准确与否。算量软件的诞生就是为了解决手工算量过程烦琐的问题，并将大量的计算过程交由计算机来完成，将造价人员从大量的工程量计算中解放出来。

BIM 钢筋算量软件基于各地计算规则与清单计价规则，采用建模方式，整体考虑各类构件之间的相互关系，以直接输入为补充进行算量。软件主要解决工程造价人员在招标投标过程中的算量、过程提量、结算阶段构件工程量计算等业务问题，能在很大程度上提高算量工作的效率和精度。

本项目以广联达 BIM 钢筋算量 GGJ 软件为例介绍 BIM 钢筋算量。

任务一 钢筋算量软件原理

软件算量的实质是将钢筋的计算规则内置，通过建立工程，定义构件的钢筋信息，建立结构模型，依靠内置的计算扣减规则，利用计算机快速、完整地汇总计算出所有的构件钢筋工程量，最终形成报表。

钢筋算量的主要计算依据为《混凝土结构施工图平面整体表示方法制图规则和构造详图（现浇混凝土框架、剪力墙、框架-剪力墙、框支剪墙结构）》（03G101—1）、《混凝土结构施工图平面整体表示方法制图规则和构造详图（现浇混凝土式楼梯）》（03G101—2）、《混凝土结构施工图平法整体表示方法制图规则和构造详图（筏形基础）》（04G101—3）及此系列的 00G101、11G101、16G101 系列图集。

任务二 软件绘制的基本流程

使用软件做工程，画图建模是一个关键环节，画图的效率及正确性直接关系到做工程的效率与算量的准确性。根据不同类型、不同楼层和构件之间的相互关系，为了达到高效建模的目的及确保计算的准确性，软件绘图都应遵循一定的规律。软件绘图基本操作流程如图 1-1-1 所示。

1. 软件绘制原则

利用软件计算钢筋，一般按照先主体再零星的原则，即先绘制和计算主体结构，再计算零星构件；按照构件的相互关系，先绘制支撑的构件，再绘制水平构件。

2. 软件绘制流程

针对不同的结构类型，采用不同的绘制顺序，能够更方便地绘制，更快速地计算，提高了工作效率。对不同结构类型，推荐用户的绘制流程如下：

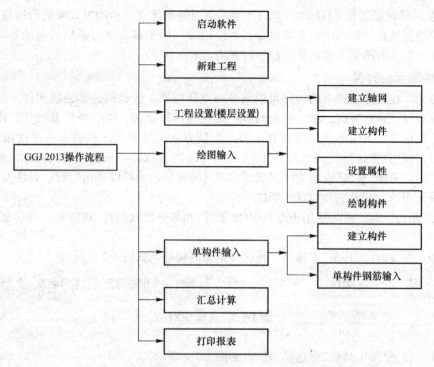

图 1-1-1 软件绘图基本操作流程

(1)剪力墙结构：剪力墙→门窗洞→暗柱/端柱→暗梁/连梁→基础。

(2)框架结构：柱→梁→板→基础。

(3)框架-剪力墙结构：柱→剪力墙板块→梁→板→砌体墙板块→基础。

(4)砖混结构：砖墙→门窗洞→构造柱→圈梁→基础。

根据结构的不同部位，总的绘制流程为：首层→地上→地下→基础。

补充说明：本项目讲解的内容和绘制计算的流程均为针对一般工程所推荐的方式，不是必须遵循的标准流程。可以根据自己的需要在实际工作时，调整绘图顺序和算量思路。

任务三　软件算量的基本知识

建筑工程钢筋工程量的计算影响因素很多，具体的影响算量因素如图 1-1-2 所示。由此可见，钢筋算量对预算人员的要求很高。预算人员要求掌握《混凝土结构设计规范(2015 年版)》(GB 50010—2010)和平法图集对构件的构造要求，能够解读个性化节点的钢筋布置，并在计算过程中能够考虑锚固及相关构件尺寸的关系。

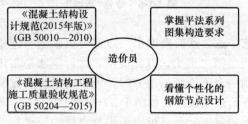

图 1-1-2　影响算量因素

广联达 BIM 钢筋算量 GGJ 2013 软件主要是通过绘图建立模型的方式来进行钢筋量的计算，构件图元的绘制是软件使用中的重要部分。对绘图方式的了解是学习软件算量的基础，下面概括介绍软件中构件的图元形式和常用的绘制方法，重点如下。

1. 构件图元的分类

按照图元，在实际工程中的构件可以划分为点状构件、线状构件和面状构件。点状构件包括柱、门窗洞口、独立基础、桩、桩承台等；线状构件包括梁、墙、条形基础等；面状构件包括现浇板、筏板等。不同形状的构件有不同的绘制方法。对于点式构件，主要使用"点"画法；线状构件可以使用"直线"画法和"弧形"画法，也可以使用"矩形"画法在封闭局域内绘制；对于面状构件，可以采用"直线"绘制边线围成面状图元的画法，也可以采用"弧线"画法及"点"画法。下面介绍最常用的"点"画法和"直线"画法。

(1)"点"画法。"点"画法适用于点式构件(如柱)和部分面状构件(现浇板、筏形基础等)。操作方法如下：

第一步：在"构件工具条"中选择一种已经定义的构件，如图 1-1-3 所示。

| 首层 ▼ | 柱 ▼ | 框柱 ▼ | KZ1 ▼ | 属性 编辑钢筋 构件列表 拾取构件 |

图 1-1-3 选择"KZ1"

第二步：在"绘图工具栏"中选择"点"，如图 1-1-4 所示。

| 选择 ▼ | 点 | 旋转点 | 智能布置 ▼ | 原位标注 | 图元柱表 | 调整柱端头 |

图 1-1-4 选择"点"

第三步：在绘图区域，单击一点作为构件的插入点，完成绘制。

注意：对于面状构件的点式绘制(现浇板、筏形基础等)，必须在有其他构件(如梁和墙)围成的封闭空间才能进行点式绘制。

(2)"直线"画法。"直线"绘制主要用于线状构件(如梁和墙)，当需要绘制一条或多条连续的直线时，可以采用绘制"直线"的方式。操作方法如下：

第一步：在"构件工具条"中选择一种已经定义的构件，如图 1-1-5 所示。

| 首层 ▼ | 梁 ▼ | 梁 ▼ | KL1 ▼ | 分层1 ▼ | 属性 编辑钢筋 构件列表 拾取构件 |

图 1-1-5 选择"KL1"

第二步：单击"绘图工具栏"中的"直线"，如图 1-1-6 所示。

| 选择 ▼ | 直线 | 点加长度 | 三点画弧 ▼ | ▼ | 矩形 | 智能布置 ▼ |

图 1-1-6 单击"直线"

第三步：用鼠标点取第一点，然后点取第二点即可以画出一道梁，然后点取第三点，就可以在第二点和第三点之间画出第二道梁，以此类推。这种画法是系统默认的画法。当需要在连续画的中间从一点直接跳到一个不连续的地方时，可单击鼠标右键临时中断，然后再到新的轴线交点上继续点取第一点开始连续画图，如图 1-1-7 所示。

使用直线绘制现浇板等面状图元时，可以采用与直线绘制梁相同的方法，不同的是要连续绘制，使绘制的线围成一个封闭的区域，形成一块面状图元。绘制结果如图 1-1-8 所示。

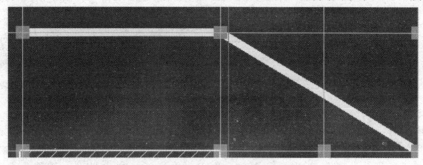

图 1-1-7　点取点画梁

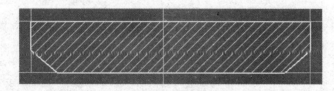

图 1-1-8　面状图元

2. 软件学习的要领

(1)熟练掌握各种构件的几何属性与空间属性的定义和绘制。

(2)掌握各类构件(柱、梁、板、墙、基础、零星构件)的配筋信息的输入及绘制技巧。

(3)掌握个性化节点或构件的变通应用。

(4)掌握节点设置、构件设置对钢筋计算的影响。

项目二　工程设置

在施工图纸上无法用线型或者符号表示的一些内容，如技术标准、质量要求、装修做法等具体要求时，就要用文字形式加以说明。所以，一套完整的施工图纸中都有建筑设计说明和结构设计说明。

建筑设计说明主要包括十大部分(地基与基础、主体结构、建筑装饰装修、建筑屋面、建筑给水排水及采暖、建筑电气、智能建筑、通风与空调、电梯、建筑节能)的做法。其中对于做预算比较重要的应该是建筑类别、功能、地理位置、层数、面积、层高、建筑高度、结构类型、抗震烈度等。施工图的说明经常还包括各种节点的做法，如散水、台阶、防潮层、装饰装修的做法，消防设计等。这些做法是做工程预算时不可忽视的内容。对后期套定额子目，查找定额子目，查看定额工作内容是否和现场施工工作内容相符合，有着至关重要的作用。

结构设计说明主要是主体结构，也就是钢筋混凝土结构的强度等级、抗震等级、构件配筋、平面关系、节点钢筋构造详图、参考图集等，这些都是计算钢筋工程量的依据。

实操解析

任务一　分析图纸

1. 结构设计总说明

(1)主要内容。

①工程概况：建筑物的位置、面积、层数、结构抗震类别、设防烈度、抗震等级及建筑物合理使用年限等。

②工程地质情况：土质情况、地下水水位等。

③设计依据。

④结构材料类型、规格、强度等级等。

⑤分类说明建筑物各部位设计要点、构造及注意事项等。

⑥需要说明的隐蔽部位的构造详图，如后浇带加强、洞口加强筋、锚拉筋、预埋件等。

⑦重要部位图例等。

(2)与钢筋工程量计算有关的信息。

①建筑物抗震等级、设防烈度、檐高、结构类型、混凝土强度等级、保护层等信息，作为计算钢筋的搭接、锚固的依据。

②钢筋接头的设置要求，影响钢筋计算长度。

③砌体构造要求，包括构造柱、圈梁的设置位置及配筋，过梁的参考图集，砌体加固钢筋的设置要求或参考图集，作为计算圈梁、构造柱、过梁钢筋量计算的依据。

④其他文字性要求或详图，有时不在结构平面图纸中画出，但仍需要计算其工程量，如现浇板分布钢筋、施工缝止水带、次梁加筋与吊筋、洞口加强筋、后浇带加强筋等。

2. 基础平面图及详图

(1)查看基础详图时应特别注意基础标高、厚度、形状等信息，了解在基础上生根的柱、墙等构件的标高及插筋情况。

(2)注意基础平面图及详图的设计说明，有些内容设计人员不再绘制在平面图上，而是以文字的形式表现，如筏板厚度、筏板配筋、基础混凝土的特殊要求(如抗渗)等。

3. 柱子平面布置图及柱表

(1)对照柱子位置信息(b边、h边的偏心情况)及梁、板、建筑平面图墙体梁的位置，从而理解柱子作为支座类构件的准确位置，为以后计算梁、墙、板等钢筋工程量做准备。

(2)柱子不同标高部位的配筋及截面信息(常以柱表或平面标注的形式出现)。

(3)特别注意柱子生根部位及高度截止信息，为理解柱子的高度信息做准备。

4. 梁平面布置图

(1)结合各层梁配筋图，了解各梁集中标注、原位标注信息。

(2)结合柱平面图、板平面图综合理解梁的位置信息。

(3)结合柱子位置，理解梁跨的信息，进一步理解主梁、次梁的概念及在计算工程量过程中的次序。

(4)注意图纸说明，捕捉关于次梁加筋、吊筋、构造钢筋的文字说明信息，防止漏项。

5. 板平面布置图

(1)结合图纸说明，阅读不同板厚的位置信息、配筋信息。

(2)结合图纸说明，理解受力筋范围信息。

(3)注意图纸说明，理解负弯矩钢筋的范围及其分布筋信息。

(4)仔细阅读图纸说明，捕捉关于洞口加强筋、阳角加筋、温度筋等信息，防止漏项。

6. 楼梯结构详图

(1)结合建筑平面图，了解不同楼梯的位置。

(2)结合建筑立面图、剖面图，理解楼梯的使用性能。

(3)结合建筑楼梯详图及楼层的层高、标高等信息，理解不同踏步板的数量、休息平台、平台的标高及尺寸。

(4)结合图纸说明及相应踏步板的钢筋信息，理解楼梯钢筋的布置情况，注意分布筋的特殊要求。

问题思考：请结合本案例图纸思考以下问题。

1. 本工程的结构类型是什么？

2. 本工程的抗震等级及设防烈度是多少？

3. 本工程不同位置混凝土构件的混凝土强度等级是多少？有无抗渗等特殊要求？

4. 本工程砌体的类型及砂浆强度等级是多少？

5. 本工程的钢筋保护层有什么特殊要求？

6. 本工程的钢筋接头及搭接有无特殊要求？

7. 本工程各构件的钢筋配置有什么要求？

仔细阅读每张结构施工图，提取柱、梁、板、墙、基础、楼梯等构件钢筋算量的关键信息。

任务二　新建工程

做一个实际工程，首先要了解工程的基本信息(分析结构设计总说明)。根据软件的操作提示，依次在弹出的窗口输入相应的信息。此时应注意哪些信息直接关系到后续的钢筋算量。

(1)双击桌面 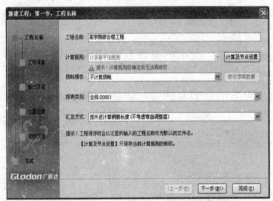 图标，启动软件后，单击"新建向导"，进入新建工程界面，输入"工程名称"，本工程名称为"某学院综合楼工程"，如图1-2-1所示。

①计算规则：软件中包括"03G101规则""00G101规则""11系新平法规则"和"16系平法规则"4种选择。根据工作的实际情况选择合适的计算规则(此项选择影响钢筋工程量的计算)。

②损耗模板：一般使用软件计算钢筋不计损耗，但在执行定额子目时，定额的材料含量应考虑钢筋损耗的部分。如果想统计钢筋的损耗量，可以根据地区规定的损耗量计算。

③汇总方式：软件中设置两种汇总方式，即"按外皮计算钢筋长度"(一般预算时使用)和"按中轴线计算钢筋长度"(一般施工现场下料时使用)。本工程选择"按外皮计算钢筋长度"。

(2)单击"下一步"按钮，进入"工程信息"界面，如图1-2-2所示。

图1-2-1　"工程名称"界面

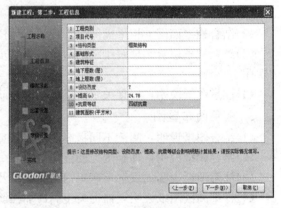

图1-2-2　"工程信息"界面

在工程信息中，抗震等级影响钢筋的搭接和锚固的数值，而结构类型、设防烈度、檐高决定建筑的抗震等级。因此，需要根据实际工程的情况进行输入。

根据结构设计说明得知本工程设防烈度为7度，抗震等级为四级；根据建施06中1—1剖面图得知本工程的檐高是24.78 m。

(3)单击"下一步"按钮，进入"编制信息"界面，如图1-2-3所示。根据工程实际情况填写，该内容也会链接到报表中。但是只起到标识性的作用，不会影响钢筋量的计算，平时练习过程中可以不填写。

(4)单击"下一步"按钮，进入"比重设置"界面，对钢筋的比重进行设置，如图1-2-4所示。"比重设置"会影响到钢筋质量的计算，因此，需要准确设置。直径为6 mm的钢筋，一般用直径为6.5 mm的钢筋代替，这种情况下，需要将直径为6 mm的钢筋的比重修改为直径为6.5 mm的钢筋比重，直接在表格中复制、粘贴即可完成。

在这个窗口当中需要注意下面的"提示"，在软件中输入A表示HPB300型钢筋等。

(5)单击"下一步"按钮，进入"弯钩设置"界面，可以根据实际需求对弯钩进行设置，如图1-2-5所示。

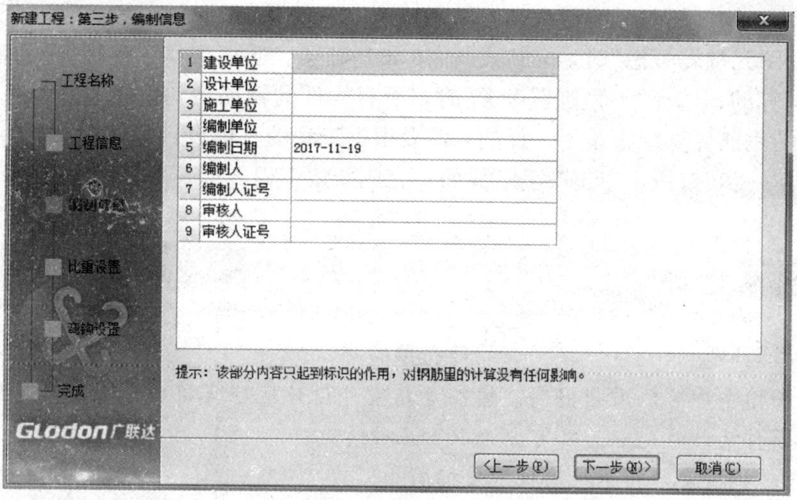

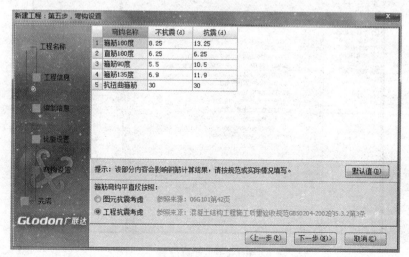

图 1-2-3　"编制信息"界面

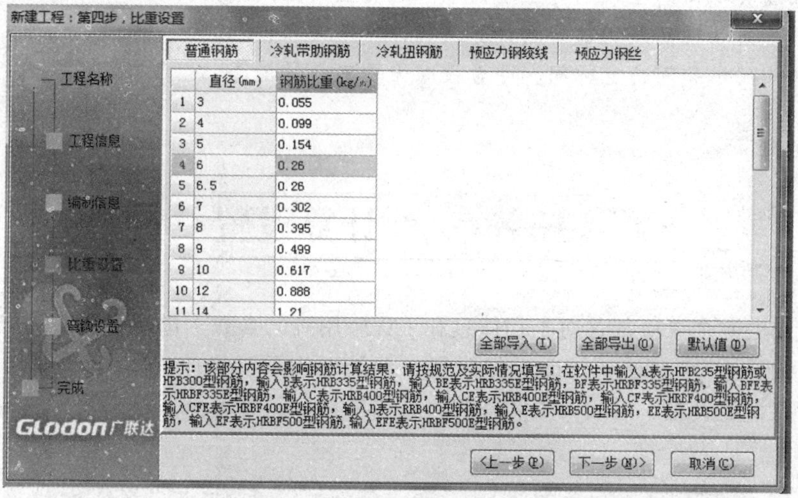

图 1-2-4　"比重设置"界面

图 1-2-5　"弯钩设置"界面

在此窗口中弯钩一般不需要更改，但需要特别注意的是"图元抗震考虑"和"工程抗震考虑"的选择。选择"图元抗震考虑"时，非抗震构件（如基础梁、非框架梁、楼梯等）的箍筋弯钩的平直段是按5d计算的；选择"工程抗震考虑"时，所有构件的箍筋弯钩的平直段是按10d计算的。上述两种选择的钢筋计算结果是不一样的，需要根据工程的具体设计选择。

（6）单击"下一步"按钮，单击"完成"界面，完成新建工程。

专业小贴士

什么是檐高？

从建筑立面图中即可以看出檐高。檐高是指室外设计地坪至檐口的高度。建筑物檐高以室外设计地坪标高作为计算起点。其可分为以下几种情况：

（1）平屋顶带挑檐者，算至挑檐板下皮标高；

（2）平屋顶带女儿墙者，算至屋顶结构板上皮标高；

（3）坡屋面或其他曲面屋顶均算至墙的中心线与屋面板交点的高度；

（4）阶梯式建筑物按高层的建筑物计算檐高；

（5）凸出屋面的水箱间、电梯间、亭台楼阁等均不计算檐高。

任务三　计算设置

工程设置中的6个页面都是对工程信息和工程中用到的参数等进行设置的。"比重设置""弯钩设置"和"损耗设置"在新建工程时已经设置，此处不用重复修改。"计算设置"中包含计算设置、节点设置、箍筋设置、搭接设置和箍筋公式等项目，而且每个项目中都有对应的构件列项，如图1-2-6所示。

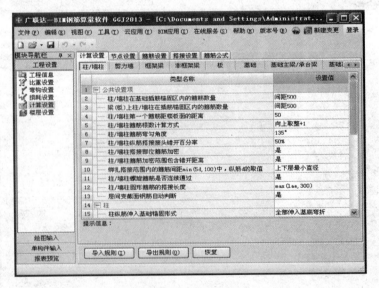

图1-2-6　计算设置

"计算设置"部分的内容是软件内置的规范和图集的显示，包括各类构件计算过程中所用到的参数设置，直接影响钢筋计算结果。软件中默认的都是规范中规定的数值和工程中最常用的数值，按照图集设计的工程，一般不需要修改；在工程有特殊要求时，用户可以根据结构施工说明和施工图来对具体的项目进行修改。

例如，本工程结构设计说明中现浇板中未注明的分布筋为 Φ6@200，修改为如图1-2-7所示。这样，后续在板的定义界面就无须依次修改了。

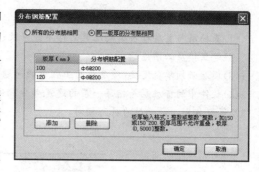

图1-2-7 分布钢筋配置

任务四　楼层设置

新建工程完成后，接下来需要建立工程的楼层体系。从"工程信息"界面切换到"楼层设置"界面，根据结构图纸进行楼层的建立，如图1-2-8所示。

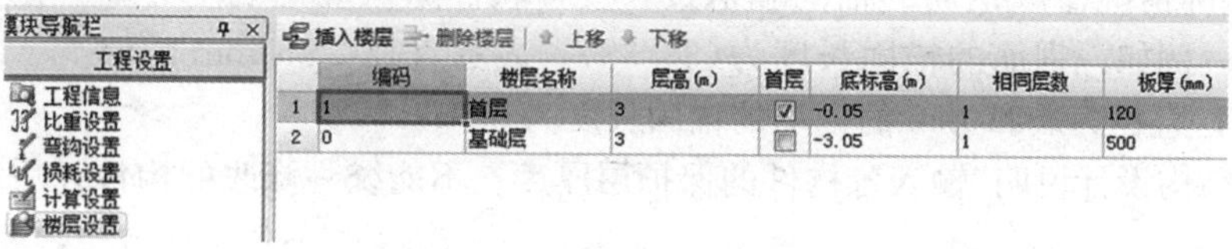

图1-2-8 "楼层设置"界面

（1）软件默认给出首层和基础层。先确定首层的底标高，再输入首层层高。

（2）将光标移到基础层，因基础层的高度为2.45 m，所以在基础层的层高位置输入2.45 m。

（3）单击鼠标左键选择首层所在的行，单击"插入楼层"，添加第2层、第3层……楼层名称可以根据工程实际情况编辑，如地下室、屋面层等。然后依次更改层高数据。在更改过程中支持"填充柄"拖动功能，可以快速更改层高相同的楼层。

（4）单击鼠标左键选择基础层所在的行，单击"插入楼层"，则添加地下的-1层、-2层等。

在此界面，还可以利用"插入楼层""删除楼层"的命令，根据工程实际情况增加或删除楼层，并修改相应楼层的标高。

本工程的楼层信息建立完毕，如图1-2-9所示。

	编码	楼层名称	层高(m)	首层	底标高(m)	相同层数	板厚(mm)
1	8	屋面层	2.5	☐	24.55	1	120
2	7	第6层	3	☐	21.55	1	120
3	6	第5层	3.3	☐	18.25	1	120
4	5	第4层	3.3	☐	14.95	1	120
5	4	第3层	3.3	☐	11.65	1	120
6	3	第2层	3.3	☐	8.35	1	120
7	2	第1层	4.2	☐	4.15	1	120
8	1	地下室	4.2	☑	-0.05	1	120
9	0	基础层	2.45	☐	-2.5	1	500

图1-2-9 楼层信息

注意：

（1）基础层与首层楼层编码及其名称不能修改；

（2）建立楼层必须连续；

（3）顶层必须单独定义（涉及屋面工程量的问题）；

（4）软件中的标准层是指每一层的建筑部分相同，结构部分相同，每一道墙体的混凝土强度等级、砂浆强度等级相同，每一层的层高相同。

任务五　楼层钢筋设置

楼层建立完毕之后，从基础层开始对楼层钢筋设置进行修改。

（1）根据实际情况需要修改各构件的抗震等级，软件默认的抗震等级为工程设置中的抗震等级。

微课：楼层设置
（混凝土强度等级与
保护层信息修改）

（2）根据"结构设计说明"中的混凝土强度等级说明，修改基础层各种构件的混凝土强度等级。"（　）"括号表示软件默认的数值，用户手动修改时，要将括号及其中内容删除，再输入实际需要的数值。

（3）根据实际情况修改钢筋的锚固和搭接长度，软件默认规范规定的锚固和搭接长度。例如，钢筋的锚固长度为（34/38），表示直径≤25 mm的钢筋长度为34 d，直径为＞25 mm的钢筋的锚固长度为38 d。

（4）根据"结构设计说明"输入各构件的保护层厚度。不能统一修改的构件在后续绘制图元时可单独修改。

（5）在基础层输入相应的数值完毕后，可以使用右下角的"复制到其他楼层"命令，将基础层的数值复制到参数相同的其他楼层，如图1-2-10所示。

楼层默认钢筋设置(基础层, -3.05m~-0.05m)

	抗震等级	砼标号	锚固 HPB235(A)/HPB300(A)	锚固 HRB335(B)/HRB335E(BE)/HRBF335(BF)	锚固 HRB400(C)/HRB400E(CE)/HRBF400(BF)	锚固 HRB500(E)/HRB500E(EE)/HRBF500(BF)	锚固 冷轧带肋	锚固 冷轧扭	搭接 HPB235(A)/HPB300(A)	搭接 HRB335(B)/HRB335E(BE)/HRBF335(BF)	搭接 HRB400(C)/HRB400E(CE)/HRBF400(BF)	搭接 HRB500(E)/HRB500E(EE)/HRBF500(BF)	搭接 冷轧带肋	搭接 冷轧扭	保护层厚(mm)	备注
基础	(四级抗震)	C30	(30)	(29/32)	(35/39)	(43/48)	(35)	(35)	(42)	(41/45)	(49/55)	(61/68)	(49)	(49)	35	包含所有的基础构件,不含基础梁
基础梁/承台梁	(四级抗震)	C30	(30)	(29/32)	(35/39)	(43/48)	(35)	(35)	(42)	(41/45)	(49/55)	(61/68)	(49)	(49)	25	包含基础主梁、基础次梁、承台梁
框架梁	(四级抗震)	C30	(30)	(29/32)	(35/39)	(43/48)	(35)	(35)	(42)	(41/45)	(49/55)	(61/68)	(49)	(49)	25	包含楼层框架梁、屋面框架梁、框支梁、框
非框架梁	(非抗震)	C30	(30)	(29/32)	(35/39)	(43/48)	(35)	(35)	(42)	(41/45)	(49/55)	(61/68)	(49)	(49)	25	包含非框架梁、井字梁、基础联系梁、次
柱	(四级抗震)	C30	(30)	(29/32)	(35/39)	(43/48)	(35)	(35)	(42)	(41/45)	(49/55)	(61/68)	(49)	(49)	25	包含框架柱、框支柱
现浇板	(非抗震)	C30	(30)	(29/32)	(35/39)	(43/48)	(35)	(35)	(42)	(41/45)	(49/55)	(61/68)	(49)	(49)	(15)	现浇板、螺旋板、空心楼盖板、空心
剪力墙	(四级抗震)	C30	(30)	(29/32)	(35/39)	(43/48)	(35)	(35)	(35/39)	(42/47)	(52/58)	(42)			(20)	仅包含墙身
人防门框墙	(四级抗震)	C30	(30)	(29/32)	(35/39)	(43/48)	(35)	(35)	(42)	(41/45)	(49/55)	(61/68)	(49)		(15)	人防门框墙
墙梁	(四级抗震)	C35	(28)	(27/30)	(32/36)	(39/43)	(40)		(38/42)	(45/51)	(55/61)	(49)			(20)	包含连梁、暗梁、边框梁
墙柱	(四级抗震)	C35	(28)	(27/30)	(32/36)	(39/43)	(40)		(38/42)	(45/51)	(55/61)	(49)			(20)	包含暗柱、端柱
圈梁	(四级抗震)	C25	(34)	(33/37)	(40/44)	(48/53)	(40)	(40)	(48)	(47/52)	(56/62)	(68/75)	(56)	(56)	(25)	包含圈梁、过梁
构造柱	(四级抗震)	C20	(39)	(38/42)	(40/44)	(48/53)	(55)	(55)	(55)	(54/59)	(56/62)	(68/75)	(63)	(63)	(25)	构造柱
其它	(非抗震)	C15	(39)	(38/42)	(40/44)	(48/53)	(55)	(55)	(55)	(54/59)	(56/62)	(68/75)	(63)	(63)		包含除以上构件类型之外的所有构件类型

基本锚固设置　复制到其他楼层　默认值(D)

图1-2-10　楼层钢筋设置

任务六　导入图形工程

利用钢筋算量软件时,可以将"图形算量软件"中绘制完成的工程信息导入到钢筋算量软件中,实现数据共享,如图1-2-11所示。

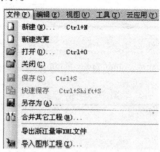

图1-2-11　导入图形工程界面

(1)钢筋按外皮计算还是按中轴线计算?两种计算方式有何差异?如何选用?

参考答案:"按外皮计算"偏重于根据图示标注来计算钢筋长度,没有考虑钢筋的直径、弯曲的变化等因素,其计算精度比较粗,计算方法也比较简单,通过图纸就能很方便地得到钢筋的长度,基于这些因素,预算人员往往是根据"按照外皮计算"来计算钢筋长度。

相比"按外皮计算","按中轴线计算"更接近于实际的钢筋长度,其充分考虑了钢筋的级别、直径、实际加工弯曲过程的变化,对长度进行多次的修正,精度非常高,这种算法常用于施工下料。实际工作中,有些预算人员为了追求预算的精确,也会采用这样的算法。

两种计算方法,不能说预算时哪种正确、哪种错误,只是适用于不同的业务背景和实际情况。

(2)标高不同的楼层如何处理?

参考答案:按高的楼层层高设置,构件的标高按图示数据定义布置,构件的标高是完全放开的,不受层高约束。

(3)轴号不能缩放应该如何操作?

参考答案:将标题栏中"工具"→"选项"→"单线字体"去掉勾选即可。

思考与练习

1. 对照图纸新建工程,思考哪些参数会影响到钢筋量的计算。
2. 思考软件中计算设置的特点、意义及使用。
3. 对照图纸完成本工程的楼层设置。

项目三　轴网的定义与绘制

>> **知识链接**

　　轴网可分为正交轴网、圆弧轴网和斜交轴网。轴网由定位轴线、标注尺寸和轴号组成。轴网是建筑制图的主体框架，建立轴网的目的是定位整个建筑工程。建筑物的主要支承构件按照轴网定位排列，达到井然有序。

* **实操解析**

任务一　轴网的定义

　　第一步：在左侧模块导航栏中选择"轴网"，单击 定义 按钮，进入轴网的定义界面，单击 新建▾ 按钮或者在空白处单击右键选择自己需要建立的轴网的种类，如图 1-3-1 所示。

　　第二步：在属性编辑框中输入轴网的名称，默认为"轴网-1"。如果工程由多个轴网拼接而成，则建议填入的名称尽可能详细，如图 1-3-2 所示。

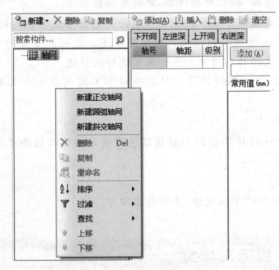

图 1-3-1　轴网种类选择　　　　　　　　　　图 1-3-2　轴网名称

　　第三步：在右侧依次输入下开间、上开间、左进深和右进深的尺寸。输入轴距时，软件提供了以下三种方法供选择：

　　（1）从常用数值中选取：选中常用数值，双击鼠标左键，所选中的常用数值即出现在轴距的单元格上；

（2）直接输入轴距：在轴距输入框处直接输入轴距，然后按 Enter 键即可；

（3）自定义数据：在"定义数据"中直接以"，"隔开，输入轴号及轴距。格式为：轴号，轴距，轴号，轴距，轴号……，如图 1-3-3 所示。

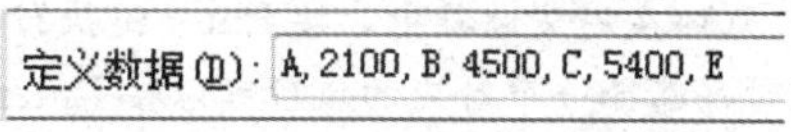

定义数据(D)：A, 2100, B, 4500, C, 5400, E

图 1-3-3　自定义数据

任务二　轴网的绘制

第一步：轴网定义完成后，单击 <绘图> 按钮，或者双击轴网名称进入绘图界面，弹出如图 1-3-4 所示的对话框。

此对话框输入的角度是所建轴网相对平面直角坐标系的倾斜角度。如果无倾斜，则按默认值"0"即可；如果有倾斜，则按具体情况输入倾斜角度即可插入轴网。

注意：绘制轴网时只在首层绘制，绘制完成后就会整栋楼层生成

图 1-3-4　"请输入角度"对话框

轴网。如果不同的楼层有部分的轴网不一致，则使用模块导航栏中的"辅助轴线"来增加轴网需要偏移的尺寸。

第二步：建立本工程的轴网。本工程的轴网信息：下开间→7 500，7 500，6 000，6 000；上开间→7 500，3 900，3 600，600，5 400，6 000；左进深→2 100，4 500，5 400；右进深→2 100，4 500，5 400。由此发现，上开间、下开间数值不同。所以，在输入"上开间"轴距时，注意同时修改轴号名称，使其与图纸一致，"左、右进深"同样操作，为准确定位后续构件做好准备。

如果上开间、下开间或者左、右进深轴距不一样，而且轴号编码没用分轴线，此时输入轴距无须更改轴号名称，只需输入完毕之后，使用"轴号自动排序"命令对轴号进行重新排序，软件便会自动调整轴号与图纸一致，如图 1-3-5 所示。

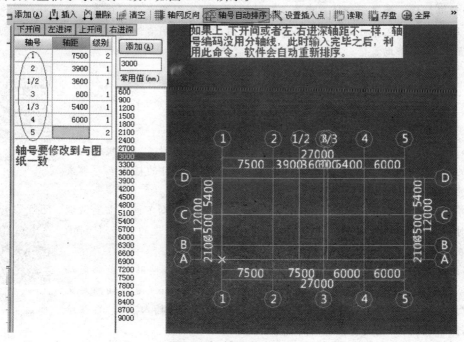

图 1-3-5　轴号自动排序

注意：

（1）在定义过程中，按 Enter 键执行的是确定的命令，所以，在输入下开间、左进深、上开间和右进深时每选择一个对应的值后可以按 Enter 键确定。

（2）在输入下开间、左进深、上开间和右进深时，如果有连续一样的间距，例如，连续有 8 个 3 600，遇到这种情况，在 添加(A) 按钮下的输入框内输入"3 600 * 8"后按 Enter 键即可，如图 1-3-6 所示。

下开间	左进深	上开间	右进深

轴号	轴距	级别
1	3600	2
2	3600	1
3	3600	1
4	3600	1
5	3600	1
6	3600	1
7	3600	1
8	3600	1
9		2

添加(A)
3600*8

常用值(mm)
600
900
1200
1500
1800
2100
2400
2700
3000
3300

图 1-3-6　连续间距输入方法

🔊 **知识拓展**

（1）轴网的编辑。轴网绘制完毕后，如果需要对轴网图元进行编辑，可以使用"绘图工具栏"中的功能，如图 1-3-7 所示。

🗡️ 修剪轴线　🗡️ 拉框修剪轴线　▾　🗡️ 恢复轴线　✏️ 修改轴号　📐 修改轴距　🔲 修改轴号位置

图 1-3-7　编辑轴网

（2）辅助轴线。为了方便绘制图元，软件提供了辅助轴线功能。现在，辅助轴线作为常用的工具栏（图 1-3-8），在每种构件的图层都可以使用，便于使用者绘图和编辑。具体操作可以参照软件内置的《文字帮助》。

🗡️ 两点　☰ 平行　🗡️ 点角　▾　🗡️ 三点辅轴　▾　》

图 1-3-8　辅助轴线工具栏

微课：绘制复杂轴网

（3）设置插入点。在绘制轴网前，可以针对插入点进行设置。使用轴网定义界面的"设置插入点"功能，选择轴网中的某一点为绘制时的插入点，单击要选择的插入点即可。

（4）"旋转点"绘制轴网。如果轴网的方向与定义时的方向不同，需要做调整旋转时，可以使用"旋转点"绘制方法。需要注意的是，角度的偏移用"Shift＋鼠标左键"。

（5）绘制复杂轴网。如果工程的轴网较复杂，可以将轴网肢解成正交轴网、圆弧轴网等多个轴网分别建立，然后设置轴网的插入点（使用轴网定义界面的"设置插入点"功能，选择轴网中某一点为绘制时的插入点），再在绘图时进行轴网拼接，完成复杂轴网的建立。

微课：绘制弧形轴网

项目四　柵的定义与绘制

知识链接

(1)柱构件钢筋分析。要想利用钢筋算量软件快速、准确地计算出柱的钢筋工程量，必须了解柱中有哪些钢筋需要计算。对柱钢筋进行分析，如图1-4-1所示。

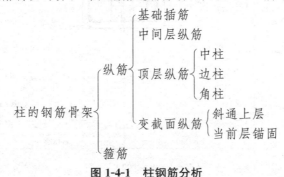

图1-4-1　柱钢筋分析

(2)柱平法相关知识。柱类型有框架柱、框支柱、芯柱、梁上柱、剪力墙柱、构造柱等。从形状上可分为圆形柱、矩形柱、异形柱等。柱钢筋的平法表示有两种：一种是列表注写方式；另一种是截面注写方式。

①列表注写。在柱表中注写柱编号、柱段起始标高、几何尺寸(含柱截面对轴线的偏心情况)与配筋信息、箍筋信息，如图1-4-2所示。

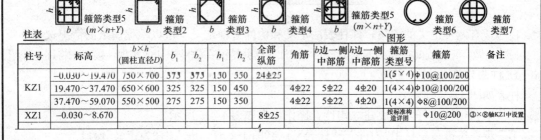

柱号	标高	$b \times h$ (圆柱直径D)	b_1	b_2	h_1	h_2	全部纵筋	角筋	b边一侧中部筋	h边一侧中部筋	箍筋类型号	箍筋	备注
KZ1	-0.030~19.470	750×700	373	373	130	550	24Φ25				1(5Y4)	Φ10@100/200	
	19.470~37.470	650×600	325	325	150	450		4Φ22	5Φ22	4Φ20	1(4×4)	Φ10@100/200	
	37.470~59.070	550×500	275	275	150	350		4Φ22	5Φ22	4Φ20	1(4×4)	Φ8@100/200	
XZ1	-0.030~8.670						8Φ25				按标准构造详图	Φ10@200	③×⑧轴KZ1中设置

图1-4-2　列表注写

②截面注写。在同一编号的柱中选择一个截面，以直接注写截面尺寸和柱纵筋与箍筋信息，如图1-4-3所示。

轴网定义和绘制完成后，开始绘制主体结构的构件图元。框架结构一般按照柱→梁→板→墙→基础→二次构件→其他这样的绘制流程进行建模。软件默认定位在首层，首先进行框架柱的定义与绘制。每个构件的绘制过程都按照先定义构件，再绘制图元的顺序进行。

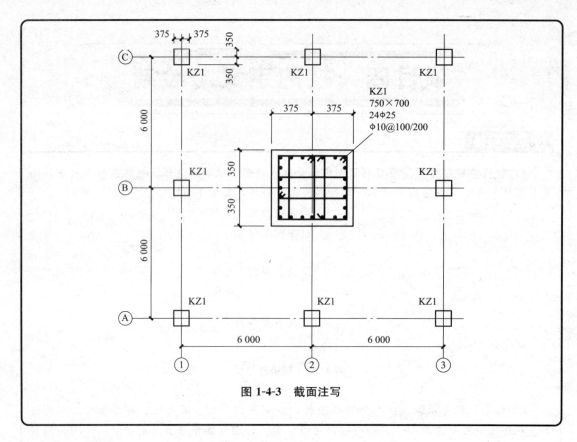

图 1-4-3　截面注写

实操解析

任务一　柱的定义

柱通常有两种定义的方法，即柱表法定义和构件管理定义，可以根据图纸的情况选择。另外，做实际工程时往往会遇到很多的异形柱。这些情况在软件中如何实现，接下来将逐一介绍。

1. 柱表法定义柱

柱表如图 1-4-4 所示。

软件中利用柱表可以快速建立构件，操作步骤如图 1-4-5 所示。

第一步：单击菜单栏中"构件"→"柱表"选项（图 1-4-6），进入"柱表定义"窗口。

第二步：单击"新建柱"按钮，输入相应的尺寸与钢筋信息，新建 KZ—1。

第三步：单击"新建柱层"按钮，建立各楼层的柱构件。

第四步：选中 KZ—1，单击"复制"命令，将复制出来的构件修改为"KZ—2"，同理新建"KZ—3"。

第五步：单击"生成构件"按钮，软件自动在每个楼层建立柱构件。如此操作，无须每层一一建立柱构件。

第六步：单击"确定"按钮，退出"柱表定义"窗口。

微课：柱大样
信息校核

2. 构件管理定义柱

第一步：在"模块导航栏"中根据工程实际情况选择框柱、暗柱、端柱、构造柱其中的一种，

单击 ▦ **定义** 按钮，进入"构件管理"对话框。

第二步：单击 ▣**新建▾** 按钮或右击选择"新建"，选择所需要的柱截面形状。在右边的属性编辑框中根据工程的实际情况输入相关数据（名称、类别、截面尺寸、钢筋信息），如图1-4-7～图1-4-9所示，完成柱的定义。

框架柱配筋表

柱号	标高	$b \times h$ （圆柱直径 D）	角筋	b 边一侧 中箍筋	b 边一侧 中部筋	箍筋类型号	箍筋
KZ—1	基础底面～7.400	500×400	4Φ18	2Φ16	1Φ16	2(4×3)	Φ8@100/200
	7.400～10.400	400×400	4Φ18	1Φ16	1Φ16	1(3×3)	Φ8@100/200
	10.400～箍筋	500×400	4Φ16	1Φ16	1Φ16	1(3×3)	Φ8@100/200
KZ—2	基础底面～箍筋	400×400	4Φ16	1Φ16	1Φ16	1(3×3)	Φ8@100/200
KZ—3	基础底面～7.400	500×500	4Φ18	2Φ16	2Φ16	3(4×4)	Φ8@100/200
	7.400～箍筋	400×400	4Φ16	1Φ16	1Φ16	1(3×3)	Φ8@100/200
KZ—4	基础底面～7.400	600×400	4Φ18	2Φ16	2Φ18	2(4×3)	Φ8@100/200
	7.400～箍筋	600×350	4Φ18	2Φ16	2Φ16	2(4×3)	Φ8@100/200
KZ—5	基础底面～28.450	400×400	4Φ16	1Φ16	1Φ16	1(3×3)	Φ8@100/200
	28.450～33.200	400×400	4Φ16	1Φ16	1Φ16	1(3×3)	Φ8@100
KZ—6	基础底面～7.400	400×500	4Φ16	1Φ16	2Φ16	1(3×3)	Φ8@100
	7.400～28.450	400×400	4Φ16	1Φ16	1Φ16	1(3×3)	Φ8@100/200
	28.450～33.200	400×400	4Φ16	1Φ16	1Φ16	1(3×3)	Φ8@100

图1-4-4　框架柱配筋表

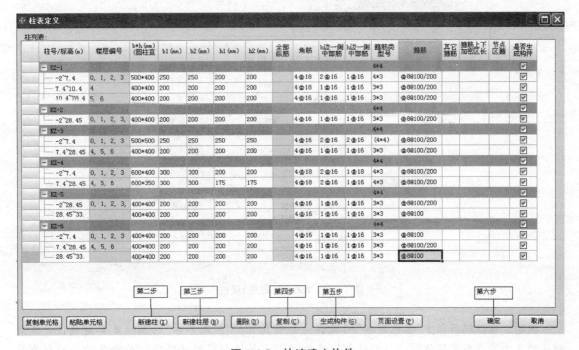

图1-4-5　快速建立构件

图1-4-6 "柱表"命令

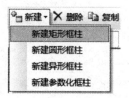

图1-4-7 新建柱

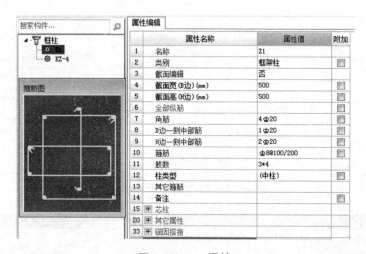

图1-4-8 Z1 属性

	属性名称	属性值	附加
1	名称	Z1	
2	类别	框架柱	☐
3	截面编辑	否	
4	截面宽(B边)(mm)	500	☐
5	截面高(H边)(mm)	500	☐
6	全部纵筋		
7	角筋	4⌀20	☐
8	B边一侧中部筋	1⌀20	☐
9	H边一侧中部筋	2⌀20	☐
10	箍筋	⌀8@100/200	☐
11	肢数	3*4	
12	柱类型	(中柱)	☐
13	其它箍筋		
14	备注		☐
15	⊞ 芯柱		
20	⊞ 其它属性		
33	⊞ 锚固搭接		

	属性名称	属性值
1	名称	KZ-2(圆形)
2	类别	框架柱
3	截面编辑	否
4	半径(mm)	250
5	全部纵筋	10⌀22
6	箍筋	⌀10@100/200
7	箍筋类型	圆形箍筋
8	其它箍筋	
9	备注	
10	⊞ 芯柱	
15	⊞ 其它属性	
28	⊞ 锚固搭接	

图1-4-9 KZ-2(圆形)属性

　　说明： 属性编辑框中"蓝色字体"的属性是公有属性，"黑色字体"的属性是私有属性，二者的区别在于修改蓝色字体时，与构件相同名称的图元属性会同时被修改；而修改构件的私有属性图元的私有属性则不变；同样，修改图元的私有属性，构件的私有属性也不会随之改变。要修改私有属性信息，必须在绘图界面，选中图元，单击鼠标右键，在构件属性编辑窗口进行修改，修改的信息才能生效。

应该注意的是，同一名称的所有图元都要修改公有属性时可以在构件列表中直接修改，或者选中所有图元，单击鼠标右键，在构件属性编辑器中直接修改；但是，如果同一个名称的一部分图元需要修改，另一部分不需要修改，则选中需要修改属性的图元，单击鼠标右键，修改构件图元名称，即生成了新的构件。

定义异形柱有两种方法：一种是利用"新建参数化框柱"定义；另一种是利用"新建异形框柱"来定义，如图1-4-7所示。

(1)利用"新建参数化框柱"定义异形柱。

第一步：在定义界面，单击 🔳 新建▾ 按钮，在下拉菜单中选择"新建参数化框柱"命令，此时软件会弹出"选择参数化图形"对话框，如图1-4-10所示，选择合适的L形、T形、十字形、Z形等形状，并输入相应尺寸信息。

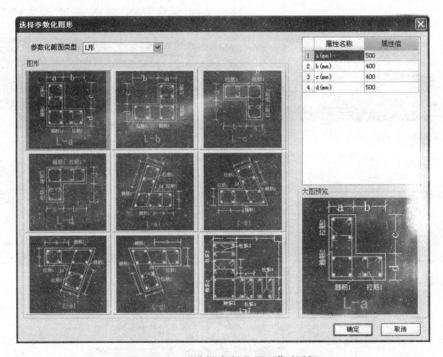

图1-4-10 "选择参数化图形"对话框

第二步：第一步完成之后，软件自动切换到属性编辑界面。在"属性编辑"对话框中输入钢筋信息，如图1-4-11所示，就完成了异形柱的定义。

(2)利用"新建异形框柱"定义异形柱。

第一步：在定义界面，单击 🔳 新建▾ 按钮，在下拉菜单中选择"新建异形框柱"选项。软件自动弹出"多边形编辑器"对话框，如图1-4-12所示。在"多边形编辑器"中，软件给出了一个1 000×1 000的网格，如果不合适，可以利用"定义网格"建立新网格(图1-4-13)，用"画直线"来绘制异形柱，然后输入钢筋信息，完成异形柱的定义。以某学院综合办公楼工程中结施05中的地下室的KZ—4为例，如图1-4-14和图1-4-15所示。

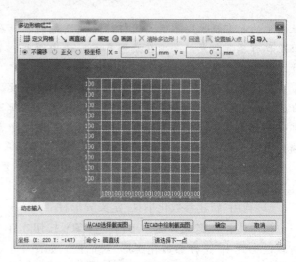

	属性名称	属性值
1	名称	KZ-4
2	类别	框架柱
3	截面编辑	否
4	截面形状	L-a形
5	截面宽（B边）(mm)	900
6	截面高（H边）(mm)	900
7	全部纵筋	8Φ18+10Φ16
8	箍筋1	Φ8@100/200
9	箍筋2	Φ8@100/200
10	拉筋1	Φ8@100/200
11	拉筋2	Φ8@100/200
12	其它箍筋	3, 195

图 1-4-11　编辑钢筋属性

图 1-4-12　多边形编辑器

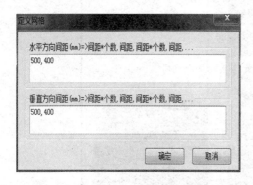

图 1-4-13　定义网格

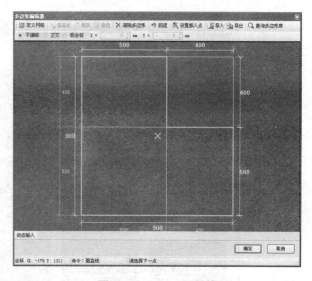

图 1-4-14　KZ—4 网格

微课：绘制异形
框架柱

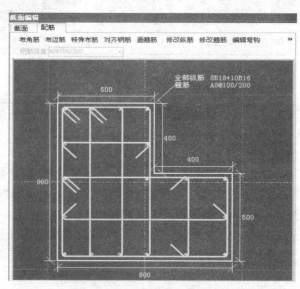

图 1-4-15　KZ—4 配筋

柱类型

如图 1-4-16 所示，柱类型可分为中柱、边柱和角柱，对顶层柱的顶部锚固和弯折有影响，直接关系到计算结果。中间层的柱子无须考虑此情况，均按中柱计算。在进行柱定义时，柱类型无须修改。而顶层柱须在梁构件绘制完成后，使用软件提供的"自动判断边角柱"功能来判断柱类型，软件会以不同的颜色区分，切勿遗漏，否则计算结果是错误的。

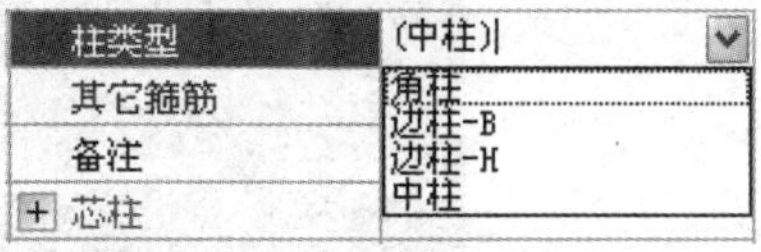

柱类型	(中柱)	∨
其它箍筋	角柱	
备注	边柱-B	
	边柱-H	
⊞ 芯柱	中柱	

图 1-4-16　柱类型

任务二　　柱的绘制

定义完柱构件之后，开始绘制柱图元。可以利用软件提供的"绘图工具条"中的命令进行操作，如图 1-4-17 所示。

⏷ 选择 ▾ | ☒ 点 🖐 旋转点 | ☒ 智能布置 ▾ | 🖋 原位标注 🗐 图元柱表 🗐 调整柱端头 🖋 按墙位置绘制柱 ▾ | 自动判断边角柱 ✂ 查改标注 ▾

图 1-4-17　绘图工具条

1. 点画绘制

柱可以直接用画点的方式来绘制，单击绘图区域上方的 ☒ 点 按钮，在绘图区域内结合图纸在轴线相交的位置单击鼠标左键来布置柱。对于不在轴线交点上的柱，采用 Shift＋鼠标左键的方法来偏移绘制柱。

2. 智能布置

第一步：单击绘图区域上方的 ☒ 智能布置 ▾ 按钮，在下拉列表框中选择智能布置的参照对象（这里以参照"轴线"为例），如图 1-4-18 所示。

第二步：在绘图区域内拉框批量选择柱的绘制点，软件会在框选范围的所有轴线的交点处布置相应的柱，如图 1-4-19 所示。

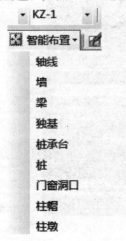

图 1-4-18　智能布置

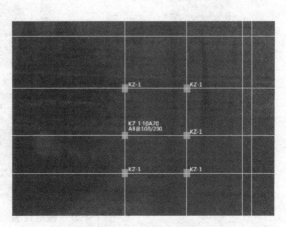

图 1-4-19　批量布置柱

某学院综合办公楼工程中首层结构柱结构平面图中，KZ—1 比较多，可以采用智能布置。其他框架柱点画上即可，绘制完成后，如图 1-4-20 所示。

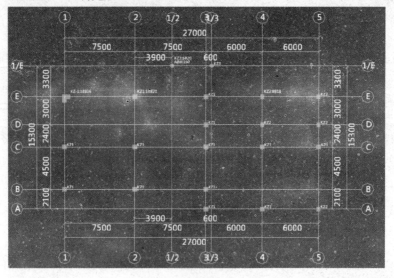

图 1-4-20　智能布置柱

补充说明：绘制柱图元时为了方便校核，可按 Shift＋Z 键显示柱图元名称。经校核无误后，可再按 Shift＋Z 键取消标注。

3."按墙位置绘制柱"和"自适应布置柱"

使用范围：在墙体端头或者墙与墙相交处快速绘制异形柱。

（1）按墙位置绘制柱。

第一步：在绘图界面单击"按墙位置绘制柱"按钮，在绘图区域，根据墙体的位置绘制柱的第一条边，并且输入长度。

第二步：在起点位置继续绘制第二条边，并且输入长度。

第三步：继续绘制第三条边和第四条边等，完成暗柱的绘制，如图 1-4-21 所示。

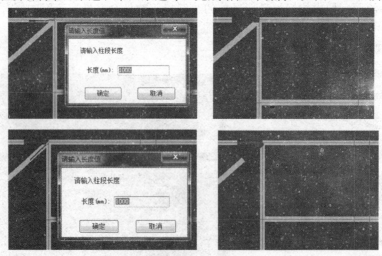

图 1-4-21　按墙位置绘制柱

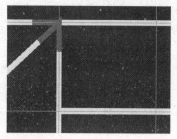

图 1-4-21 按墙位置绘制柱(续)

(2)自适应布置柱。在绘图界面单击"自适应布置柱"按钮,在绘图区域墙体的相交处或者墙端头位置,单击鼠标左键,软件会根据墙体的位置,在软件内置的参数化图元中找到对应的图元,并进行绘制,完成操作。

(3)异形柱的绘制。异形柱的绘制与普通框架柱一样,点画即可。但是当遇到绘制方向与图纸不符时,可以采用 F3 键调整柱端头的左右方向,使用 Shift＋F3 键还可以调整柱端头的上下方向。同时,还可以利用 F4 键变换插入点。

任务三 其他功能

1. 调整柱端头

调整柱端头适用于"一"字形、"L"形、"T"形、"十"字形非对称柱,可将"一"字形、"十"字形柱逆时针旋转 90°,将"L"形柱按照角平分线镜像,将"T"形柱按"T"形中线镜像。具体操作:单击"调整柱端头"按钮,在绘图区域单击需要调整的图元即可。

2. 自动判断边角柱

自动判断边角柱适用于顶层框架柱的边柱、角柱、中柱的快速设置。具体操作:单击绘图区域"自动判断边角柱"按钮,软件会根据图元的位置,自动进行判断。判断后的图元会用不同的颜色显示(说明:该功能只对矩形框架柱和框支柱起作用)。

3. 查改标注

查改标注适用于设置偏心柱。具体操作:单击绘图区域"查改标注"按钮,绘图区域中柱子的尺寸会全部显示,单击鼠标左键,直接输入数据即可。

🔊 知识拓展

芯柱有砌块芯柱和框架芯柱两种

(1)砌块芯柱是现代词,是一个专有名词。其是指在建筑工程中空心混凝土砌块砌筑时,在混凝土砌块墙体中,砌块的空心部分插入钢筋后,再灌入流态混凝土,使之成为钢筋混凝土柱的结构及施工形式。

(2)框架芯柱就是在框架柱截面中 1/3 左右的核心部位配置附加纵向钢筋及箍筋而形成的内部加强区域。

在周期反复水平荷载作用下,芯柱具有良好的延性和耗能能力,能够有效地改善钢筋混凝土柱在高轴压比情况下的抗震性能。为了便于梁筋通过,芯柱边长不宜小于柱边长或直径的

1/3，且不宜小于 250 mm。对高层建筑大柱网的底部若干层柱的截面尺寸往往由轴压比限值控制，而纵向钢筋仅为构造配筋；因此，这些柱采用核心配筋形成芯柱后往往能合理地缩小柱的截面尺寸。

(3)框架柱内、外箍直径不一致时怎么设置？核心区柱箍筋怎么设置？

参考答案：两种不同规格的钢筋用"＋"连接，如：Φ10@100/200＋Φ8@100/200，"＋"前表示外侧大箍筋套子，"＋"后表示内侧箍筋套子。核心区的箍筋套子在属性芯柱中输入箍筋信息。

思考与练习

1. 查阅 11G101－1、16G101－1 图集，熟悉柱钢筋构造。
2. 对照图纸完成本工程的柱子的定义与绘制。
3. 绘制完一层柱子后，汇总计算，查看柱的钢筋工程量是否准确。

微课：框架梁的
绘制（一）

微课：框架梁的
绘制（二）

微课：查看柱钢筋
工程量

项目五 梁及配筋的定义与绘制

知识链接

框架梁(KL)是指两端与框架柱(KZ)相连的梁，或者两端与剪力墙相连但跨高比不小于5的梁。框架梁的作用除直接承受楼面荷载并将其传递给框架柱外，还有一个重要的作用就是它和框架柱刚接形成梁柱抗侧力体系，共同抵抗风荷载和地震作用等水平方向的力。框架梁中的各种钢筋形成了框架梁的钢筋骨架，以承受荷载。按照钢筋所在位置和受力特点，对框架梁的钢筋进行分类，见表1-5-1。

表1-5-1 框架梁钢筋分类

钢筋名称	钢筋位置	钢筋详称
纵向钢筋	上部	上部通长筋(必设)，有时设架立筋
	左上部	左支座负筋
	右上部	右支座负筋
	侧面中部	侧面构造钢筋及拉筋，或侧面受扭钢筋及受扭钢筋与拉筋
	下部	下部钢筋
箍筋	加密区	加密箍筋[一级抗震为 max($2 \times hb$, 500)，二级、三级、四级抗震为 max($1.5 \times hb$, 500)]
	非加密区	非加密箍筋
附加钢筋	次梁两侧	附加箍筋
	次梁底部及两侧	吊筋

软件建模时，框架梁和楼层板绘制在楼层顶标高处，这是因为梁是以下面的柱为支座，板以下面的梁为支座，绘制在层顶，更体现结构的受力关系，便于计算锚固。所以建模时，一定要根据标高准确匹配楼层，以免建模错误导致工程量汇总不准确。

实操解析

任务一　梁的定义

在模块导航栏"构件列表"中选择"梁"构件，双击进入梁定义界面，单击"新建"菜单下的"新建矩形梁""新建异形梁""新建参数化梁"按钮，根据工程实际情况，任选其中一种，按照属性编辑框中所列项目依次输入梁的信息，如图1-5-1所示。

(1)"轴线距梁左边线距离(mm)"：此项用于设置梁的中心线相对于轴线的偏移，一般不修改，按默认值居中即可。如果梁偏心，则按居中绘制，然后利用"单对齐"功能修改即可。

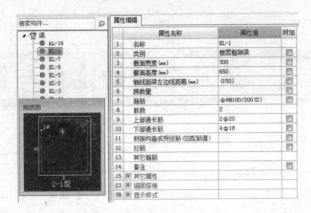

图 1-5-1　编辑梁属性

（2）"跨数量"：梁的跨数量，软件会自动读取跨数量，一般无须手动输入。

（3）"肢数"：手动输入箍筋肢数，格式如 $4 * 3$。

（4）"上部通长筋"：输入格式：数量＋级别＋直径，如 $2\Phi25$。也可以包含架立筋的信息，如 $2\Phi25+（2\Phi18）$；上、下排通过"/"连接，如 $6\Phi25\ 4/2$。

（5）"下部通长筋"：基础梁的下部筋输入格式同框架梁的上部筋。

（6）"侧面构造或受扭筋（总配筋值）"：输入格式：（G 或 N）数量＋级别＋直径，其中 G 表示构造钢筋，N 表示抗扭构造筋。

（7）"拉筋"：当有侧面纵筋时，软件按"计算设置"中的设置自动计算拉筋信息。当前构件需要特殊处理时，可以根据实际情况输入。

（8）"其它属性"："其它属性"中的"起点顶标高"和"终点顶标高"两项，软件默认值为"层顶标高"。如果与工程不符，可以修改梁的标高信息，支持"＋、－"功能，也可以输入实际标高，按实际工程情况录入即可。

任务二　梁的绘制

绘制梁时，按照先主梁后次梁、先上后下、先左后右的顺序来绘制，以保证所有梁都能够全部计算。梁为线性构件，软件提供多种绘制方法（图 1-5-2），可以根据具体情况选择。

图 1-5-2　梁的绘制方法

1. 直线绘制

梁通常采用直线画法，单击 直线 按钮，用鼠标左键单击梁的起点和终点，即可以绘制一道梁，如图 1-5-3 所示。

如果梁是偏心的，则绘制完成后，选择"修改"菜单或者修改工具条上的"对齐"功能，单击"单对齐"命令，将梁的边线与所需对齐的边线对齐，完成偏心设置。绘制完毕后，不仅需要对梁

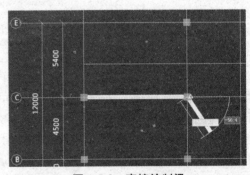

图 1-5-3　直接绘制梁

集中标注的信息进行输入，还需要对梁进行原位标注信息的输入（注意：梁是以柱或墙为支座的，提取梁跨和原位标注之前，需要绘制好所有的支座）。

2. 智能布置

单击工具栏中的  按钮，选择智能布置的方式，例如，按"轴线"布置，然后单击轴线即可，如图 1-5-4 所示。

3. 点加长度绘制

单击工具栏中的 **点加长度** 按钮，单击需要布置梁的轴线交点，在需要布置的轴线上任何一点单击"确定"按钮，弹出"点加长度设置"对话框（此方法适用于布置悬挑梁），输入延伸端相对于轴线交点的距离（同方向的，在"长度"一栏输入数据；反方向的，在"反向延伸长度"一栏输入数据），单击"确定"按钮即可完成绘制，如图 1-5-5 所示。

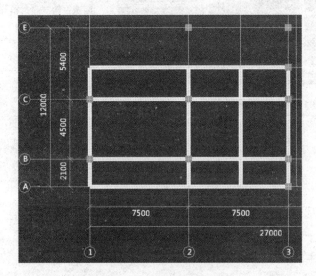

图 1-5-4　按轴线智能布置

图 1-5-5　"点加长度设置"对话框

4. 三点画弧绘制梁

单击工具栏中的 **三点画弧** 按钮，在下拉列表框中选择一种绘制方法，如图 1-5-6 所示。图 1-5-7 所示弧形梁可以用"起点圆心终点画弧"来绘制。利用此方法需要查看建筑施工图确定圆心位置、圆半径（4 700），再利用 Shift＋鼠标左键捕捉起点与终点，即可绘制完成。

图 1-5-6　画弧方式

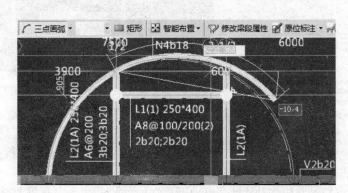

图 1-5-7　起点圆心终点画弧

也可以利用其他方法绘制，读者可以尝试练习。需要注意的是，如果运用"三点画弧"，则需要确定三个点，一般为起点、中点、终点，才能完成，如图1-5-8所示。

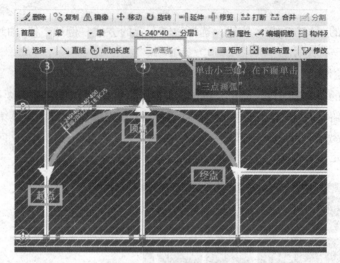

微课：绘制弧形梁

图1-5-8　三点画弧

如果利用逆小弧、顺小弧、逆大弧、顺大弧，则需要在 `·逆小弧·` 的空白处输入弧的半径才能绘制。

注意：

(1)逆小弧：逆时针方向，弧线长度小于半个圆；

(2)顺小弧：顺时针方向，弧线长度小于半个圆；

(3)逆大弧：逆时针方向，弧线长度大于半个圆；

(4)顺大弧：顺时针方向，弧线长度大于半个圆。

5．矩形布置梁

单击工具栏中的 ![矩形] **矩形** 按钮，单击鼠标左键指定第一个角点，再沿着对角线方向指定第二个角点，即可以画出一个矩形的梁，如图1-5-9所示。

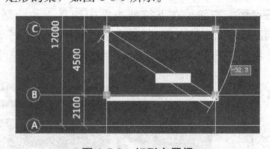

微课：绘制不
在轴网上的梁

图1-5-9　矩形布置梁

6．偏移绘制

(1)对于部分梁而言，如果端点不在轴线的交点或其他捕捉点上，则可以采用Shift＋鼠标左键的方法捕捉点，进行偏移绘制。

(2)绘制构件时软件会自动开启"动态输入"命令。只需要选定一个基准点，然后拖动鼠标，利用"动态输入"的窗口，输入目标点与基准点的相对尺寸，再按Tab键输入偏移角度，即可以完成不在轴线交点的梁的绘制。

任务三　梁的原位标注

在定义梁构件时，已经在构件属性中输入了梁的集中标注信息，那么梁的原位标注信息（支座钢筋、跨中筋、下部钢筋、架立筋、次梁加筋、吊筋等）如何输入呢？答案是：在软件中只要按照图录入钢筋信息即可。具体操作步骤如下。

1. 利用"原位标注"输入

第一步：在"绘图工具栏"中选择"原位标注"，选择要输入原位标注的梁，绘图区域会显示原位标注的输入框，在框中输入钢筋信息比较直观，输入的顺序为"左支座筋"→"跨中筋"→"右支座筋"→"下部钢筋"，每输入完一种钢筋，按 Enter 键会自动切换到下一钢筋的信息录入，直至输入完毕，如图 1-5-10 所示。

图 1-5-10　输入钢筋信息

第二步：当梁原位标注与集中标注不一致时，如截面尺寸、局部有侧面构造筋、局部箍筋加密等情况，可以在原位标注中下部筋的下拉菜单中进行修改，如图 1-5-11 所示。

图 1-5-11　修改信息

2. 利用"梁平法表格"输入

第一步：单击工具栏中的"梁平法表格"按钮，选择需要配置钢筋信息的梁，在"梁平法表格"中的相应位置直接输入钢筋信息即可。同时，软件会在梁图元上将钢筋信息显示在相应的位置上，以方便进行检查，如图 1-5-12 所示。

图 1-5-12　梁平法表格

第二步：如果梁跨数据一致，可以利用 梁跨数据复制 ▾ 的功能，复制跨数据，快速输入梁的钢筋信息。

第三步：如果要布置吊筋或者次梁加筋，一定要先在表格中输入次梁宽度，然后才能输入吊筋信息，如图 1-5-13 所示。

肢数	次梁宽度	次梁加筋	吊筋
2	250	3⌀8	2B20 ⋯
2			
2			
2			

图 1-5-13　输入吊筋信息

任务四　次梁加筋和吊筋

工程中，一般在主梁与次梁相交处，在主梁中设置次梁加筋或吊筋，此种钢筋信息一般在设计说明中或者图纸中的文字说明中标明，切勿漏算。在软件中有两种方法输入，一种是"自动生成吊筋"；另一种是利用"梁平法表格"手动输入。具体操作如下。

1. 自动生成吊筋

在绘图界面上方单击"自动生成吊筋"按钮，在弹出的对话框中输入吊筋和次梁加筋的信息，同时勾选"主梁与次梁相交，主梁上"，单击"确定"按钮，切换到绘图界面之后，选定要布置吊筋和次梁加筋的主次梁，单击鼠标右键确定，即自动生成，如图 1-5-14 和图 1-5-15 所示。

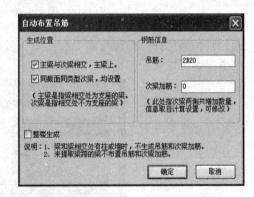

图 1-5-14　"自动布置吊筋"对话框

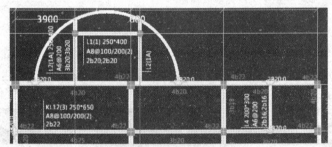

图 1-5-15　自动生成吊筋

微课：吊筋、次梁加筋的布置

2. 利用"梁平法表格"手动输入

利用"自动生成吊筋"未布置成功的吊筋或次梁加筋，在确定梁绘制准确无误后，可以采用"梁平法表格"的方法，手动输入。

单击绘图区域上方"梁平法表格"，选中需要布置钢筋的主梁，然后在表格中选中需要布置钢筋的那一跨，向后拖动滚动条。在"次梁宽度"一栏输入数据，然后在对应的"次梁加筋""吊筋"中输入钢筋信息，按 Enter 键即可，如图 1-5-16 所示。如果同一跨有两处需要布置吊筋、次梁加筋，则可以利用"/"分隔开，分别输入即可。

	跨号	箍筋	肢数	次梁宽度	次梁加筋	吊筋	吊筋锚固
1	1	Φ8@100/20	2				
2	2	Φ8@100/20	2	200/250	0/0	2Φ20/2Φ20	20*d
3	3	Φ8@100/20	2	250/200	0	2Φ20/2Φ20	20*d
4	4	Φ8@100/20	2	200	0	2Φ20	20*d

图 1-5-16　利用"梁平法表格"手动输入

需要注意的是，楼梯间的梯柱（TZ）通常生根于框架梁，在框架梁上梯柱（TZ）的位置会设置吊筋或次梁加筋。此时，只能利用"梁平法表格"手动输入加筋信息，切记勿漏掉。

任务五　　侧面钢筋、腰筋

如果图纸中原位标注标注了侧面钢筋的信息，或者结构设计说明中表明了整个工程的侧面钢筋配筋，此时，除在原位标注中进行输入外，还可以使用"生成侧面钢筋"的功能来批量配置梁侧面钢筋，如图 1-5-17 所示。

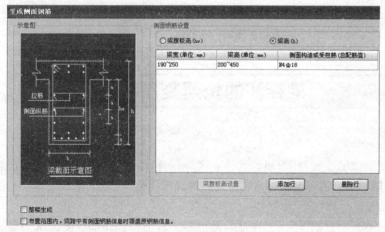

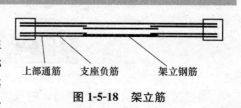

微课：局部变截面及
局部侧面钢筋处理

图 1-5-17　生成侧面钢筋

专业小贴士

1. 架立筋相关知识

架立筋（图 1-5-18）是指梁内起架立作用的钢筋。架立筋的主要功能是当梁上部纵筋的根数少于箍筋上部的转角数目时使箍筋的角部没有支承。所以，架立筋就是将箍筋架立起来的纵向构造钢筋，也可以说不受力的角筋是架立筋，如图 1-5-19 所示。例如，标注成"2Φ25+（2Φ12）"这种形式，圆括号里面的

上部通筋　　支座负筋　　架立钢筋

图 1-5-18　架立筋

钢筋为架立筋。

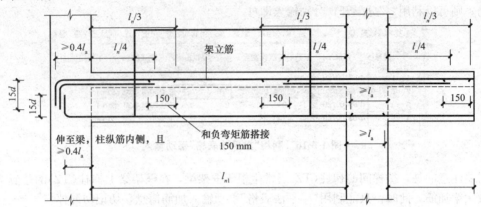

图 1-5-19　钢筋构造

根据现行《混凝土结构设计规范(2015 年版)》(GB 50010—2010)第 9.2.6 条的规定，梁内架立钢筋的直径，当梁的跨度小于 4 m 时，不宜小于 8 mm；当梁的跨度为 4～6 m 时，不应小于 10 mm；当梁的跨度大于 6 m 时，不宜小于 12 mm。

当梁上部既有通长筋又有架立筋时，搭接长度为 150 mm。

2. 提取梁跨的方法

在 GGJ2013 中，可以通过三种方式来提取梁跨，一是使用"原位标注"；二是使用"跨设置"中的"重新提取梁跨"；三是可以使用"批量识别梁支座"的功能。

任务六　　梁标注的快速复制功能

1. 梁原位标注复制

单击绘图区域上方"梁原位标注复制"按钮，选择一个原位标注，单击鼠标右键确定，然后选择需要复制的原位标注的目标，再单击鼠标右键确定，即完成操作。

2. 梁跨数据复制

单击绘图区域上方"梁跨数据复制"按钮，选择一段已经进行原位标注的梁跨，单击鼠标右键确定，然后单击需要复制标注的目标跨，再单击鼠标右键确定，即完成复制。

3. 应用到同名梁

如果本层存在同名的梁，且原位标注信息完全一致，就可以利用"应用到同名梁"功能来快速地实现梁原位标注的输入。

任务七　　查看计算结果

本层的相关图元绘制完毕后，就可以正确地计算钢筋量，查看计算结果。

(1)通过"查看钢筋量"查看计算结果。选择"钢筋量"菜单下的"查看钢筋量"，或者在工具条中选择"查看钢筋量"命令，拉框选择或者点选需要查看的图元，可以一次性显示多个图元的计算结果，如图 1-5-20 所示。

	构件名称	钢筋总重量（Kg）	HPB300			HRB335		
			8	合计		20	22	合计
1	KL-7[250]	764.767	126.914	126.914		354.652	283.201	637.854
2	合计	764.767	126.914	126.914		354.652	283.201	637.854

钢筋总重量（Kg）：764.767

图 1-5-20　查看钢筋量

微课：查看梁的
钢筋工程量

（2）通过"编辑钢筋"查看计算结果。选择"编辑钢筋"，点选要查看钢筋量的构件，此时，在绘图区域下方可以查看该构件的每根钢筋的详细信息，如钢筋型号、钢筋图形、计算公式、长度、根数等。可以使用"编辑钢筋"的列表进行编辑，用户可以根据需要对钢筋的信息进行修改，然后锁定该构件（如果不锁定，更改结果不能汇总到最终的计算结果中，即修改无效），如图 1-5-21 所示。

	筋号	直径(mm)	级别	图号	图形	计算公式	公式描述	长度(mm)
1*	1跨.上通长筋1	22	Φ	18	330 ⌐ 27213	29*d+26100+500-25+15*d	直锚+净长+支座宽-保护层+弯折	27543
2	1跨.左支座筋1	22	Φ	1	2838	29*d+6600/3	直锚+搭接	2838
3	1跨.右支座筋1	22	Φ	1	5166	7000/3+500+7000/3	搭接+支座宽+搭接	5166
4	1跨.下通长筋1	20	Φ	18	300 ⌐ 27155	29*d+26100+500-25+15*d	直锚+净长+支座宽-保护层+弯折	27455
5	2跨.右支座筋1	22	Φ	1	5166	7000/3+500+7000/3	搭接+支座宽+搭接	5166
6	3跨.右支座筋1	22	Φ	1	4166	5500/3+500+5500/3	搭接+支座宽+搭接	4166
7	4跨.右支座筋1	22	Φ	18	330 ⌐ 2308	5500/3+500-25+15*d	搭接+支座宽-保护层+弯折	2638
8	1跨.箍筋1	8	Φ	195	600 250	2*((300-2*25)+(650-2*25))+2*(11.9*d)		1890
9	2跨.吊筋1	20	Φ	486	400 45.00 350 600	250+2*50+2*20*d+2*1.414*(650-2*25)	次梁宽度+2*50+2*吊筋锚固+2*斜长	2847
10	2跨.吊筋2	20	Φ	486	400 45.00 300 600	200+2*50+2*20*d+2*1.414*(650-2*25)	次梁宽度+2*50+2*吊筋锚固+2*斜长	2797
11	2跨.箍筋1	8	Φ	195	600 250	2*((300-2*25)+(650-2*25))+2*(11.9*d)		1890
12	3跨.吊筋1	20	Φ	486	400 45.00 300 600	200+2*50+2*20*d+2*1.414*(650-2*25)	次梁宽度+2*50+2*吊筋锚固+2*斜长	2797
13	3跨.吊筋2	20	Φ	486	400 45.00 350 600	250+2*50+2*20*d+2*1.414*(650-2*25)	次梁宽度+2*50+2*吊筋锚固+2*斜长	2847

插入　删除　绳尺配筋　钢筋信息　钢筋图库　其他　关闭　单构件钢筋总重(Kg)：764.767

图 1-5-21　"编辑钢筋"列表

任务八　其他功能

其他功能如图 1-5-22 所示。限于篇幅，此处只介绍修改梁段属性。

修改梁段属性　原位标注　重提梁跨　梁跨数据复制　批量识别梁支座　应用到同名梁　设置上部筋遇承台
设置下部筋遇承台　查改标高　自动生成吊筋　查改吊筋　生成侧面钢筋　自动生成梁立筋

图 1-5-22　其他功能

单击　修改梁段属性　按钮，可以对梁的标高进行修改，如图 1-5-23 所示。

（1）重提梁跨。单击　重提梁跨　按钮，可以对梁的支座进行重新识别，删除支座和设置支座。如果不想让梁以某个柱子为支座，可以在　重提梁跨　中选择"删除支座"，然后选中需要删除支座的梁，选中不需要的支座，单击鼠标右键确认，单击"是"按钮即可，如图 1-5-24 所示。

图 1-5-23　"修改梁段属性"对话框

图 1-5-24　确认删除支座

如果需要"设置支座"，则先单击鼠标左键选择需要设置支座的梁，再单击鼠标左键选择作为支座的图元，最后单击鼠标右键确认，即可设置成功。

（2）批量识别梁支座。单击  按钮，选择需要识别梁支座的梁图元，可以点选、框选，然后单击鼠标右键识别支座。

（3）查改标高。单击 🔍 **查改标高** 按钮，则在梁的周围出现了标高数字，单击标高数字，可以对标高进行修改，如图 1-5-25 所示。

图 1-5-25　查改标高

任务九　　圈梁的定义与绘制

1. 圈梁的定义

在工程中，若圈梁拐角处需要设置斜拉筋和放射筋，则可以在定义圈梁时，在它的"其它属性"中进行设置，输入方式同梁受力筋，如图 1-5-26 所示。

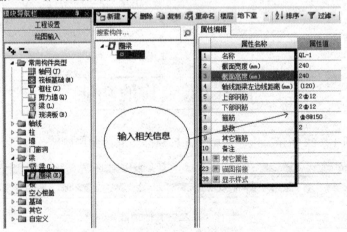

图 1-5-26　圈梁定义

2. 圈梁的绘制

圈梁的绘制方法与框架梁一样，在此就不再赘述。

1. 框架梁、非框架梁、屋面框架梁、连梁解释

(1)框架梁(KL)是指两端与框架柱(KZ)相连的梁,或者两端与剪力墙相连但跨高比不小于5的梁。在现在结构设计中,对于框架梁还有另一种观点,即需要参与抗震的梁。纯框架结构随着高层建筑的兴起越来越少见,而剪力墙结构中的框架梁则主要是参与抗震的梁。

(2)非框架梁一般称连系梁,是指在框架结构中框架梁之间设置的将楼板的质量先传递给框架梁的梁。传力形式为:楼板→非框架梁→框架梁→框架柱→基础。

(3)屋面框架梁,顾名思义就是指用在屋面的框架梁。但是严格定义应该是:在框架梁柱节点处,如果此处为框架柱的顶点,框架柱不再向上延伸,那么这个节点处的框架梁做法就应该按照屋面框架梁的节点要求来做;如果框架柱继续向上延伸,无论该梁是否处于屋面,都应该按照一般框架梁的节点来做,如图1-5-27所示。

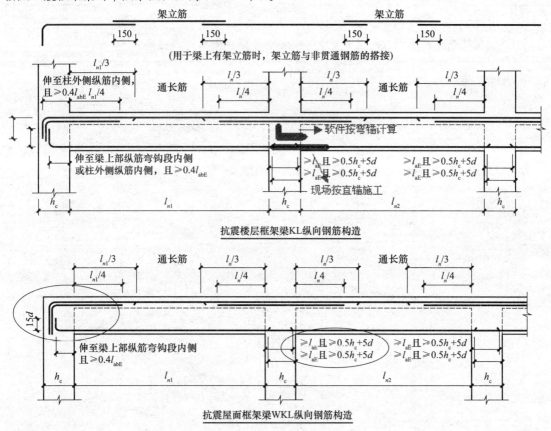

图1-5-27 屋面框架梁

(4)连梁在剪力墙结构和框架-剪力墙结构中,连接墙肢与墙肢。连梁是指两端与剪力墙在平面内相连的梁。连梁一般具有跨度小、截面大、与连梁相连的墙体刚度很大等特点。

2. 钢筋算量中梁应该绘制到剪力墙暗柱边还是柱中心线上,两者的钢筋数量有区别吗?

参考答案:这个问题涉及短肢剪力墙结构中剪力墙、暗柱和梁的绘制顺序:

(1)暗柱、连梁、暗梁都是墙构件,一般绘制顺序是先剪力墙(有连梁的需要断开,有暗柱的地方也要有墙),然后是暗柱、连梁、暗梁(这三者无先后)。

(2)框架梁和其他梁一定需要在前面的基础上绘制，这就涉及支座和锚固的问题：

①如果连梁画到暗柱中心，则以暗柱为支座，且锚固通长筋＝2(支座宽＋弯折－保护层厚度)＋净长(不含支座部分)。

②如果画到暗柱边或墙边，则没有支座，这时是直锚，通长筋＝直锚＋净长＋直锚。

③如果画到墙内部(无暗柱)，则以墙为支座，且锚固，通长筋＝2(支座宽＋弯折－保护层厚度)＋净长。这个看似和①相同，其实不然，即使扣除保护层厚度并弯锚，但此时为软件识别，梁画到哪里都会对计算结果有影响，如果想与现场做法一样，只要画满洞口范围即可。这样，软件是按洞口宽度加上两个直锚长度计算的。如果画到暗柱的中心线就是按弯锚计算的。建议用第一种方法比较合理。因为暗柱也是墙的一部分，梁的支座应该是梁，支座宽为0。

思考与练习

1. 查阅 11G101—1 图集、16G101—1 图集，熟悉梁钢筋构造。
2. 对照图纸完成本工程的梁的定义与绘制，小组之间核对工程量。

项目六　板及配筋的定义与绘制

(1)板构件中需要计算的钢筋，如图1-6-1所示。

$$板内钢筋 \begin{cases} 受力筋 \begin{cases} 底筋 \\ 面筋 \end{cases} \\ 负筋 \begin{cases} 边支座负筋 \\ 中间支座负筋 \end{cases} \\ 负筋分部筋 \\ 温度筋 \\ 其他：马凳筋、洞口加筋、放射器 \end{cases}$$

图 1-6-1　板内计算钢筋

(2)板分为多种形式，包括有梁板、无梁板、平板、弧形板、悬挑板等。

板的标注方式通常按照平面注写方式标注，板平面注写主要包括板块集中标注和板支座原位标注，如图1-6-2所示。

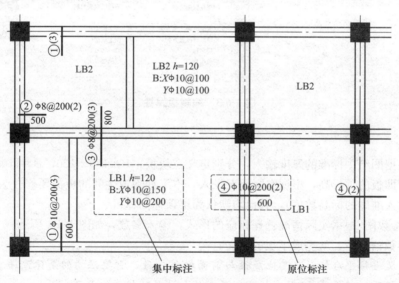

图 1-6-2　板平面注写

任务一 板的定义与绘制

板构件的建模和钢筋计算包括板的定义和绘制与钢筋的布置两部分。下面以某学院综合楼工程的二层楼板为例讲解板构件的建模和钢筋计算。

1. 板的定义

分析图纸结施13，二层结构平面图，可知本层板有三种，厚度为150 mm、120 mm、110 mm的板，其中，卫生间厚度为110 mm，板的标高要低于楼面50 mm。在绘制时一定要注意这条说明，如果不更改会影响到钢筋量的计算。

在模块导航栏"绘图输入"的"板"构件中选择"现浇板"，单击工具栏中的"定义"按钮，在"新建"下拉菜单中选择"新建现浇板"，在"属性编辑"框中修改名称及其他相关信息，如图1-6-3所示。

微课：板的定义

图 1-6-3 编辑板属性

注释：

"厚度"根据图纸中标准的厚度输入，分别定义三块板，$B=150$、120，$B=110$（两种）。

"顶标高"即板的顶标高，根据实际情况录入，本工程除卫生间的板需要修改为"层顶标高－0.05"（也可输入准确的标高数值），其他均默认为层顶标高即可。

"马凳筋参数图"根据实际情况选择相应的形式，输入参数，如图1-6-4所示。

输入完参数信息后，就完成了板的定义。

补充：定义楼梯平台板时，其他属性与前面操作一致，需要注意的是休息平台板的标高问题；平台板的标高一般修改为"层底标高＋层高/2"或"层顶标高－层高/2"。

2. 板的绘制

板定义好之后，需要将板绘制到图上。在绘制板之前，需要将板下支座如梁、墙绘制完毕。板的绘制方法如图1-6-5所示。

(1)点画布置。单击工具栏中的 ⊠ **点** 按钮，在工具栏中选择需要布置的板，如B－150，只要在梁或墙图元围成的封闭区域内单击鼠标左键即可(注意：这里的封闭区域指的是梁或墙转成的封闭区域)，如图1-6-6所示。

(2)直线画法。单击工具栏中的 ＼**直线** 按钮，单击鼠标左键指定第一个插入点(端点)，然后再单击鼠标左键依次单击下一个端点，单击鼠标右键终止即可，如图1-6-7所示。

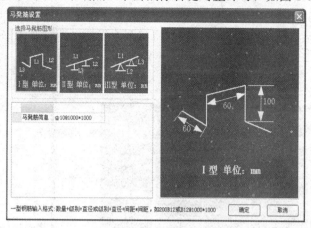

图1-6-4 马凳筋设置

图1-6-5 板的绘制方法

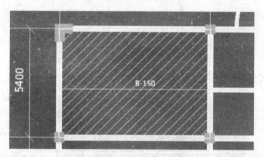

图1-6-6 点画布置

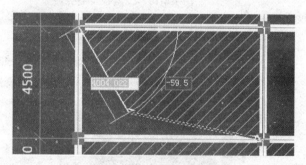

图1-6-7 直线画法

（3）矩形画法。如果图中没有围成封闭区域的位置，可以使用"矩形"画法来绘制板。单击工具栏中的 ■ 矩形 按钮，单击鼠标左键依次指定板的第一个角点、第二个角点，即可完成板的绘制，如图1-6-8所示。

（4）智能布置。单击工具栏中的 智能布置 ▾ 按钮，在下拉菜单中选择墙外边线、墙轴线、墙中心线、梁外边线、梁轴线、梁中心线中的一种方式布置。如按梁中心线布置，则框选要布置板的梁，单击鼠标右键确认，就会自动布置板，如图1-6-9所示。

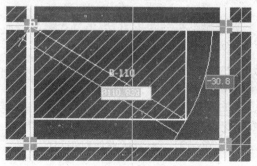

图1-6-8 矩形画法

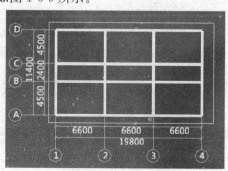

图1-6-9 智能布置板

（5）自动生成板。当板下的梁绘制完毕，且图中板类别较少时，可以使用"自动生成板"的方法来绘制板。单击 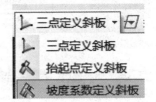 按钮，软件会自动根据图中梁围成的封闭区域来生成整层的板。自动生成完毕之后，需要结合图纸检查，将与图中板信息不符合的修改过来，对图中没有板的地方进行删除。二层板绘制完成后如图1-6-10所示。

（6）斜板的绘制。软件中提供了三种方式定义斜板，如图1-6-11所示。

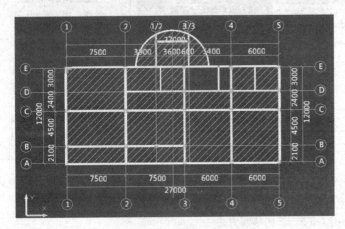

图1-6-10　二层板绘制完成

图1-6-11　斜板绘制方式

①三点定义斜板：单击"绘图工具栏"→"三点定义斜板"，用鼠标左键点选需要设置的板图元，此时选中的板图元的角点的标高就会全部呈现出来，用鼠标左键点选高处的标高，依次修改三个点的标高，按Enter键即可以完成斜板的绘制，如图1-6-12和图1-6-13所示。

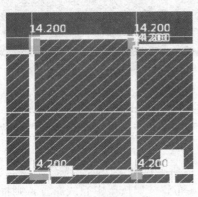

图1-6-12　修改标高

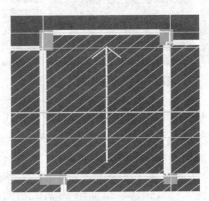

图1-6-13　绘制斜板

②坡度系数定义斜板：单击"绘图工具栏"→"坡度系数定义斜板"，用鼠标左键点选需要设置的板图元，接着点选板的一边为基准边（选中的板边线为蓝色），在弹出的窗口中输入坡度系数，单击"确定"按钮，即可完成斜板的绘制，如图1-6-14和图1-6-15所示。

③抬起点定义斜板：单击"绘图工具栏"→"抬起点定义斜板"，用鼠标左键点选需要设置的板图元。首先选择一条基准边，再选择除基准边外的任意两条边的交点作为抬起点，在弹出的"斜板参数"界面中输入该点相对于板的原始标高变化的高度。例如，当输入"−1 000"时，表示该点相对于板的原始标高降低了1 000 mm；当输入"1 000"时，表示该点相对于板的原始标高抬高了1 000 mm，如图1-6-16和图1-6-17所示。

图 1-6-14　输入基准边标高和坡度系数

图 1-6-15　坡度系数绘制斜板完成

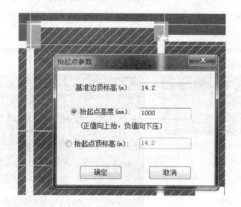

图 1-6-16　抬起点参数

图 1-6-17　抬起点定义斜板

　　注意： 斜板完成之后，此时的墙、梁、板等构件并未与斜板平齐。用鼠标右键单击工具栏中的"平齐板顶"，选择梁、墙、柱图元，会弹出确认对话框，询问"是否同时调整手动修改顶标高后的柱、梁、墙的顶标高"，单击"是"按钮，然后利用三维查看斜板的效果，如图1-6-18所示。

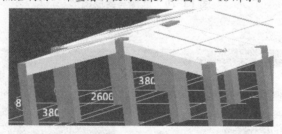

图 1-6-18　利用三维查看斜板的效果

专业小贴士

马凳筋的相关知识

　　(1)马凳筋，是施工术语，因其形状像凳子故又称马凳，也称撑筋，如图1-6-19所示。其用于上、下两层板钢筋中间，起固定上层板钢筋的作用。它既是设计的范畴也是施工范畴，更是预算的范畴。马凳的设置要符合够用适度的原则，既能满足要求又能节约资源。

（2）通常，马凳筋的规格比板受力筋小一个级别，单根长度按底板厚度的 2 倍加 0.2 m 计算，每平方米 1 个。如板筋直径 φ12 可用直径为 φ10 的钢筋做马凳，当然也可以与板筋相同。其纵向和横向的间距一般为 1 m。但是具体问题还得具体对待，如果是双层双向的板筋为 φ8，钢筋刚度较低，需要缩小马凳之间的距离，如间距为 @800×800；如果是双层双向的板筋为 φ6，马凳的间距则为 @500×500。有的板钢筋规格较大，如采用直径 φ14，那么马凳的间距可以适当放大。总之，马凳设置的原则是固定牢上层钢筋网，能承受各种施工活动荷载，确保上层钢筋的保护层厚度在相关规范规定的范围内。软件中可按图 1-6-20 和图 1-6-21 设置。

图 1-6-19　马凳筋

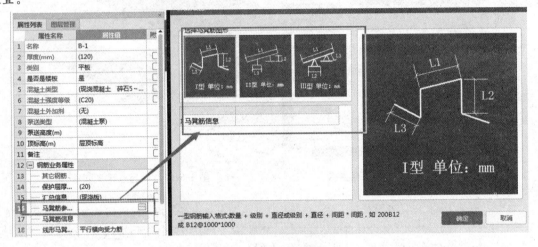

图 1-6-20　选择马凳筋图形

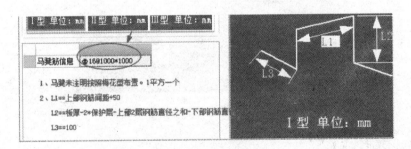

图 1-6-21　马凳筋信息

（3）当基础厚度较大时（大于 800 mm）不宜采用马凳，而是用支架更稳定和牢固。支架必须经过计算才能确定它的规格和间距，才能确保其稳定性和承载力。在确定支架的荷载时除计算上部钢筋荷载外，还应考虑施工荷载。支架立柱的间距一般为 1 500 mm，在立柱上只需要设置一个方向的通长角铁，这个方向应该是与上部钢筋最下一皮钢筋垂直，间距一般为 2 000 m。除此之外，还要用斜撑焊接。支架的设计应该要有计算式，经过审批才能施工，不能只凭经验。

支架规格、间距过小会造成浪费，支架规格、间距过大则可能造成基础钢筋整体塌陷的严重后果。所以，支架设计不能掉以轻心。

（4）板厚很小时可以不配置马凳，如小于100 mm的板，马凳的高度小于50 mm，无法加工，可以用短钢筋头或其他材料代替。

任务二　板受力筋的定义与绘制

现浇板绘制完成后，接下来布置板上的钢筋，步骤还是先定义再绘制。以二层板为例。

分析图纸：①～⑤轴，Ⓐ～Ⓕ轴所围成的板的受力筋信息为：X方向是Φ10@150，Y方向为Φ10@100。在绘图界面单击"单板"或"多板"＋"XY方向"，选中需要布置受力筋的板，在弹出的窗口中输入钢筋信息，单击"确定"按钮，即可布置好受力筋，如图1-6-22和图1-6-23所示。

图1-6-22　板受力筋定义

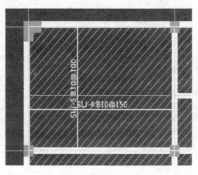

图1-6-23　布置受力筋

微课：绘制板受力筋（一）

微课：绘制板受力筋（二）

（1）应用同名称板。由于板的受力钢筋信息基本相同，故可以使用"应用同名称板"来布置其他同名称板的钢筋。具体操作：可以单击工具栏中的 应用同名称板 按钮，选择已布置上钢筋的板图元，单击鼠标右键确定，其他同名称的板就都布置上了相同的钢筋信息。

（2）自动配筋。若图中未标注钢筋信息，而是在图纸中进行了说明，除采用上面介绍的方法进行布置外，还可以采用"自动配筋"。在绘图工具栏，单击"自动配筋"，弹出"自动配筋设置"对话框。在对话框中根据图纸设置钢筋信息。自动配筋设置可以对所有板设置相同的配筋信息，如图1-6-24所示；也可以根据不同的板厚，分别设置钢筋信息，如图1-6-25所示。设置完毕之后，单击"确定"按钮，然后用鼠标框选需要布筋的板的范围，单击鼠标右键确定，即进行自动配筋。

图1-6-24　自动配筋设置

图1-6-25　根据板厚设置钢筋信息

微课：绘制板
受力筋（三）

任务三　　跨板受力筋的定义与绘制

跨板受力筋跨过一块板或多块板，并且两端有标注（或者一端有标注）的
钢筋，在实际工程中一般称为跨板负筋，在软件中用跨板受力筋来定义并绘制。

1. 跨板受力筋的定义

在受力筋的定义中，单击"新建"选项，选择"新建跨板受力筋"，将弹出如图 1-6-26 所示的
新建跨板受力筋界面，根据实际情况进行填写。

	属性名称	属性值	附加
1	名称	KBSLJ-1	
2	钢筋信息	Φ12@200	☐
3	左标注(mm)	900	☐
4	右标注(mm)	1200	☐
5	马凳筋排数	1/1	☐
6	标注长度位置	(支座中心线)	☐
7	左弯折(mm)	(0)	☐
8	右弯折(mm)	(0)	☐
9	分布钢筋	(Φ6@200)	☐
10	钢筋锚固	(35)	☐
11	钢筋搭接	(49)	☐
12	归类名称	(KBSLJ-1)	☐
13	汇总信息	板受力筋	☐
14	计算设置	按默认计算设置计算	
15	节点设置	按默认节点设置计算	
16	搭接设置	按默认搭接设置计算	
17	长度调整(mm)		☐
18	备注		☐
19	⊞ 显示样式		

图 1-6-26　新建跨板受力筋界面

微课：阳台板钢筋的布置

注意：第 6 项"标注长度位置"有四个选项（图 1-6-27），要根据实际情况选择准确，否则计算的钢筋工
程量结果有误。

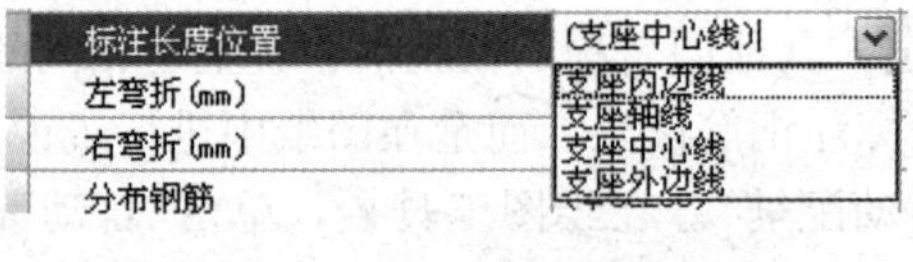

标注长度位置	(支座中心线) ▼
左弯折(mm)	支座内边线
右弯折(mm)	支座轴线
分布钢筋	支座中心线
	支座外边线

图 1-6-27　"标注长度位置"选项

2. 跨板受力筋的绘制

对于该位置的跨板受力筋，可以采用"单板"和"垂直"（或"水平"）布置的方式来绘制。选择
"单板"＋"垂直"，单击要布置筋的板，即可布置此跨板受力筋。

📖**专业小贴士**

关于板布筋范围的说明："单板"是指板受力筋布置限于一块板中，钢筋在遇到板边支座时
（如梁、墙）会自动进行锚固；"多板"是指布筋时将多块板连成一体，板筋在遇到范围内支座时
直接穿过，只在范围边缘支座位置进行锚固；"自定义"则不受板自身尺寸限制，可以选择对板
的某部分单独进行钢筋布置，但是需要在板上明确布筋范围。不同的布筋范围会对计算结果造
成影响，需要根据图纸实际情况使用。

任务四　板负筋的定义与绘制

以①~②轴和Ⓒ~Ⓔ轴区间的板为例，以①轴的负筋为例，介绍负筋的定义和绘制。

1. 板负筋的定义

在模块导航栏的"板"构件中选择"板负筋"，单击工具栏中的"定义"按钮，在"新建"菜单下选择"新建板负筋"，修改名称和相关信息，如图1-6-28所示。在定义板负筋时，可以同时对分布钢筋进行定义，也可以在"工程设置"中的"计算设置"的"板"的"分布钢筋配置"中，对分布钢筋进行集中定义，如图1-6-29所示。

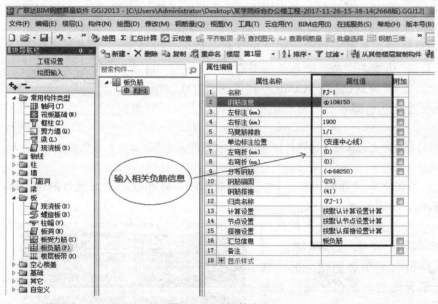

微课：布置板负筋

图 1-6-28　板筋定义

图 1-6-29　分布钢筋定义

注意："单边标注位置"一项要根据图中实际情况，选择尺寸线的标注位置。

2. 板负筋的绘制

（1）根据梁、墙或者板边线布置板负筋。选择板负筋，单击工具栏中的 ⊔▌**按梁布置**（也可以选择 ⫿▌**按墙布置** 或 ⬚▌**按板边布置**）按钮，先按鼠标左键选中需要布筋的梁，再按鼠标左键确定负筋左标注的方向，即可以布置负筋，如图 1-6-30 所示。

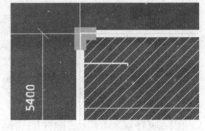

图 1-6-30　布置负筋

（2）画线布置板负筋。选择需要布置的负筋，单击工具栏中的 ⊥▌**画线布置** 按钮，先用鼠标左键指定第一个端点，然后单击鼠标左键指定第二个端点，确定负筋的布筋范围，再单击鼠标左键确定负筋左标注的方向，即可以布置负筋。

（3）自动生成负筋。在工程中，板负筋是常用构件，且具有规格多、数量多、尺寸不一致、布置情况复杂的特点。因此，每个板块的每条支座边均需要布置不同规格、不同尺寸的板负筋。所以，为了提高板负筋的布置效率，软件设置了"自动生成负筋"功能来完成。即在绘图界面的上方单击"自动生成负筋"，弹出"自动生成负筋"的对话框，选择某一种负筋的方式，单击"确定"按钮，然后用鼠标点选或框选需要布置负筋的范围，再单击鼠标右键确定即可。

微课：布置板负筋

注意：此种方法生成的钢筋的左右标注与图纸的信息会不完全一样，还要与工程图纸中实际的信息核对，修改之后才算完成。

（4）交换左右标注。当建立板负筋时，左右标注和图纸标注正好相反，需要进行调整。这时，可以使用交换左右标注功能。

（5）查看布筋范围。当需要查看钢筋在板内的范围时，可以用此项功能。单击 ⊞▌**查看布筋▾** 按钮，移动鼠标，当鼠标指向某个负筋图元时，该图元所布置的范围显示为蓝色。蓝色区域内为布筋范围。

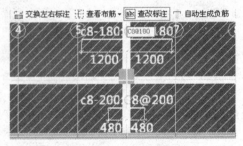

图 1-6-31　查改标注

（6）查改标注。需要查改界面上板钢筋的标注信息，可以使用此项功能。单击工具栏中的"查改标注"按钮，界面中即会显示钢筋信息。如图 1-6-31 所示，用鼠标单击需要修改的标注，并输入正确的标注信息即可。

任务五　螺旋板的定义与绘制

1. 螺旋板的定义

在模块导航栏中"板"构件中选择"螺旋板"，单击工具栏中的"定义"按钮，在"新建"菜单下选择"新建螺旋板"，修改名称和相关信息，如图 1-6-32 所示。

2. 螺旋板的绘制

绘制螺旋板一般用点画和旋转点两种方法。点画的方式只要在轴线的交点上单击鼠标左键即可；旋转点可以旋转螺旋板的方向，如图 1-6-33 所示。

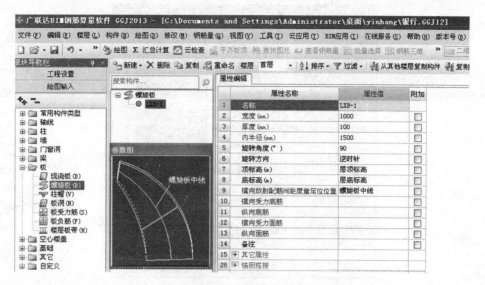

图 1-6-32　螺旋板的定义

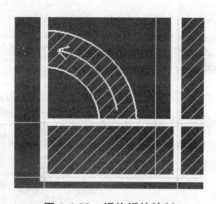

图 1-6-33　螺旋板的绘制

任务六　　柱帽的定义与绘制

1. 柱帽的定义

单击模块导航栏中的"柱帽"按钮，进入定义界面，"新建"一个"柱帽"，会弹出"选择参数化图形"对话框，如图 1-6-34 所示，根据需要选择合适的图形。

选择需要的参数化图形之后，单击"确定"按钮，生成构件。根据参数图输入相应的柱帽尺寸信息，完成柱帽的定义。

2. 柱帽的绘制

柱帽的绘制方法与柱子的绘制方法是一样的。一般采用点画的方式，也可以利用旋转点旋转柱帽的角度，还可以智能布置。

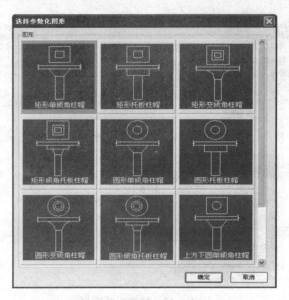

图 1-6-34 "选择参数化图形"对话框

任务七　　板洞的定义与绘制

1. 板洞的定义

单击模块导航栏中的"板洞"按钮，进入"定义"界面，新建一个板洞(有矩形、圆形、异形和自定义四种板洞)，输入相关尺寸信息和配筋信息，即完成板洞的定义。

2. 板洞的绘制

软件默认"点"式画法，在板上单击板洞所在位置，或按 Tab 键精确布置即可以画出板洞，如图 1-6-35 所示(注意：绘制板洞时可以按 F4 键切换板洞的插入点，方便快捷)。

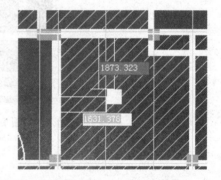

图 1-6-35　画出板洞

任务八　　板带的定义与绘制

1. 板带的定义

(1)板带实际上是板的一种表现形式，通常应用于无梁楼盖板中。

(2)柱上板带是指布置在框架柱上的板带，结构形式类似梁，通常也被称为扁平梁。

(3)跨中板带是指布置在柱上板带之间的部分板带。在楼层板带"构件管理"中，可以定义柱上板带、跨中板带。在"属性编辑"框中输入相应的板带尺寸和配筋信息。

2. 柱上板带的绘制

第一步：在需要布置板带的区域先画上板。

第二步：单击工具栏中的 <kbd>按轴线生成柱上板带</kbd> 按钮，选择需要布置的轴线，即可布置完成柱上板带的绘制。跨中板带的操作可以单击 <kbd>按柱上板带生成跨中板带</kbd> 按钮进行布置，如图 1-6-36 所示。

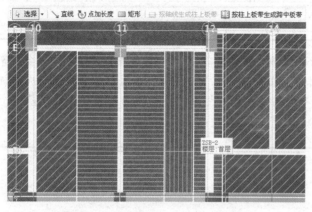

微课：板受力筋工程量
对比分析

图 1-6-36　按柱上板带生成跨中板带

知识拓展

1. 什么是温度筋？温度筋在软件中如何定义？

参考答案：依据《混凝土结构设计规范（2015 年版）》(GB 50010—2010) 第 9.1.8 条的规定，在温度、收缩应力较大的现浇板区域，应在板的表面双向配置防裂构造钢筋，配筋率不宜小于 0.10%，间距不宜大于 200 mm。防裂构造钢筋可以利用原有钢筋贯通布置，也可以另行设置钢筋并与原有钢筋按受拉钢筋的要求搭接或在周边构件中锚固。同时，一般在双柱或者多柱之间表面设置温度筋，是为了防止温差较大而设置的防裂措施。

温度筋是在受力筋里定义的，定义时将受力筋选择为温度筋即可，画图时按单板一个方向一个方向的方式布置，通常情况与板负筋每边搭接长度默认为 150 mm。

2. 怎样在斜板上布置钢筋？

参考答案：与平板的钢筋布置方法是一样的，可以用两种方法来布置：绘制平板—设置斜板—布置钢筋；或者绘制平板—布置钢筋—设置斜板。这两种方法计算出的钢筋量是一样的。

思考与练习

1. 查阅 11G101—1 图集、16G101—1 图集，熟悉板钢筋构造。
2. 对照图纸完成本工程的板的定义与绘制。

项目七 基础的定义与绘制

知识链接

基础从材料及受力来划分，可分为刚性基础(指用砖、灰土、混凝土、三合土等抗压强度大、而抗拉强度小的刚性材料做成的基础)、柔性基础(指用钢筋混凝土制成的抗压、抗拉强度均较大的基础)。从基础的构造形式来划分，可分为条形基础、独立基础、筏形基础、箱形基础、桩基础等。

实操解析

任务一 独立基础的定义与绘制

在实际工程中，独立基础、条形基础与桩基础往往有着比较复杂的形状，这样，在处理时需要根据工程实际情况建立相应的模型。软件在进行这部分的处理时，利用多个单元组成相应的基础形状，从而保证了建立模型的灵活性及计算工程量的准确性。

分析某学院综合办公楼工程结施02、结施03、结施04，得知本工程共计八种两阶式独立基础，首先以 DJ-1 为例进行讲解。

1. 独立基础的定义

第一步：单击工具栏中的"楼层选择"下拉菜单切换到基础层。

第二步：在工具导航栏中选择"基础"，并切换到"独立基础"。

第三步：单击工具栏中的 **定义** 按钮，在弹出的构件管理窗口中单击"新建"→"新建独立基础"，如图 1-7-1 所示。

第四步：单击"新建"→"新建独立基础单元"；根据图纸的要求选择"新建矩形独立基础单元"或"新建参数化独立基础单元"，并且输入相应的尺寸与钢筋信息，如图 1-7-2 所示。

图 1-7-1 新建独立基础

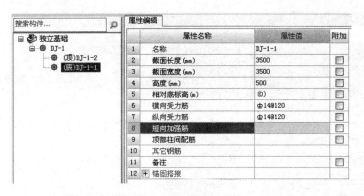

微课：绘制阶形
独立基础

图 1-7-2　编辑独立基础尺寸

2. 独立基础的绘制

第一步：单击绘图按钮，切换到绘图界面。

第二步：软件默认 ⊠ 点 画法 a1－1a1－1a1－1a1－1a1－1a1－1a1－1a1－1a1－1a1－1a1－1V，在绘图区域中移动鼠标到柱的中心，单击鼠标左键，一个独立基础就绘制完成了（注意：因为柱子的位置已修改完毕，所以点画基础时，捕捉柱子的中心布置比较准确）。以此类推，其他独立基础也可以快速绘制完成，如图 1-7-3 所示。

独立基础的绘制也可以利用旋转点画法、智能布置法，还可以利用"查改标注"绘制不是居中布置的独立基础。这些方法与柱子的方法是一致的，在此不再赘述。

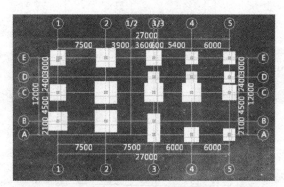

图 1-7-3　绘制独立基础

📖 **专业小贴士**

（1）若在实际工程中独立基础存在偏心，画钢筋时软件上没有相关的偏心基础，可以用筏形基础画，设置好筏板的边坡即可。注意：一定将筏板主筋弯折 12d 设置为 0。

（2）若基础不在同一标高处，可以通过修改"属性编辑框"中的"顶标高"和"底标高"，完成不同标高的处理。

任务二　坡形独立基础的定义与绘制

1. 坡形独立基础的定义

第一步：在模块导航栏中选择"基础"并切换到"独立基础"，单击"新建"→"新建独立基础"，单击"新建"→"新建参数化独立基础单元"，在弹出的对话框中选择所需要的参数化图形，根据预览的大样图输入相应的参数值即可，如图 1-7-4 所示。

单击"确定"按钮即可以根据预览界面定义参数化基础的形状。然后切换到属性编辑框中输

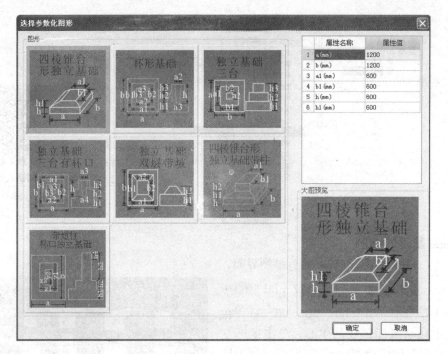

图1-7-4 "选择参数化图形"对话框

入基础的钢筋信息(注意："相对底标高"无须填写)。

2. 坡形独立基础的绘制

坡形独立基础的绘制方法与普通独立基础的绘制方法一致，在此不再赘述。

3. 独立基础上部配有钢筋的处理方法(图1-7-5)

微课：绘制坡形
独立基础

(1)定义独立基础时，将受力筋分上、下两排输入，用符号"/"分开，符号前是底部钢筋，符号后是上部钢筋，如Φ12@150/Φ10@150，如图1-7-6所示。绘制完成后，汇总计算钢筋量，结果发现钢筋三维如图1-7-7和图1-7-8所示，钢筋的计算结果是有偏差的，需要手动更改计算结果。这种方法适用于不放坡的独立基础。

(2)利用筏形基础与独立基础结合来处理。首先按设计图纸定义并绘制独立基础，再定义筏形基础(图1-7-9)，然后在独立基础的位置上绘制一个与独立基础一样的筏形基础(图1-7-10)。

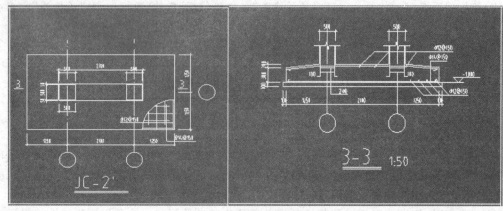

图1-7-5 独立基础上部配有钢筋

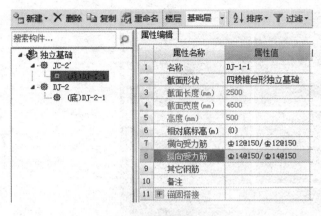

图 1-7-6　定义独立基础

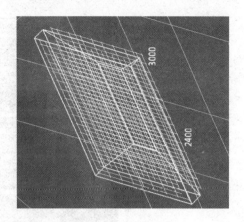

图 1-7-7　钢筋三维

	筋号	直径(mm)	级别	图号	图形	计算公式	公式描述	长度(mm)	根数
1	横向底筋.1	12	中	1	2420	2500-40-40	净长-保护层-保护层	2420	2
2	横向底筋.2	12	中	1	2250	0.9*2500	0.9*基础底长	2250	29
3	横向面筋.1	12	中	1	2420	2500-40-40	净长-保护层-保护层	2420	2
4	横向面筋.2	12	中	1	2250	0.9*2500	0.9*基础底长	2250	29
5	纵向底筋.1	14	中	1	4520	4600-40-40	净长-保护层-保护层	4520	2
6	纵向底筋.2	14	中	1	4140	0.9*4600	0.9*基础底宽	4140	15
7	纵向面筋.1	14	中	1	4520	4600-40-40	净长-保护层-保护层	4520	2
8	纵向面筋.2	14	中	1	4140	0.9*4600	0.9*基础底宽	4140	15

图 1-7-8　钢筋信息

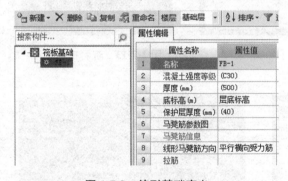

图 1-7-9　筏形基础定义

图 1-7-10　偏移基础

　　需要注意的是，要将筏形基础按照设计图纸设置边坡，利用绘图区域上方 设置多边边坡 命令，为筏形基础设置四个边坡(图 1-7-11)。然后再布置筏板主筋(面筋)，如图 1-7-12 所示。汇总计算，查看钢筋三维，如图 1-7-13 所示。发现上部两柱之间的钢筋是断开的，此时，切换到独立基础的属性编辑界面，修改第 6 项属性为不扣减筏板面筋，如图 1-7-14 所示。再重新汇总计算，查看钢筋量，如图 1-7-15 和图 1-7-16 所示。可以根据工程实际情况在"编辑构件钢筋"中修改钢筋的根数，即可以准确计算钢筋工程量。

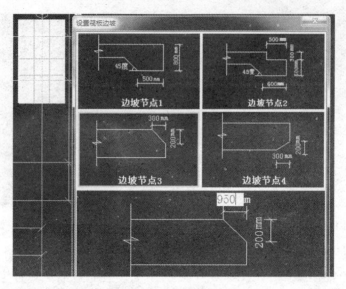

图 1-7-11 设置多边边坡

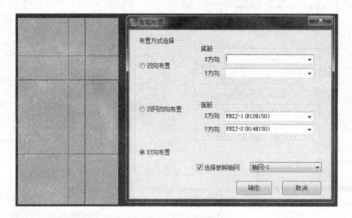

图 1-7-12 布置筏板主筋

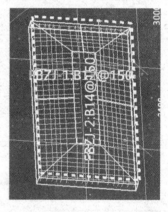

图 1-7-13 查看钢筋三维

图 1-7-14 修改不扣减筏板面筋

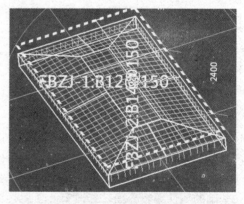

图 1-7-15 查看三维钢筋

编辑构件钢筋

筋号	直径(mm)	级别	图号	图形	计算公式	公式描述	长度(mm)	根数	搭接	损耗(%)	单重(kg)	总重(kg)
1*	筏板受力筋1	12	Φ	631	11.889 592 11.889 144 935 935 144	975+592+975-40+12*d-40+12*d	斜长+净长+斜长-保护层+设定弯折-保护层+设定弯折	2750	19	0	0	2.442	46.398
2	筏板受力筋2	12	Φ	631	11.889 2345 11.889 144 39 39 144	79+2345+79-40+12*d-40+12*d	斜长+净长+斜长-保护层+设定弯折-保护层+设定弯折	2711	2	0	0	2.407	4.815
3	筏板受力筋3	12	Φ	631	11.889 2051 11.889 144 189 189 144	229+2051+229-40+12*d-40+12*d	斜长+净长+斜长-保护层+设定弯折-保护层+设定弯折	2717	2	0	0	2.413	4.825
4	筏板受力筋4	12	Φ	631	11.889 1758 11.889 144 339 339 144	379+1758+379-40+12*d-40+12*d	斜长+净长+斜长-保护层+设定弯折-保护层+设定弯折	2724	2	0	0	2.419	4.838
5	筏板受力筋5	12	Φ	631	11.889 1542 11.889 144 450 450 144	490+1542+490-40+12*d-40+12*d	斜长+净长+斜长-保护层+设定弯折-保护层+设定弯折	2730	2	0	0	2.424	4.848
6	筏板受力筋6	12	Φ	631	11.889 1326 11.889 144 560 560 144	600+1326+600-40+12*d-40+12*d	斜长+净长+斜长-保护层+设定弯折-保护层+设定弯折	2734	2	0	0	2.428	4.856
7	筏板受力筋7	12	Φ	631	11.889 1032 11.889 144 710 710 144	750+1032+750-40+12*d-40+12*d	斜长+净长+斜长-保护层+设定弯折-保护层+设定弯折	2740	2	0	0	2.433	4.866

单构件钢筋总重(kg)：80.323

图 1-7-16　查看钢筋量

任务三　基础梁的定义与绘制

1. 基础梁的定义

第一步：切换到"基础"中的"基础梁"，将工具栏中的楼层信息设置为"基础层"，然后单击工具栏中的"定义"按钮，在"新建"选项中选择"新建矩形基础梁"，将名称改为"JZL－1"。

第二步：输入截面和相关的钢筋信息，如图 1-7-17 所示。

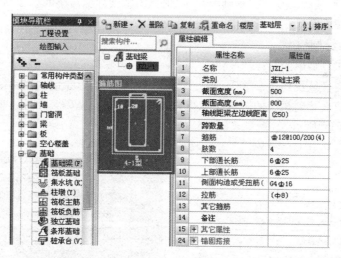

图 1-7-17　基础梁定义

2. 基础梁的绘制

基础梁的绘制方法，如图 1-7-18 所示。

图 1-7-18　基础梁的绘制方法

基础梁与框架梁的区别与联系

(1)在支座处,框架梁是支座上部受力,基础梁是下部受力,所以,框架梁的支座钢筋是上部钢筋,基础梁的支座钢筋是下部钢筋。

(2)框架梁上部纵筋与基础梁上部纵筋的输入格式一致,可以输入 4Φ25＋(2Φ12),括号内的钢筋表示架立筋。

(3)框架梁上部筋能通则通,基础梁下部筋能通则通。

(4)从受力来说,框架梁以柱为支座,柱以基础梁为支座,但是基础梁的跨数也与相交的柱的个数有关。

(5)框架梁与基础梁的编辑方法一致,两次编辑命令一致。具体的使用方法可以参照梁部分的内容及软件内置的《文字帮助》。

任务四　条形基础的定义与绘制

1. 条形基础的定义(图1-7-19)

第一步:在条形基础的构件管理中单击"条形基础"。

第二步:在"条形基础"中新建"基础单元",根据图纸选择填写单元尺寸与钢筋信息。

第三步:根据图纸要求调整基础单元的尺寸与钢筋。

2. 条形基础的绘制

第一步:单击工具栏中的"直线"按钮。

第二步:在绘图区域找到条形基础的第一个端点,单击鼠标左键,移动鼠标找到第二个端点单击鼠标左键,依次找到相应的轴网交点可以画出其他条形基础,此外,单击鼠标右键可以中止绘图,如图1-7-20所示。

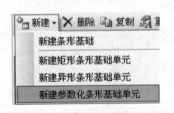

图1-7-19　条形基础的定义

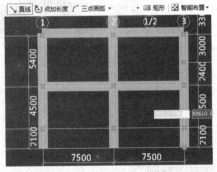

图1-7-20　条形基础的绘制

条形基础的其他画法与其他线性构件(如梁、基础梁)的画法相同。

任务五　筏形基础的定义与绘制

1. 筏形基础的定义

在导航栏中选择“基础”中的“筏板基础”，按 F2 键进入筏形基础的“定义”界面。在“新建”→“筏板基础”界面中，按照工程实际情况录入筏形基础信息，如厚度、马凳筋参数图、马凳筋信息、筏板侧面纵筋等信息，如图 1-7-21 所示。

	属性名称	属性值	附加
1	名称	FB-1	
2	混凝土强度等级	(C20)	□
3	厚度(mm)	(500)	□
4	顶标高(m)	层底标高+0.5	□
5	底标高(m)	层底标高	□
6	保护层厚度(mm)	(40)	□
7	马凳筋参数图	II型	
8	马凳筋信息	Φ10@1200	□
9	线形马凳筋方向	平行横向受力筋	□
10	拉筋		□
11	拉筋数量计算方式	向上取整+1	□
12	马凳筋数量计算方式	向上取整+1	□
13	筏板侧面纵筋		□
14	U形构造封边钢筋		□
15	U形构造封边钢筋弯折长度(mm)	max(15*d,200)	
16	归类名称	(FB-1)	□
17	汇总信息	筏板基础	□
18	备注		□

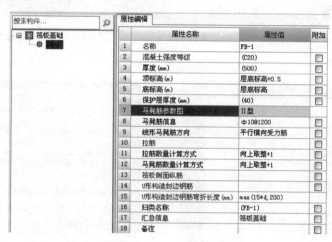

图 1-7-21　筏板定义

2. 筏形基础的绘制

筏形基础的绘制方法，如图 1-7-22 所示。

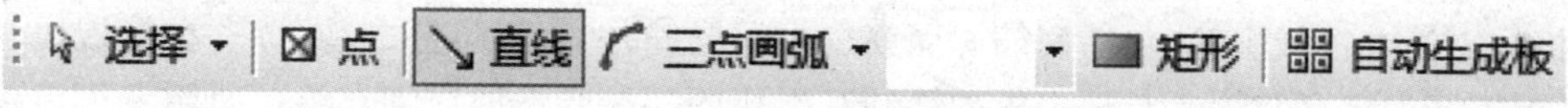

图 1-7-22　筏形基础的绘制方法

(1)直线画法。使用“直线”功能，将布置筏形基础的范围用直线围成封闭图表，单击鼠标右键，如图 1-7-23 所示。

图 1-7-23　直线画法

(2)矩形画法。选择矩形画法，单击鼠标左键选中轴网的第一交点，沿着对角线方向单击第二个交点，即可完成筏形基础的绘制，如图 1-7-24 所示。

(3)偏移筏板。一般图纸上的筏板尺寸要和轴线尺寸发生偏移，这时需要偏移筏板。

第一步：选择画的筏形基础，单击工具栏中的“偏移”按钮，单击鼠标右键，选择“整体偏移”或“多边偏移”后，单击“确定”按钮，如图 1-7-25 所示。

第二步：单击鼠标左键选择偏移方向(向内或向外)，输入偏移距离，单击“确定”按钮即可，如图 1-7-26 和图 1-7-27 所示。

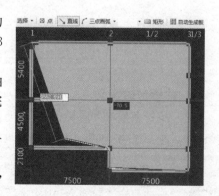

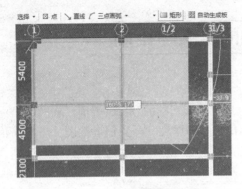

图 1-7-24　矩形画法

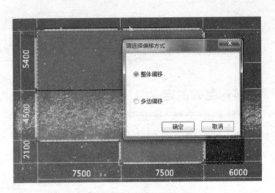

图 1-7-25　选择偏移方式

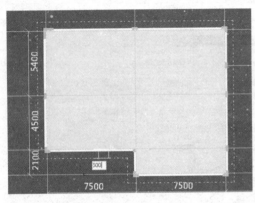

图 1-7-26　输入偏移距离

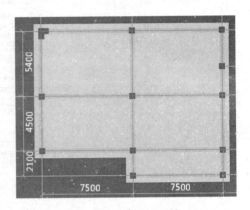

图 1-7-27　偏移筏板

3. 筏板主筋、筏板负筋的定义与绘制

筏板的钢筋有筏板主筋（包括底筋、面筋、中间层筋）、筏板负筋、马凳筋（在筏板属性中设置）。筏板钢筋的定义与绘制与现浇板的绘制基本相同，在此不做详细介绍，使用者可以参照板筋的介绍，或者参照软件内置的文字帮助。

任务六　　桩承台的定义与绘制

1. 桩承台的定义

第一步：在模块导航栏中选择"桩承台"，单击"定义"按钮。

第二步：单击"新建"中的"新建桩承台"或"新建自定义桩承台"（具体承台样式根据图纸选择），如图 1-7-28 所示。

第三步：建立一个 CT-1 后，选中 CT-1，单击鼠标右键，根据工程实际情况，从"新建桩承台""新建自定义桩承台"中任选一种，修改顶标高、底标高及其他相关信息。

第四步：根据工程实际情况，从"新建桩承台单元""新建异形桩承台单元"中任选一种，修改名称、宽度、高度及其他相关信息。在桩承台单元的窗口中输入桩承台的钢筋信息，完成桩承台的定义，如图 1-7-29 所示。

图 1-7-28 新建桩承台

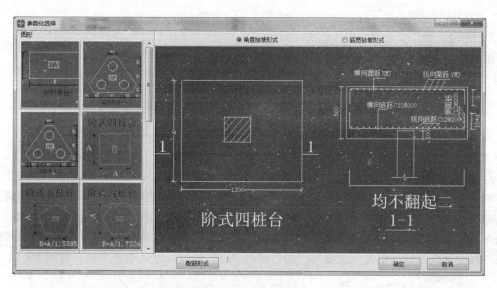

图 1-7-29 参数化选择

2. 桩承台的绘制

桩承台的绘制方法与独立基础的绘制方法相同，在此不再赘述。

微课：绘制桩承台

<hr>

任务七 桩的定义与绘制

1. 桩的定义

在模块导航栏中选择"基础"并切换到"桩"。单击工具栏中"定义"按钮，在弹出的构件管理窗口中单击"新建"按钮，根据工程实际情况从"新建矩形桩""新建异形桩""新建参数化桩"中任选一种，修改名称、截面尺寸等相关信息，然后单击"绘图"按钮，进入绘图页面，如图1-7-30所示。

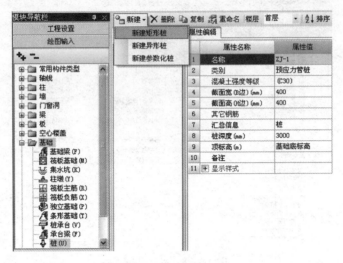

图 1-7-30 桩定义

2. 桩的绘制

桩的绘制方法与独立基础的操作基本相同，在此不再赘述。

任务八　　集水坑的定义与绘制

1. 集水坑的定义

一般筏形基础的工程都需要绘制集水坑构件。在模块导航栏中选择"基础"并切换到"集水坑"。然后单击工具栏中"定义"按钮，在弹出的构件管理窗口中单击"新建"按钮，（根据工程实际情况）从"新建矩形集水坑""新建异形集水坑""新建自定义集水坑"中任选一种，按照图纸中集水坑的尺寸修改名称和相关信息输入。最后单击"绘图"按钮，进入绘图页面，如图 1-7-31 所示。

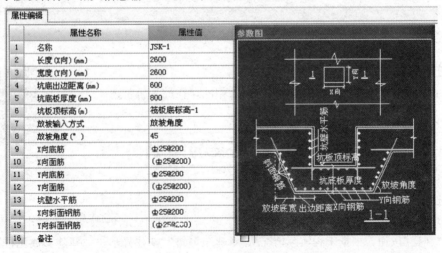

图 1-7-31　集水坑定义

2. 集水坑的绘制

根据图纸中的尺寸标注在筏板上绘制集水坑。在绘制时，可以利用 F4 键来切换构件的插入点来绘制。

绘制完成后补充：

(1)调整钢筋方向：给集水坑布置钢筋时，可以调整集水坑钢筋的布置方式，如图 1-7-32 所示。

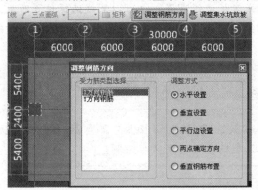

图 1-7-32　调整集水坑钢筋的布置方式

(2)调整集水坑放坡。如果有两个集水坑相交，一侧集水坑的"放坡底宽"与其他位置的不同，则需要针对这条边的放坡进行调整。可以使用"调整集水坑放坡"功能调整放坡。单击绘图工具栏中的"调整集水坑放坡"按钮，然后选择需要调整的集水坑，单击鼠标右键确定，选择需要调整放坡的边，在框中输入出边距离和角度，单击"确定"按钮，即完成集水坑放坡调整，如图 1-7-33 所示。

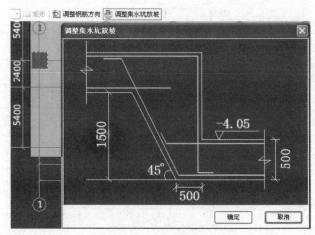

图 1-7-33　调整集水坑放坡

🔊 **知识拓展**

筏板的编辑

对于较复杂的筏板，软件提供了以下的编辑方式：

(1)设置筏板边坡：工程中筏板有边坡的情况，可以使用该功能进行设置。

(2)设置筏板变截面：工程中存在多块筏板，且筏板的标高不同，相交位置存在变截面的，可以使用"设置筏板变截面"的功能进行设置。

（3）对于板和筏板的钢筋布置：

①软件提供了单板、多板和自定义三种确定布筋范围的方法。

②软件提供了水平钢筋布置、垂直钢筋布置、XY方向布置和其他方式四种画法，对于弧形的筏板，还提供了"放射筋"的布置。

③板负筋可以按支座或者板边线布置，也可以划线选择位置布置。

④对负筋左右标注颠倒的情况，可以使用"交换负筋左右标注"功能将左右标注互换。

思考与练习

1. 查阅 11G101—3 图集、16G101—3 图集，熟悉基础钢筋构造。
2. 对照图纸完成本工程的基础的定义与绘制。

项目八 剪力墙的定义与绘制

>> 知识链接

关于剪力墙的基础知识

(1)剪力墙的钢筋分析。剪力墙的构成体系比较复杂，要想利用钢筋算量软件快速、准确地计算出剪力墙的钢筋工程量，必须熟悉剪力墙的构成和钢筋种类，现将相关知识汇总如图1-8-1所示。

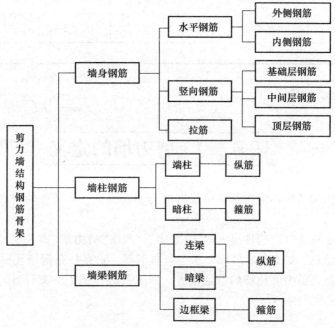

图1-8-1 剪力墙结构钢筋

(2)墙柱编号表。为了增加对剪力墙结构的识图能力，现摘录墙柱编号（表1-8-1）、墙梁编号（表1-8-2），供大家参考。

表1-8-1 墙柱编号

墙柱类型	代号	序号
约束边缘构件	YBZ	××
构造边缘构件	GBZ	××
非边缘暗柱	AZ	××
扶壁柱	FBZ	××

表 1-8-2　墙梁编号

墙梁类型	代号	序号
连梁	LL	××
连梁(对角暗撑配筋)	LL(JC)	××
连梁(交叉斜筋配筋)	LL(JX)	××
连梁(集中对角斜筋配筋)	LL(DX)	××
连梁(跨高比不小于5)	LLK	××
暗梁	AL	××
边框梁	BKL	××

实操解析

任务一　剪力墙的定义

虽然本工程是框架结构，但在基础层设有剪力墙，所以，本任务的内容是介绍剪力墙的定义与绘制。

在模块导航栏中选择"墙"构件组下的"剪力墙"，双击"剪力墙"进入定义界面。在属性编辑框中输入剪力墙的信息，如名称、厚度、水平分布钢筋、垂直分布钢筋及拉筋信息，如图1-8-2所示。需要注意的是，剪力墙拉筋的节点设置。做工程时按施工方案设置，本工程按双向布置拉筋，如图1-8-3所示。

搜索构件...		
剪力墙		
Q-1		

	属性名称	属性值
1	名称	Q-1
2	厚度(mm)	250
3	轴线距左墙皮距离(mm)	(125)
4	水平分布钢筋	(2)Φ12@150
5	垂直分布钢筋	(2)Φ12@100
6	拉筋	Φ8@400*400
7	备注	
8	其它属性	
9	其它钢筋	
10	汇总信息	剪力墙
11	保护层厚度(mm)	(15)
12	压墙筋	
13	纵筋构造	设置插筋
14	插筋信息	
15	水平钢筋拐角增加搭接	否
16	计算设置	按默认计算设置计算
17	节点设置	按默认节点设置计算
18	搭接设置	按默认搭接设置计算
19	起点顶标高(m)	3.7
20	终点顶标高(m)	3.7
21	起点底标高(m)	-1
22	终点底标高(m)	-1

图1-8-2　剪力墙定义

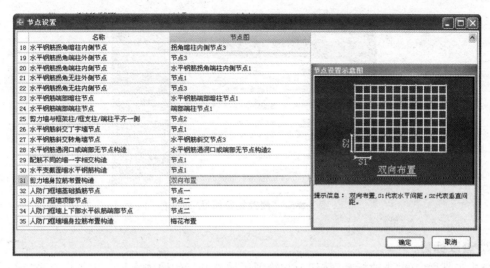

图 1-8-3　剪力墙拉筋的节点设置

任务二 **剪力墙的绘制**

剪力墙属于线性构件，可以采用画直线、画折线等方法进行绘制。在实际工程中，经常会遇到短肢剪力墙，这时，可以采用"点加长度"的方式进行绘制。操作步骤如下：

第一步：选择剪力墙，单击工具栏中的"点加长度"设置按钮。

第二步：单击鼠标左键指定第一个角点，单击鼠标左键指定第二点确定角度，或用 Shift＋鼠标左键输入角度（鼠标左键指定点应在轴线交点及构件端点以外）。

第三步：单击轴网交点，打开"输入长度"对话框，输入短肢剪力墙的长度，单击"确定"按钮即可，如图 1-8-4 所示。

图 1-8-4　输入长度

剪力墙的其他画法，如直线绘制、三点画弧绘制、矩形画法，与梁的绘制的操作是一致的，在此不再赘述。

任务三 **剪力墙的修改**

1. 修改墙的修改

第一步：单击工具栏中的"修改墙段属性"按钮，在绘图区域选择需要修改属性的墙，弹出如图 1-8-5 所示的对话框。

第二步：在对话框中输入需要修改的属性值，如墙体标高、厚度等，单击"确定"按钮即可。

图 1-8-5　"修改墙段属性"对话框

2. 查改标高

单击工具栏中的"查改标高"按钮，在绘图区域绘制好的墙体上显示出了标高数字信息，单击数字，可以对标高进行修改，如图 1-8-6 所示。

3. 平齐基础底

如果绘制的墙体的底标高和基础底平齐，则可以采用此项功能。

单击工具栏中的"墙体平齐基础底"按钮，在绘图区域选择相应的墙体，墙体颜色变蓝被选中，单击鼠标右键确认，弹出对话框显示"是否同时调整手动修改底标高后的墙底标高?"，结合具体情况选择即可，如图 1-8-7 所示。

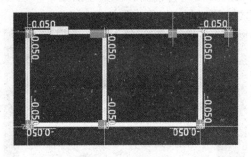

图 1-8-6　查改标高

图 1-8-7　确认对话框

📖 **专业小贴士**

构造边缘构件和约束边缘构件的区别?

(1)从编号上看，构造边缘构件在编号时以字母 G 打头，约束边缘构件以 Y 打头。

(2)从图集上体会，第 75、76、77 页可以看出，约束边缘构件比构造边缘构件要"强"一些，主要体现在抗震作用上。所以，约束边缘构件应用在抗震等级较高(如一级)的建筑，构造边缘构件应用在抗震等级较低的建筑。

(3)从 16G101 图集中的配筋情况也可以看出构造边缘构件(如端柱)仅在矩形柱范围内布置纵筋和箍筋，类似于框架柱，但是，也不能说构造边缘端柱一定没有翼缘。约束边缘构件除端部或角部有一个阴影部分外，在阴影部分和墙身之间还有一个"虚线区域"，该区域的特点是加密拉筋或同时加密竖向分布筋。

(4)16G101图集引用了《建筑抗震设计规范(2016年版)》(GB 50011—2010)建筑抗震设计规范中关于抗震墙的抗震构造措施,可参考该规范加深理解。

约束构件是根据抗震等级要求设计的,截面与墙长、墙高有关系,配筋是要进行受力计算的。构造构件是根据《建筑抗震设计规范(2016年版)》(GB 50011—2010)做的剪力墙增强构件,根据构造要求设计截面和配筋。

边缘构件位于剪力墙墙肢的两端。在水平地震力到来的时候,边缘构件(比起中间的墙身来说)是首当其冲抵抗水平地震力的。约束边缘暗柱是承重结构,配筋有具体要求,构造边缘暗柱不是承重结构,没有特殊用处时,只要满足相应规范中最小配筋率即可。

约束边缘暗柱是指用箍筋约束的柱,其混凝土用箍筋约束,有比较大的变形能力。在剪力墙两端和洞口两侧应设置边缘暗柱。

构造边缘暗柱相对约束边缘暗柱,其对混凝土的约束较差。

对于构造边缘构件,在底部加强部位及抗震墙转角处宜用箍筋,构造边缘构件的边界处应为箍筋,箍筋范围内的其他部位用拉筋即可。

◀)) 知识拓展

剪力墙特殊钢筋的画法遇以下情况时,可以参考如下操作:

1. 水平钢筋

格式:⟨(排数)⟩⟨级别⟩⟨直径⟩⟨间距⟩⟨(布置范围)⟩。

(1)常规格式:Φ12@100。

(2)左右侧不同配筋形式:(1)Φ14@100+(1)Φ12@100。

微课:剪力墙特殊情况的处理

(3)每排钢筋中有多种钢筋信息但配筋间距相同:(1)Φ12/(1)Φ14@100+(1)Φ12/Φ10@100;计算时按插空放置的方式排列,第二种钢筋信息距边的距离为起步距离加上1/2间距。

(4)每排各种配筋信息的布置范围由设计指定:(1)Φ12@100(1 500)/(1)Φ14@100(1 300)+(1)Φ12@100(1 500)/(1)Φ14@100(1 300)。

说明:排数没有输入时默认为2;不同排数的钢筋信息用"+"连接;当用"+"连接时则表示水平钢筋从左侧到右侧的顺序布置。

2. 垂直钢筋

格式:*(排数)⟨级别⟩⟨直径⟩⟨间距⟩。

(1)常规格式:(2)Φ12@100;或 *(1)Φ12@200+(1)Φ14@200;输入"*"时表示该排垂直筋在本层锚固计算,未输入"*"时表示该排纵筋连续伸入上层。

(2)左右侧不同配筋形式:(1)Φ14@100+(1)Φ12@100。

(3)每排钢筋中有多种钢筋信息但配筋间距相同:(1)Φ12/(1)Φ14@100+(1)Φ12/Φ10@100;计算时按插空放置的方式排列,第二种钢筋信息距边的距离为起步距离加上1/2间距。

说明:排数没有输入时默认为2;不同排数的钢筋信息用"+"连接;当用"+"连接时,则表示垂直钢筋从左侧到右侧的顺序布置

3. 拉筋

(1)格式1:⟨级别⟩⟨直径⟩⟨水平间距⟩⟨*⟩⟨竖向间距⟩。

例如:φ6—600*600。

(2)格式2:⟨数量⟩⟨级别⟩⟨直径⟩。

例如：500φ6。

4.压墙筋

格式：〈数量〉〈级别〉〈直径〉。

例如：2Φ25。

1. 查阅 11G101-1 图集、16G101-1 图集，熟悉剪力墙钢筋构造。
2. 对照图纸完成本工程的剪力墙的定义与绘制。

项目九　砌体结构工程

墙体的分类

(1)墙体按所在位置可分为外墙和内墙,按布置方向又可分为纵墙和横墙。

(2)墙体按材料可分为砖墙(有黏土多孔砖、黏土实心砖、灰砂砖、焦渣砖等)、砌块墙、石材墙、板材墙等。

(3)墙体按受力特点可分为承重墙、自承重墙、围护墙、隔墙等。

(4)墙体按构造做法可分为实体墙、空体墙、复合墙等。

实操解析

任务一　砌体墙的定义与绘制

框架结构、框架-剪力墙结构的砌体墙体都是填充墙,起围护和分隔作用。其内部会设有砌体拉结筋或通长筋。有时,砌体里、墙里设有构造柱、过梁等附属构件,也需要计算钢筋。

1. 砌体墙的定义

在模块导航栏中选择"墙"构件,双击"砌体墙"进入定义界面,在"新建"菜单下的"新建砌体墙"中,修改名称和相关信息,如图 1-9-1 所示。

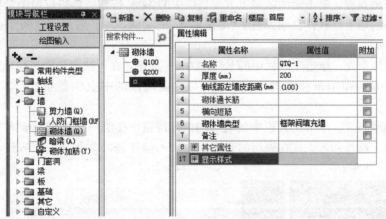

图 1-9-1　砌体墙定义

2. 砌体墙的绘制和修改

砌体墙在软件中属于线性构件,绘制和修改方法与剪力墙一样,在此不再赘述,如图 1-9-2 所示。

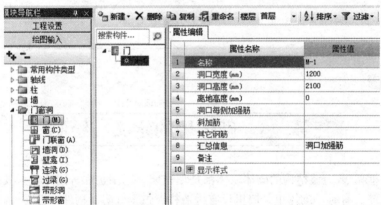

图 1-9-2　砌体墙的绘制和修改方法

任务二　门窗、门联窗、墙洞、壁龛的定义与绘制

1. 门的定义及绘制

(1)门的定义。单击"模块导航栏"的"门窗洞"按钮,双击"门"即可以进入"门"的定义界面。单击"新建"按钮,在"属性编辑"框中输入相关信息(洞口的钢筋信息),即可以完成门的定义,如图 1-9-3 所示。

图 1-9-3　门的定义

(2)门的绘制。

方法一:点画布置。单击绘图区域上方工具栏中的 ⊠点 按钮,然后按照图纸中门所在位置将其点画在相应的墙上。软件自动开启了"动态输入"的功能,左、右尺寸之间用 Tab 键切换即可,如图 1-9-4 所示。

方法二:智能布置。单击工具栏中的 智能布置▾ 按钮,在下拉菜单中选择墙段中点。然后选择要布置门的墙,单击鼠标右键确认,即可以在此墙段的中点位置布置门,如图 1-9-5 和图 1-9-6 所示。

方法三:精确布置。单击工具栏中的 精确布置 按钮,在绘图区域选择要布置门的墙。单击鼠标左键在墙上选择插入点,在弹出的对话框内输入偏移值,单击"确定"按钮,即可以完成绘制,如图 1-9-7 所示。

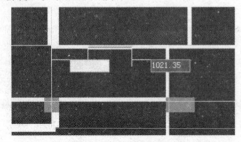

图 1-9-4　点画布置门

图 1-9-5　选择要布置门的墙

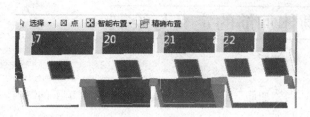

图 1-9-6　智能布置门　　　　　　　　　　图 1-9-7　输入偏移值

2. 窗、门联窗、墙洞、壁龛的定义与绘制

窗、门联窗、墙洞、壁龛的定义与绘制和门的定义与绘制基本一样，在此不再赘述。

任务三　过梁的定义与绘制

1. 过梁的定义

单击"模块导航栏"的"门窗洞"按钮，选择"过梁"，进入定义界面，单击"新建"按钮，进入"新建矩形过梁"或者"异形过梁"界面，输入相关信息，如图 1-9-8 所示。

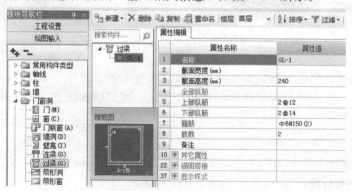

图 1-9-8　过梁定义

2. 过梁的绘制

方法一：点画布置。单击绘图区域上方工具栏中的 ⊠点 按钮，然后按照图纸中过梁所在位置将其点画在相应的门窗洞口上，如图 1-9-9 所示。

方法二：智能布置。选择工具栏中的"智能布置"，在下拉菜单中，选择合适的布置方式，如按门、窗、门连窗、墙洞、带形洞布置，框选或单击需要布置过梁的洞口，即可以快速布置过梁，如图 1-9-10 所示；也可以按门窗洞口的宽度布置，使用者应根据具体情况选择合适的方法。

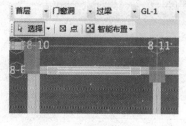

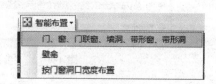

图 1-9-9　点画布置过梁　　　　　　　图 1-9-10　智能布置过梁

任务四　砌体加筋的定义与绘制

1. 砌体加筋的定义

在模块导航栏中单击"墙"构件，双击"砌体加筋"进入定义界面，在"新建"菜单下的"砌体加筋"中，修改名称和相关信息，如图1-9-11所示。

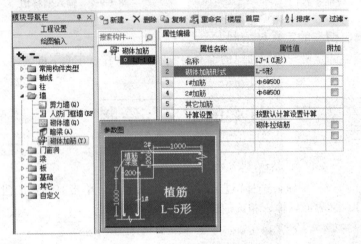

砌体拉结筋与砌体
通长筋的区别

图 1-9-11　砌体加筋的定义

根据砌体加筋所在的位置选择参数图形，软件中有L形、T形、十字形和一字形四种类型供用户选择使用。其适用于相应形状的砌体相交形式。可以依次根据工程结构设计说明，逐一定义。

2. 砌体加筋的绘制

(1)在模块导航栏中单击"墙"构件，选择"砌体加筋"，单击绘图区域上方的"自动生成砌体加筋"按钮，弹出"参数设置"对话框，如图1-9-12所示。

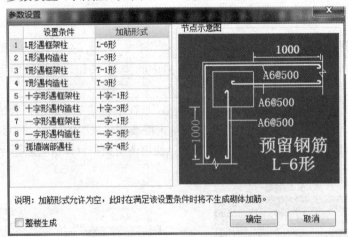

图 1-9-12　"参数设置"对话框

(2)结合工程实际情况,选择相应的"加筋形式",在每种加筋形式中选择合适的参数化图形,如图 1-9-13 所示。确定好"加筋形式"之后,在对应的右侧"节点示意图"中输入相应的钢筋信息(图 1-9-12)(注意:在该界面中,加筋形式可以为空,此时,在不满足该设置条件时将不生成砌体加筋)。

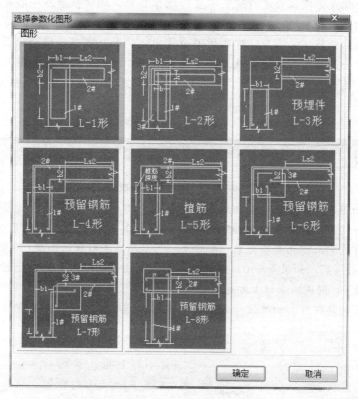

图 1-9-13　选择参数化图形

(3)砌体加筋的定义完成之后,切换到绘图界面,单击鼠标左键点选或拉框选柱图元,单击鼠标右键确认,即可自动生成砌体加筋,如图 1-9-14 所示。

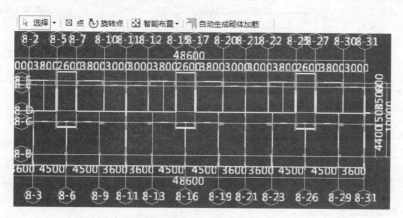

图 1-9-14　生成砌体加筋

注意:"自动生成砌体加筋"绘制的拉结筋会有个别不合适的地方,需要个别进行调整。

砌体通长筋，就是沿砌体长度内通长布置的砌体加筋，砌体拉结筋一般是指在砌体墙与柱或转角处布置的砌体内的加筋，长度一般是每侧入墙长度为 1 m；横向短筋是指在砌体通长筋布置时，绑扎的横向钢筋，就像平时绑扎的平台板中主筋和分布筋，横向短筋实际上就是通长加筋的分布钢筋。一般情况下，若图纸中设置砌体加筋，就不再设置通长筋及横向短筋，只在砌体加筋里定义并选择参数图(如 T 形、一字形、L 形，根据位置选择合适的连接形式)，输入实际长度即可。

如何判断洞口上方是否设有过梁?

无论设计图纸还是软件处理过梁，都不会明确指出哪些洞口上方设有过梁，哪些洞口上方无过梁。是否设有过梁，需要做出正确判断之后，再计算过梁混凝土和钢筋的工程量。那么，如何判断是否设有过梁？在此教给大家一个方法：用层高减去门窗的高度(如果有离地高度也要一并减去)，再减去梁高，如果等于0，则说明无须设置过梁，即门窗洞口上方即是钢筋混凝土梁底；如果不等于0，则说明洞口上方是有墙体的，需要设置过梁。至于过梁的具体尺寸与配筋情况按照设计要求计算即可。如果设计无规定，则根据洞口的大小在图集中选择相应的过梁计算即可。

思考与练习

1. 查阅《钢筋混凝土过梁(2013 年合订本)》(G322—1～G322—4)图集，熟悉过梁的一般配筋与钢筋构造。

2. 对照图纸完成某学院综合办公楼工程的墙体、门窗洞口、过梁的定义与绘制。

项目十 零星构件钢筋工程量计算

工程中除柱、梁、墙、板、基础等主体结构外，还存在其他的一些零星的构件(如楼梯、雨篷、飘窗、挑檐、压顶、板角加筋等)，这类构件的钢筋一般占钢筋总量的 3%～10%。例如，运用建模计算其工程量则不太方便，通常可以利用软件提供的"单构件输入"的方法，计算钢筋工程量。当然，也可以运用相近的构件进行建模处理，接下来逐一介绍。

 **实操解析**

任务一 雨篷的钢筋工程量计算

本工程没有雨篷，所以，以图 1-10-1 为例进行讲解。

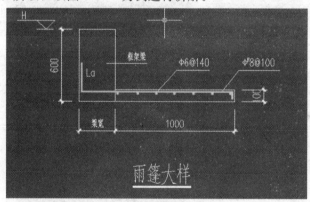

图 1-10-1 雨篷大样

钢筋软件没有单独的雨篷的设置，处理方法一般有以下几种。

(1)在绘图界面用现浇板绘制，但是钢筋的计算长度需要手动修改，修改完成之后一定要锁定构件，否则修改结果无效，如图 1-10-2 所示。

(2)在单构件输入里面添加零星构件，选择合适的参数图，修改相应数据，计算雨篷钢筋工程量，如图 1-10-3 所示。如果仅修改图集中的数据不足以修改钢筋信息，则可以在图 1-10-4 所示界面修改钢筋的形状、尺寸、根数等信息。同样，修改完成之后也要锁定构件，否则修改结果无效。

(3)用自定义线代替绘制。在"模块导航栏中"有"自定义"这一项，这里包括自定义点、自定义线、自定义面、尺寸标注四项。可以利用"自定义线"来定义与绘制。在"新建"菜单下选择"新建异形自定义线"，在弹出的"多边形编辑器"中，单击"自定义网格"，结合工程实际情况，建立新的网格，如图 1-10-5 所示。在新的网格中用"画直线"的方法，绘制雨篷的形状，如图 1-10-6 所示。

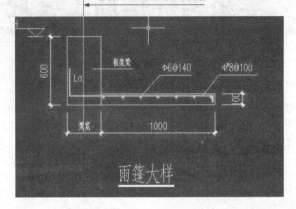

图 1-10-2　用现浇板绘制

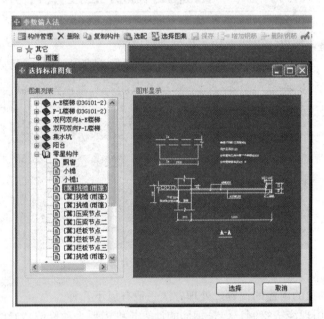

图 1-10-3　添加零星构件

	筋号	直径(mm)	级别	图号	图形	计算公式	公式描述	长度(mm)	根数
1*	主筋	10	Φ	361	162 60 50 80 1530 360	2242+2*6.25*d		2367	16
2	分布筋	6	Φ	448	162 60 50 80 1860 162	2564+2*6.25*d		2639	6
3	端部筋	6	Φ	3	1860	1900-2*20+2*6.25*d		1935	2

图 1-10-4　修改钢筋信息

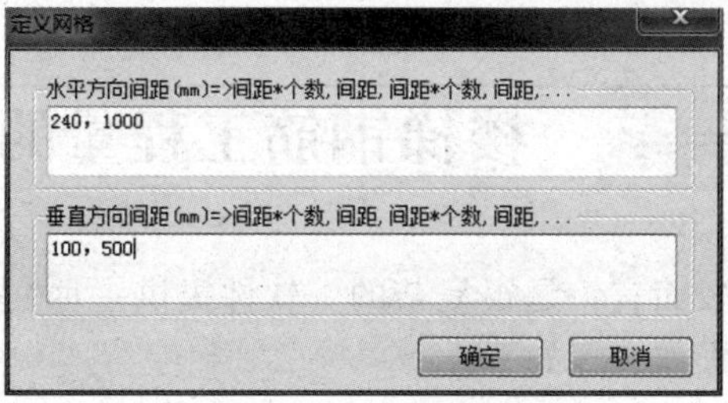

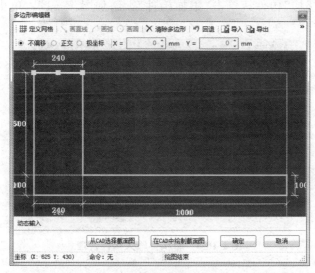

图 1-10-5　定义网格

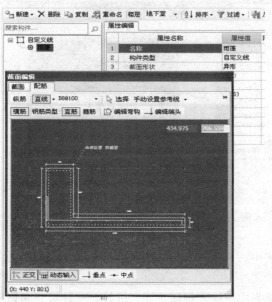

图 1-10-6　绘制雨篷形状

　　然后，在"截面编辑"对话框中绘制和修改钢筋信息，如图 1-10-7 所示，再利用"直线"方法绘制到图中即可。

图 1-10-7　在"截面编辑"对话框中绘制和修改钢筋信息

任务二　　　楼梯钢筋工程量的计算

楼梯中梯板的配筋相比较而言，是很复杂的。软件提供一种"参数输入"的方式计算楼梯梯板钢筋量，非常方便快捷。操作步骤如下：

第一步：在左侧模块导航栏中，切换到左下角"单构件输入"，单击"构件管理"或者  按钮，弹出"构件管理"窗口。

第二步：选择"楼梯"构件，单击"添加构件"，添加"LT－1"，单击"确定"按钮即可，如图1-10-8所示。

图1-10-8　单构件输入构件管理

第三步：单击工具栏中的 ● 参数输入(C) 按钮，进入参数输入界面。在此界面中单击 选择图集 按钮，根据工程实际情况选择合适的楼梯图集，如图1-10-9所示。

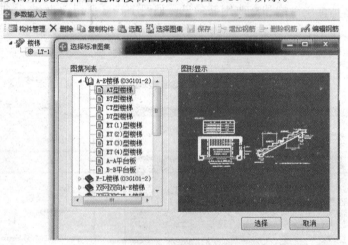

图1-10-9　选择楼梯图集

微课：楼梯斜板
钢筋的计算

第四步：在图集列表中，选择与图纸相对应的图形（如"AT型楼梯"）后，单击"选择"按钮退出，如图1-10-10所示。

第五步：在图形预览界面中输入钢筋锚固、搭接、构件尺寸和钢筋信息后，单击工具栏中的"计算退出"按钮，楼梯梯板的钢筋即汇总完成，如图1-10-11所示。

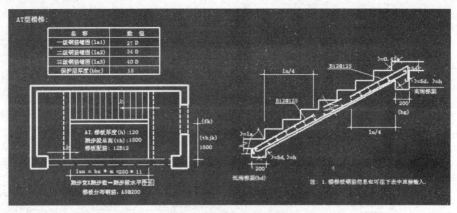

图 1-10-10　生成楼梯

	筋号	直径(mm)	级别	图号	图形	计算公式	公式描述	长度(mm)	根数	搭接	损耗(%)	单重(kg)	总重(kg)	钢筋归类	搭接形式	钢筋类型
1*	梯板下部纵筋	12	Φ	3	3733	3080*1.134+2*120		3733	12	0	0	3.315	39.779	直筋	绑扎	普通钢筋
2	下梯梁端上部纵筋	12	Φ	149	198┌1083┐600 90°	3080/4*1.134+408+120-2*15		1371	14	0	0	1.217	17.044	直筋	绑扎	普通钢筋
3	上梯梁端上部纵筋	12	Φ	149	180┌1083┐450 90°	3080/4*1.134+343.2+90		1306	14	0	0	1.16	16.236	直筋	绑扎	普通钢筋
4	梯板分布钢筋	8	Φ	3	1570	1570+12.5*4		1670	30	0	0	0.66	19.79	直筋	绑扎	普通钢筋

图 1-10-11　楼梯梯板钢筋汇总

任务三　后浇带钢筋工程量的计算

后浇带是在建筑施工中为防止现浇钢筋混凝土结构由于自身收缩不均或沉降不均可能产生的有害裂缝，按照设计或施工规范要求，在基础底板、墙、梁相应位置留设的临时施工缝。

后浇带的位置、距离通过设计计算确定，其宽度考虑施工简便、避免应力集中，常为800～1 200 mm；在有防水要求的部位设置后浇带，应考虑止水带构造；设置后浇带部位还应该考虑模板等措施内容不同的消耗因素；后浇带部位填充的混凝土强度等级须比原结构提高一级，如图 1-10-12 所示。

第一步：在左侧模块导航栏中选择"其他"中的"后浇带"，双击"后浇带"切换到定义界面，如图 1-10-13 所示。

图 1-10-12　后浇带

图 1-10-13　后浇带定义

第二步：软件中有对应的墙、板、梁的后浇带种类，选择适合实际工程情况的种类，将对应的钢筋在"属性编辑"框中录入，如图 1-10-13 所示。

第三步：绘制后浇带，软件可以进行自动匹配。绘制完成以后，如图 1-10-14 和图 1-10-15 所示。

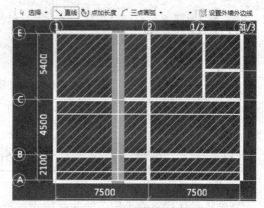

图 1-10-14　后浇带的绘制

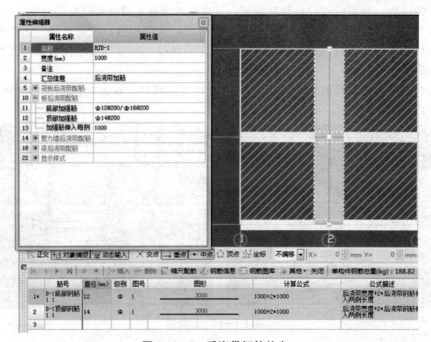

图 1-10-15　后浇带钢筋信息

1. 后浇带定义

根据《混凝土结构工程施工规范》(GB 50666—2011)第 2.0.10 条，后浇带图 1-10-16 的定义是：考虑环境温度变化、混凝土收缩、结构不均匀沉降等因素，将梁、板(包括基础底板)、墙划分为若干部分，经过一定时间后再浇筑的具有一定宽度的混凝土带。

2. 后浇带分类

(1)为解决高层建筑主楼与裙房的沉降差而设置的后浇施工带称为沉降后浇带。

(2)为防止混凝土因温度变化拉裂而设置的后浇施工带称为温度后浇带。

(3)为防止因建筑面积过大，结构因温度变化，混凝土收缩开裂而设置的后浇施工缝称为伸缩后浇带。

3. 后浇带的规范要求

(1)后浇带的留置宽度一般为 700~1 000 mm，现常见的有 800 mm、1 000 mm、1 200 mm三种。

(2)后浇带的接缝形式有平直缝、阶梯缝、槽口缝和 X 形缝四种形式。

(3)后浇带内的钢筋，有全断开再搭接，有不断开另设附加筋的规定。

(4)后浇带混凝土的补浇时间，有的规定不少于 14 d，有的规定不少于 42 d，有的规定不少于 60 d，有的规定封顶后 28 d。《高层建筑混凝土结构技术规程》(JGJ 3—2010)规定是 45 d 后浇筑。混凝土结构构造手册第五版(中国建筑工业出版社)规定应根据工程结构条件、混凝土品质、施工季节、结构超长等诸多因素由设计与施工研究确定。一般情况不宜少于 45 d，不应少于28 d。

(5)后浇带的混凝土配制及强度，应以比原设计混凝土等级提高一级的补偿收缩混凝土浇筑。

(6)养护时间规定不一致，有 7 d、14 d 或 28 d 等几种时间要求，一般小工程常用 14 d 左右，赶工或工程要求 7 d，大工程自建民房常用 28 d 或者一个月左右。

上述差异的存在给施工带来诸多不便，有很大的可伸缩性，所以，只有认真理解各专业的规范的不同和根据本工程的特点、性质，灵活可靠地应用规范规定，才能有效地保证工程质量。

项目十一　钢筋工程量汇总与报表

运用 BIM 钢筋算量软件，在完成工程基本信息录入之后，利用定义构件、绘制构件等建立工程的结构模型。单击工具栏中的"汇总计算"按钮，软件在很短的时间内（10 s 左右）便能将工程中的所有钢筋工程量汇总计算，并将结果最终形成报表。

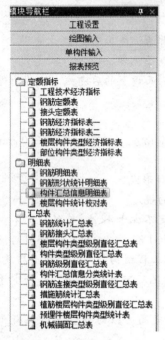

图 1-11-1　报表种类

任务一　报表种类

软件提供了三种报表，包括定额指标、明细表和汇总表，如图 1-11-1 所示。

1. 定额指标

定额指标报表中包含七张报表，都是和经济指标有关的报表。这七张报表如图 1-11-2 所示。

（1）工程技术经济指标。工程技术经济指标表用于分析工程总体的钢筋含量指标。利用这个报表可以对整个工程的总体钢筋量进行大概的分析，根据单方量分析钢筋计算的正确性。表

图 1-11-2　报表种类

中显示工程的结构类型、基础形式、抗震等级、设防烈度、建筑面积、实体钢筋总重、单方钢筋含量等信息，如图 1-11-3 所示。

工程技术经济指标

设计单位：

编制单位：

建设单位：

项目名称：某学院综合楼工程

项目代号：

工程类别：	结构类型：框架结构	基础形式：
结构特征：	地上层数	地下层数
抗震等级：四级抗震	设防烈度：7	檐高(m)：24.7
建筑面积(m²)：2 145.85	实体钢筋总重(未含措施/损耗/贴焊钢筋)(T)：82.556	单方钢筋含量(kg/m²)：38.472
损耗重(T)：0	措施筋总重(T)：0	贴焊钢筋总重(T)：0

编制人：　　　　　　　　审核人：

图 1-11-3　工程技术经济指标

（2）钢筋定额表。钢筋定额表用于显示钢筋的定额子目和量，按照定额的子目设置对钢筋量进行了分类汇总。有了这个表，就能直接将钢筋子目输入预算软件，与图形算量的量合并在一起，构成整个工程的完整预算。表中显示了定额子目的编号、名称、钢筋量。由于各地的定额子目设置是不同的，因此，需要在工程设置中选择所在地区的报表类别，如图 1-11-4 所示。

钢筋定额表（包含措施筋和损耗）

工程名称：某学院综合楼工程　　　　　　　　　编制日期：2017—11—28

定额号	定额项目	单位	钢筋量
5－4－1	现浇构件钢筋 HRB300　　直径(mm)≤10	t	1.092
5－4－2	现浇构件钢筋 HRB300　　直径(mm)≤18	t	
5－4－3	现浇构件钢筋 HRB300　　直径(mm)≤25	t	
5－4－4	现浇构件钢筋 HRB300　　直径(mm)>25	t	
5－4－5	现浇构件钢筋 HRB335　　直径(mm)≤10	t	28.208
	现浇构件钢筋 HRB400(RRB400)　　直径(mm)≤10	t	0.109
5－4－6	现浇构件钢筋 HRB335　　直径(mm)≤18	t	8.337
	现浇构件钢筋 HRB400(RRB400)　　直径(mm)≤18	t	0.195
5－4－7	现浇构件钢筋 HRB335　　直径(mm)≤25	t	31.437
	现浇构件钢筋 HRB400(RRB400)　　直径(mm)≤25	t	
5－4－8	现浇构件钢筋 HRB335　　直径(mm)>25	t	
	现浇构件钢筋 HRB400(RRB400)　　直径(mm)>25	t	
S－4－9	现浇构件钢筋 HRB500　　直径(mm)≤10	t	
S－4－10	现浇构件钢筋 HRB500　　直径(mm)≤18	t	
S－4－11	现浇构件钢筋 HRB500　　直径(mm)≤25	t	
S－4－12	现浇构件钢筋 HRB500　　直径(mm)>25	t	
S－4－13	预制构件钢筋 HRB300　冷拔低碳钢丝　直径(mm)≤5　绑扎	t	
S－4－14	预制构件钢筋 HRB300　冷拔低碳钢丝　直径(mm)≤5　点焊	t	
S－4－15	预制构件钢筋 HRB300　　直径(mm)≤10　绑扎	t	
S－4－16	预制构件钢筋 HRB300　　直径(mm)≤10　点焊	t	
S－4－17	预制构件钢筋 HRB300　　直径(mm)≤16　绑扎	t	
S－4－18	预制构件钢筋 HRB300　　直径(mm)≤16　点焊	t	
S－4－19	预制构件钢筋 HRB300　　直径(mm)≤25	t	
S－4－20	预制构件钢筋 HRB300　　直径(mm)>25	t	
S－4－21	预制构件钢筋 HRB335　　直径(mm)≤10	t	
	预制构件钢筋 HRB400(RRB400)　　直径(mm)≤10	t	

图 1-11-4　钢筋定额表（包含措施筋和损耗）

（3）接头定额表。接头定额表用于显示钢筋接头的定额子目和量，按照定额子目设置对钢筋接头量进行了分类汇总。将这个表中的内容直接输入预算软件就能得到接头的造价。表中显示了定额子目的编号、名称、单位、数量。由于各地的定额子目设置是不同的，因此需要在工程设置中选择所在地区的报表类别，如图1-11-5所示。

接头定额表

工程名称：某学院综合楼工程 编制日期：2017—11—28

定额号	定额项目	单位	数量
5—4—46	锥螺纹套筒钢筋接头　直径(mm)≤20	10个	
5—4—47	锥螺纹套筒钢筋接头　直径(mm)≤25	10个	
5—4—48	锥螺纹套筒钢筋接头　直径(mm)≤32	10个	
5—4—49	锥螺纹套筒钢筋接头　直径(mm)≤45	10个	
5—4—50	带肋钢筋接头冷挤压连接　直径(mm)20	10个	
5—4—51	带肋钢筋接头冷挤压连接　直径(mm)22	10个	
5—4—52	带肋钢筋接头冷挤压连接　直径(mm)25	10个	
5—4—53	带肋钢筋接头冷挤压连接　直径(mm)28	10个	
5—4—54	带肋钢筋接头冷挤压连接　直径(mm)32	10个	
5—4—55	带肋钢筋接头冷挤压连接　直径(mm)36	10个	
5—4—56	带肋钢筋接头冷挤压连接　直径(mm)40	10个	
5—4—57	电渣压力焊接头 Φ14(圆钢)	10个	
	电渣压力焊接头　直径(mm)14	10个	
5—4—58	电渣压力焊接头 Φ16(圆钢)	10个	
	电渣压力焊接头　直径(mm)16	10个	6
5—4—59	电渣压力焊接头 Φ18(圆钢)	10个	
	电渣压力焊接头　直径(mm)18	10个	36.8
5—4—60	电渣压力焊接头 Φ20(圆钢)	10个	
	电渣压力焊接头　直径(mm)20	10个	88.9
5—4—61	电渣压力焊接头 Φ22(圆钢)	10个	
	电渣压力焊接头　直径(mm)22	10个	

图1-11-5　接头定额表

（4）钢筋经济指标表一。钢筋经济指标表一是按照楼层来划分类别的，按钢筋直径范围、钢筋类型（直筋、箍筋）进行汇总分析。这属于一个较细的分析。当利用工程技术经济指标表分析钢筋量后，如果怀疑钢筋量有问题或者想更细致地了解钢筋在各楼层的分布情况，可以通过查看钢筋经济指标表一，分层查看钢筋量，找出问题出在哪个楼层、哪个直径范围。表中按楼层分类，同时按钢筋级别、类型、直径范围进行二次分类，最后有各层的汇总，如图1-11-6所示。

钢筋经济指标表一（包含措施筋）

工程名称：某学院综合楼工程　　　　　编制时间：2017-11-28　　　　　单位：t

级别	钢筋类型	≤10	>10
楼层名称：基础层		钢筋总重：7.538	
Φ	箍筋	0.702	
Φ	直筋	0.393	6.442
楼层名称：地下室		钢筋总重：0.148	
Φ	箍筋	1.49	
Φ	直筋	2.64	3.873
	箍筋	0.036	
Φ	直筋	0.109	
楼层名称：第2层		钢筋总重：13.299	
Φ	直筋	0.175	
	箍筋	2.068	
Φ	直筋	4.637	6.329
	箍筋	0.055	
Φ	直筋		0.034
楼层名称：第3层		钢筋总重：11.197	
Φ	直筋	0.175	
	箍筋	1.802	
Φ	直筋	4.137	5.006
	箍筋	0.049	
Φ	直筋		0.028
楼层名称：第4层		钢筋总重：10.721	
Φ	直筋	0.175	
	箍筋	1.795	
Φ	直筋	3.664	4.969
	箍筋	0.049	
Φ	箍筋		0.028
楼层名称：第5层		钢筋总重：11.1	
Φ	直筋	0.175	
	箍筋	1.795	
Φ	直筋	4.134	4.918
	箍筋	0.049	
Φ	直筋		0.028

图 1-11-6　钢筋经济指标表（一）

　　(5)钢筋经济指标表二。与钢筋经济指标表一相似，钢筋经济指标表二也是对钢筋进行分类汇总的。不同的是它不是按照楼层而是按构件来划分类别的。同样，它也按直径范围、钢筋类型(直筋、箍筋)进行汇总。它的作用和钢筋经济指标表一类似，但由于分类方法的差异，使得它在钢筋量分析的角度上和钢筋经济指标表一也是不同的。表中按构件分类，同时按钢筋级别、类型、直径范围进行二次分类，最后有各构件的汇总，如图 1-11-7 所示。

钢筋经济指标表二(包含措施筋)

工程名称：某学院综合楼工程　　　　　　编制时间：2017—11—28　　　　　　　单位：t

级别	钢筋类型	<=10	>10
构件类型：柱		钢筋总重：17.48	
φ	箍筋	6.218	
Φ	直筋		11.262
构件类型：构造柱		钢筋总重：0.231	
Φ	箍筋	0.037	
Φ	直筋		0.196
构件类型：墙		钢筋总重：1.539	
Φ	箍筋	0.027	
Φ	直筋	0.175	1.337
构件类型：过梁		钢筋总重：2.119	
φ	箍筋	0.449	
Φ	直筋	0.801	0.611
	箍筋	0.256	
构件类型：梁		钢筋总重：27.669	
φ	箍筋	5.317	
Φ	直筋		22.332
	箍筋	0.02	
构件类型：圈梁		钢筋总重：0.088	
φ	箍筋	0.023	
Φ	直筋		0.065
构件类型：现浇板		钢筋总重：27.422	
φ	箍筋	0.878	
Φ	直筋	26.436	
Φ	直筋	0.109	
构件类型：基础梁		钢筋总重：3.105	
Φ	箍筋	0.629	
Φ	直筋		2.476

图 1-11-7　钢筋经济指标表(二)

(6)楼层构件类型经济指标表。楼层构件类型经济指标表用于查看钢筋的分层量，分析钢筋单方含量，包括总的单方含量和每层的单方含量，主要作用是分层进行单方含量分析。楼层构件类型经济指标表和部位构件类型经济指标表都是新增的报表。楼层构件类型经济指标表中按楼层分类，统计钢筋的总量，显示各层的单方含量和总量，最后汇总，如图 1-11-8 所示。

楼层构件类型经济指标表(包含措施筋)

工程名称：某学院综合楼工程 编制日期：2017—11—28

楼层名称	建筑面积/m²	构件类型	钢筋总重/t	单方含量/(kg·m⁻²)
基础层		柱	0.986	
		墙	1.539	
		基础梁	3.105	
		独立基础	1.909	
		小计	7.538	
地下室		柱	2.771	
		过梁	0.09	
		梁	2.56	
		现浇板	2.727	
		小计	8.148	
第2层		柱	2.995	
		构造柱	0.041	
		过梁	0.318	
		梁	5.226	
		圈梁	0.003	
		现浇板	4.691	
		自定义线	0.026	
		小计	13.299	

图 1-11-8 楼层构件类型经济指标表

(7)部位构件类型经济指标表。与楼层构件类型经济指标表不同的是，部位构件类型经济指标表是按照地上地下来划分类别查看钢筋、分析钢筋单方含量的。表中按地上地下分类，统计钢筋的总量，显示各层的单方含量和总量，最后汇总，如图 1-11-9 所示。

部位构件类型经济指标表(包含措施筋)

工程名称：某学院综合楼工程 编制日期：2017—11—28

部位名称	建筑面积/m²	构件类型	钢筋总重/t	单方含量/(kg·m⁻²)
地下		柱	0.986	
		墙	1.539	
		基础梁	3.105	
		独立基础	1.909	
		小计	7.539	
地上		柱	16.494	
		构造柱	0.231	
		过梁	2.119	
		梁	27.669	

图 1-11-9 部位构件类型经济指标表

部位名称	建筑面积/m²	构件类型	钢筋总重/t	单方含量/(kg·m⁻²)
		圈梁	0.088	
		现浇板	27.422	
地上		自定义线	0.401	
		楼梯	0.402	
		构件类型一1	0.192	
		小计	75.018	
总计		—	82.557	

图 1-11-9　部位构件类型经济指标表(续)

2. 明细表

明细表中包含四张报表,即钢筋明细表、钢筋形状统计明细表、构件汇总信息明细表和楼层构件统计校对表,如图 1-11-1 所示。

(1)钢筋明细表。钢筋明细表用于查看构件钢筋的明细,在这里可以看到当前工程中所有构件的每一根钢筋的信息。这个表显示钢筋的筋号、级别、直径、钢筋图形、计算公式、根数、总根数、单长、总长、总重等信息,如图 1-11-10 所示。

<h1 style="text-align:center">钢筋明细表</h1>

工程名称:某学院综合楼工程　　　　　　　　　　　　　　　　　　编制日期:2017-11-28

楼层名称:基础层(绘图输入)									钢筋总重:7 537.768 kg
筋号	级别	直径	钢筋图形	计算公式	根数	总根数	单长/m	总长/m	总重/kg
构件名称:KZ1〔694〕				构件数量:3				本构件钢筋重:86.26 kg	
构件位置:〈2,E〉;〈3,C〉;〈1,B〉									
钢筋	⚎	20	150⌐___3 565	4 500/3+1*max (35*d, 500)+1 400- 35+max(6*d, 150)	5	15	3.715	55.725	137.641
钢筋	⚎	20	150⌐___2 865	4 500/3+1 400- 35+max(6*d, 150)	5	15	3.015	45.225	111.706
钢筋1	⚎	8	450 ⌐450⌐	2*[(500-2*25)+ (500-2*25)]+ 2*(11.9*d)	4	12	1.99	23.88	9.433
构件名称:KZ1〔695〕				构件数量:3				本构件钢筋重:83.79 kg	
构件位置:〈3,E〉;〈1,C〉;〈3,B〉									
钢筋	⚎	20	150⌐___3 465	4 500/3+1*max (35*d, 500)+1 300- 35+max(6*d, 150)	5	15	3.615	54.225	133.935
钢筋	⚎	20	150⌐___2 765	4 500/3+1 300- 35+max(6*d, 150)	5	15	2.915	43.725	108.001
钢筋1	⚎	8	450 ⌐450⌐	2*[(500-2*25)+ (500-2*25)]+ 2*(11.9*4)	4	12	1.99	23.88	9.433

图 1-11-10　钢筋明细表

（2）钢筋形状统计明细表。钢筋形状统计明细表用于统计当前工程中各种形状的钢筋的数量、长度、质量。其能够辅助施工下料，帮助统计工程中相同形状的钢筋。该表中显示钢筋的筋号、级别、直径、钢筋图形、总根数、单长、总长、单重、总重等信息，如图1-11-11所示。

钢筋形状统计明细表

工程名称：某学院综合楼工程　　　　　　　　　钢筋总重(t)：82.558　　　　　　　　　编制时间：2017—11—28

筋号	级别	直径	钢筋图形	总根数	单长/m	总长/m	单重/kg	总重/kg
1	φ	4	⌒ 130	217	0.295	64.015	0.029	6.337
2	φ	4	⌒ 190	176	0.355	62.48	0.035	6.186
3	φ	4	⌒ 250	248	0.415	102.92	0.041	10.189
4	φ	6	1 000	90	1	90	0.26	23.4
5	φ	6	1 225	36	1.225	44.1	0.319	11.466

图1-11-11　钢筋形状统计明细表

（3）构件汇总信息明细表。构件汇总信息明细表用于查看构件钢筋的明细，该表比钢筋明细表粗略一些，它只能显示每个构件中有多少HPB300、多少HRB335等。同时，该表分楼层、分构件类型、分具体构件、分钢筋级别汇总了钢筋信息，因此，它的用途非常广泛。通过构件汇总信息明细表，使用者可以得到每层的钢筋总重、每种类型构件的钢筋总重、每个构件的钢筋总重等，如图1-11-12所示。

构件汇总信息明细表(包含措施筋)

工程名称：某学院综合楼工程　　　　　　　　　　　　　　　　　　　编制日期：2017—11—28

汇总信息	汇总信息钢筋总重/kg	构件名称	构件数量	HPB300/kg	HRB335/kg
地区名称：基础层(绘图输入)				702.37	6 835.398
独立基础	1 908.577	DJ—4[826]	4		360.87
		DJ—2[838]	4		527.173
		DJ—1[844]	2		460.09
		DJ—3[859]	1		102.85
		DJ—5[883]	3		121.463
		DJ—6[892]	1		139.586
		DJ—7[943]	3		96.067
		DJ—8[955]	2		100.478
		合计			1 908.577

图1-11-12　构件汇总信息明细表

汇总信息	汇总信息钢筋总重/kg	构件名称	构件数量	HPB300/kg	HRB335/kg
地区名称：基础层(绘图输入)				702.37	6 835.398
基础梁	3 104.8	JL−1[984]	1	54.783	213.408
		JL−1[988]	2	160.695	634.296
		JL−1[990]	2	131.478	515.736
		JL−1[996]	1	66.956	257.868
		JL−1[998]	1	6.648	24.838
		JL−1[1383]	2	129.043	515.736
		JL−1[1385]	1	79.13	314.184
		合计		628.734	2 476.066
剪力墙	1 538.779	JLQ−1[1345]	1	12.413	612.926
		JLQ−1[1346]	1	14.45	898.989
		合计		26.863	1 511.915

图 1-11-12　构件汇总信息明细表(续)

(4)楼层构件统计校对表。楼层构件统计校对表分楼层统计构件数量、钢筋量、钢筋总重等。该表方便进行钢筋量校对，对于某些点状构件，如柱等，作用显著，如图1-11-13所示。

楼层构件统计校对表(包含措施筋)

工程名称：某学院综合楼工程　　　　　　　　　　　　　　　　　　　　　编制日期：2017−11−28

楼层名称：基础层(绘图输入)						
构件类型	构件类型钢筋总重/kg	构件名称	构件数量	单个构件钢筋质量/kg	构件钢筋总重/kg	接头
柱	985.612	KZ1[694]	3	86.26	258.779	
		KZ1[695]	3	83.79	251.369	
		KZ1[696]	1	76.409	76.409	
		KZ1[698]	2	88.73	177.459	
		KZ1[703]	1	75.174	75.174	
		KZ1[704]	1	118.551	118.551	
		TZ1[1785]	1	11.546	11.546	
		TZ1[1792]	1	16.325	16.325	
墙	1 538.799	JLQ−1[1345]	1	625.339	625.339	
		JLQ−1[1346]	1	913.439	913.439	
基础梁	3 104.8	JL−1[984]	1	268.191	268.191	8
		JL−1[988]	2	397.496	794.991	16
		JL−1[990]	2	323.607	647.214	16
		JL−1[996]	1	324.824	324.824	8
		JL−1[998]	1	31.485	31.485	
		JL−1[1383]	2	322.39	644.779	16
		JL−1[1385]	1	383.314	393.314	8

图 1-11-13　楼层构件统计校对表

楼层名称：基础层(绘图输入)						
构件类型	构件类型钢筋总重/kg	构件名称	构件数量	单个构件钢筋质量/kg	构件钢筋总重/kg	接头
独立基础	1 908.577	DJ—4[826]	4	90.218	360.87	
		DJ—2[838]	4	131.793	577.173	
		DJ—1[844]	2	230.045	460.09	
		DJ—3[859]	1	102.85	102.85	
		DJ—5[883]	3	40.488	121.463	
		DJ—6[892]	1	139.586	139.586	
		DJ—7[943]	3	32.022	96.067	
		DJ—8[955]	2	50.239	100.478	

图 1-11-13　楼层构件统计校对表(续)

3. 汇总表

汇总表中包含 11 张报表，如图 1-11-1 所示，将工程中的钢筋按不同方法依次分别汇总，可以根据需要提取相关钢筋信息，在此不再赘述。

任务二　报表编辑

1. 设置报表范围

设置报表范围用于按照工程需要，选择查看、打印哪些楼层、哪些构件的钢筋量。具体操作步骤如下：

在模块导航栏中单击"报表预览"，切换到报表界面。在工具栏中单击 设置报表范围 按钮，打开"设置报表范围"对话框，如图 1-11-14 所示。

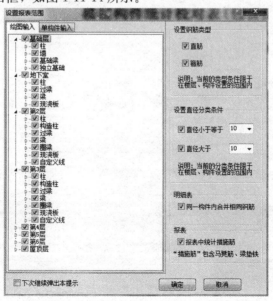

图 1-11-14　"设置报表范围"对话框

(1)设置报表范围可分为绘图输入、单构件输入两个选项卡。

(2)设置楼层、构件范围：选择要查看或打印哪些层的哪些构件，将要输出的打"√"即可。

(3)设置钢筋类型：选择要输出直筋、箍筋，还是直筋和箍筋一起输出，将要输出的打"√"即可。

(4)设置直径分类条件：就是根据定额子目设置来设定，例如，定额设置了直径小于 10 mm、直径小于等于 20 mm 和直径大于 20 mm 的子目，这里就选择直径小于等于 10 mm 和直径大于 20 mm。选择方法是在直径类型前打"√"，并选择直径大小。

(5)同一构件内合并相同钢筋：在明细表中，若同一构件内有形状、长度相同的钢筋，如果在输出时不希望出现同样的两种钢筋，请在这里打"√"。

(6)定额表统计损耗和措施筋：在钢筋定额表中，钢筋量可以统计包含损耗和措施筋的量，勾选表示统计，不勾选表示不统计。

单击"确定"按钮，报表将按照所做的设置显示输出打印。

2. 页面缩放

页面缩放用于对报表预览进行缩放，以便于查看。其包括自适应、放大、缩小三个命令。

(1)自适应：使报表页面自动适应窗口大小，窗口正好放下一张页面。

操作方法：单击标题栏中的"操作"→"自适应"按钮。这种查看方式一般用于查看报表的页面设置、各列宽度、页边距、页眉、页脚等是否符合要求。

(2)放大：单击"操作"→"放大"按钮，则报表预览扩大一倍。

(3)缩小：单击"操作"→"缩小"按钮，则报表预览缩小一半。

3. 页面切换

页面切换用于对报表预览进行翻页。

(1)第一页：查看报表的首页；

(2)上一页：向前翻页；

(3)下一页：向后翻页；

(4)最后一页：查看报表的最后一页。

项目十二 CAD 导图

知识链接

　　做实际工程时，如果有工程图纸的 CAD 电子文件，则在算量软件中可以通过导入 CAD 图纸，实现快速建模并汇总计算钢筋量，可以大大提高工作效率。接下来介绍如何进行 CAD 导图建模。

　　温馨提示：CAD 导图是一种建模绘图的方式，但不是必须使用的方式；CAD 导图的准确率和效率，在一定程度上和 CAD 图纸的规范性相关。在导图过程中出现错误时，需要手动绘制建模修改。所以，应用 CAD 导图做工程的前提是已经熟练操作 GGJ2013，这样才能事半功倍。

实操解析

任务一 导入 CAD 文件流程图

导入 CAD 文件的流程如图 1-12-1 所示。

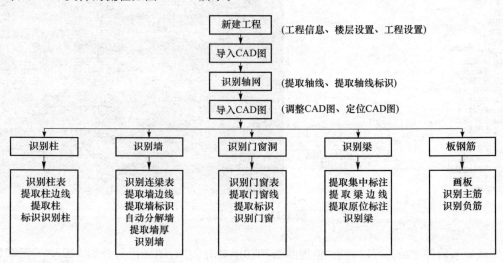

图 1-12-1　导入 CAD 文件的流程

任务二　导入 CAD 文件

微课：识别楼层表

新建工程后（设置好计算规则、计算设置、节点设置、各层混凝土强度等级、混凝土保护层厚度等信息），在绘图输入界面当中，通过"模块导航栏"打开"CAD识图"导航栏（图 1-12-2），按照导航栏的顺序进行操作即可。

单击"CAD 草图"界面，在工具栏中单击"CAD 草图"按钮，弹出图纸管理窗口，然后单击 添加图纸▾ 按钮，找到存放 CAD 图文件的路径并打开，即可以将图纸导入软件中。

补充：需要根据 CAD 图纸比例的大小进行设置并调整，软件默认是 1：1，如图 1-12-3 所示。

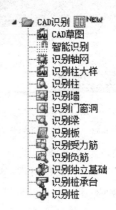

图 1-12-2　"CAD 识图"导航栏

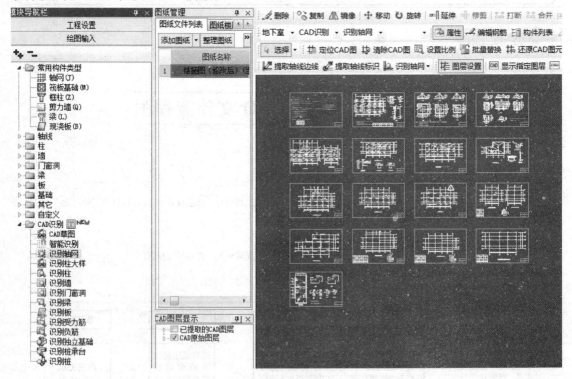

图 1-12-3　导入图纸

图纸导入软件之后，可以利用"整理图纸"或"手动分割"对图纸进行分割处理，为后续识别构件做准备。如果 CAD 图绘制得非常标准，那么利用"整理图纸"就可以将所有的图纸分割开。如果"整理图纸"操作之后，图纸分割得不理想，则可以利用"手动分割"进行处理。分割完成的图纸用红色边框线标识，如图 1-12-4 及扫描右侧二维码所示。

图 1-12-4

在"CAD草图"状态下，还可以转换钢筋级别符号，识别柱表、剪力墙边梁表、门窗表等。

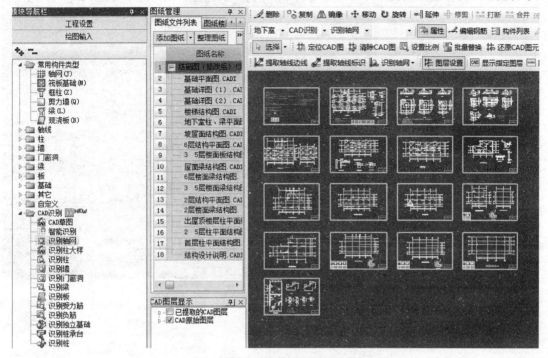

图 1-12-4 整理图纸

任务三 导入轴网

识别轴网时，一般选择轴网比较全的一张平面图来识别(一般选首层平面图)。对于某学院综合办公楼工程，识别轴网时可以选择结施09(二层楼面梁结构图)或者建施02(一层平面图)。具体操作步骤如下：

第一步：在"模块导航栏"中选择"识别轴网"，然后单击 **提取轴线边线** 按钮，此时会弹出如图 1-12-5 所示的对话框，选择图线选择方式，再单击鼠标左键或按 Ctrl＋鼠标左键选择轴线，单击鼠标右键确认。

微课：识别轴网及
修改轴网

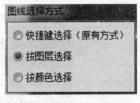

图 1-12-5 图线选择方式

第二步：单击 **提取轴线标识** 按钮，此时也会弹出一个窗口(图 1-12-5)，选择图线选择方式，单击鼠标左键或按 Ctrl＋鼠标左键选择轴线，单击鼠标右键确认。

第三步：单击 **识别轴网** 下拉菜单中的"自动识别轴网"，即可以完成轴网识别。可以切换到软件进行查看，如图 1-12-6 所示。

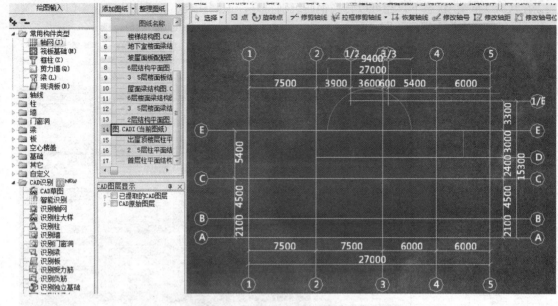

图 1-12-6 识别轴网

任务四　导入柱

第一步：在"CAD识别"界面，单击"识别柱"，在绘图区域上方单击 ，在下拉菜单中选择"识别柱表"，拉框选中柱表，呈黄色虚线状态，如图 1-12-7 及扫描右侧二维码所示。单击鼠标右键，软件会弹出"识别柱表—选择对应列"对话框，在此窗口第一行的空白行中单击鼠标左键，从下拉框中选择该列的对应关系，如图 1-12-8 所示。

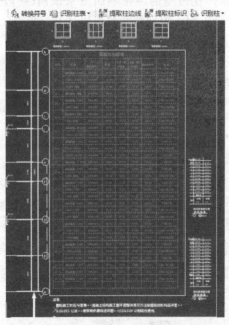

图 1-12-7

微课：导入柱表

图 1-12-7　框选柱表

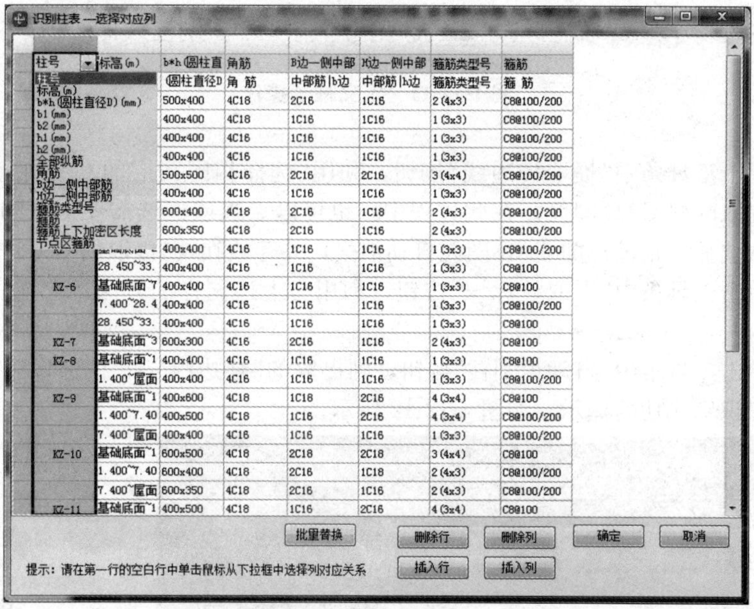

图 1-12-8　"识别柱表—选择对应列"对话框

选择好后，单击"确定"按钮，在弹出的对话框中单击"是"按钮，再次弹出的对话框也单击"是"按钮即可，如图 1-12-9 和图 1-12-10 所示。这样，整个工程的框架柱通过"识别柱表"就全部定义完成了。

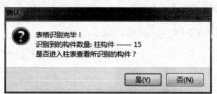

图 1-12-9　"确认"对话框

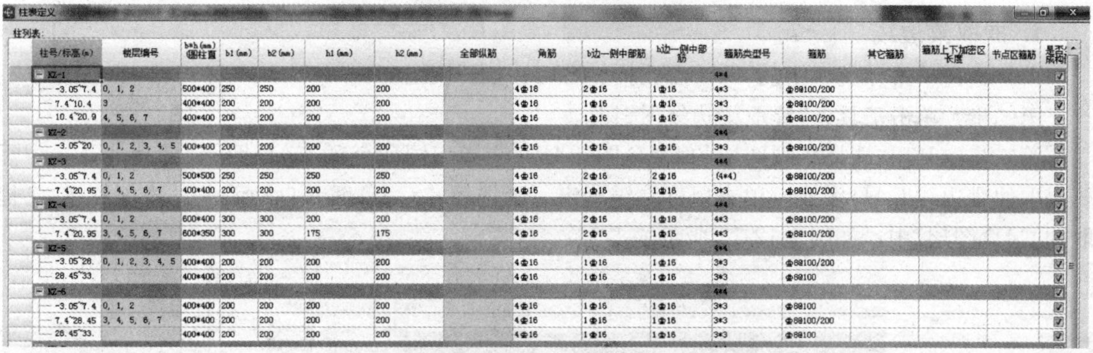

图 1-12-10　识别柱表

如果工程中没有柱表，而是以柱的截面图表示柱的尺寸与钢筋信息，则应该利用"识别柱大样"的方法定义柱子。具体操作：先切换到"识别柱大样"界面；然后，按照工具条中的功能，从左至右依次操作即可以完成柱子的定义，如图 1-12-11 所示。

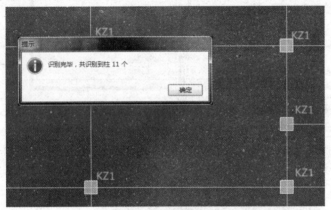

图 1-12-11 定义柱子操作

第二步：单击工具条中"提取柱边线"按钮，利用"选择相同图层的 CAD 图元"或者其他功能，选中需要提取的柱 CAD 图元。在此过程中，也可以点选或框选需要提取的 CAD 图元，单击鼠标右键确认选择，则选择的 CAD 图元自动消失，并存放在"已提取的 CAD 图元"中。

第三步：单击工具条中"提取柱标识"按钮，利用与上述同样的方法，选择柱标识，提取柱标识。

第四步：单击工具条中"自动识别柱"按钮，则提取的"柱边线"和"柱标识"被识别为软件的柱构件，并弹出识别成功的提示，如图 1-12-12 所示。

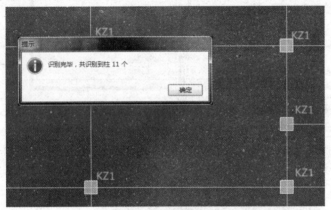

微课：识别框架柱

图 1-12-12 识别成功提示

任务五　导入梁

1. 提取梁边线

第一步：单击导航栏中的"CAD 识别"下的"识别梁"按钮。

第二步：单击工具条"提取梁边线"按钮。

第三步：利用"选择相同图层的 CAD 图元"或"选择相同颜色的 CAD 图元"的功能，选中需要提取的梁边线 CAD 图元，单击鼠标右键确定，则选择的 CAD 图元自动消失，并存放在"已提取的 CAD 图层"中，如图 1-12-13 所示。

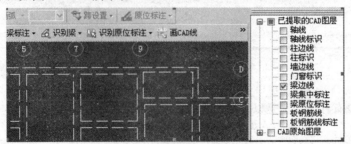

图 1-12-13 已提取的 CAD 图层

说明：如果还有其他梁边线 CAD 图元需要识别，可以再次进行"提取梁边线"操作。

2. 自动提取梁标注

第一步：单击绘图工具条中的"提取梁标注"下的"自动提取梁标注"。

第二步：利用"选择相同图层的 CAD 图元"或"选择相同颜色的 CAD 图元"的功能选中需要提取的梁标注 CAD 图元，包括集中标注和原位标注（图 1-12-14）；此过程中也可以点选或框选需要提取的 CAD 图元。

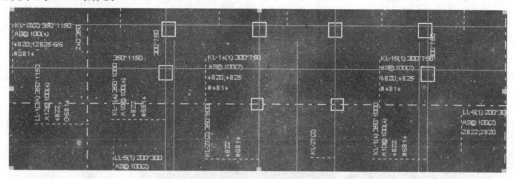

图 1-12-14　提取梁标注

第三步：单击鼠标右键确认选择，则选择的 CAD 图元自动消失，并存放在"已自动提取的CAD 图层"中，如图 1-12-15 所示。

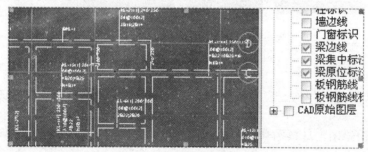

图 1-12-15　已自动提取的 CAD 图层

说明：如果还有其他梁标注 CAD 图元需要识别，可以再次进行"自动提取梁标注"操作。

技巧："自动提取梁标注"多用于 CAD 图中梁集中标注和原位标注在同一个图层上的情况。当梁集中标注和原位标注不在同一个图层时，推荐分开进行提取——提取梁集中标注和提取梁原位标注。

微课：识别框架梁

3. 自动识别梁

"自动识别梁"功能可以将提取的梁边线和梁集中标注一次全部识别。操作前提是已经完成了提取梁边线和提取梁集中标注（自动提取梁标注）的操作。具体操作步骤如下：

第一步：单击导航条"CAD 识别"下的"识别梁"。

第二步：单击"设置 CAD 图层显示状态"或按 F7 键打开"设置 CAD 图层显示状态"窗口，将"已提取的 CAD 图层"中"梁边线""梁集中标注"显示，将"CAD 原始图层"隐藏，如图 1-12-16 所示。

第三步：检查提取的梁边线和梁集中标注是否准确，如果有误还可以使用"画 CAD 线"和"还原错误提取的 CAD 图元"功能对已经提取的梁边线和梁集中标注进行修改。

第四步：单击绘图工具条"识别梁"下的"自动识别梁"，弹出"确认"对话框，如图 1-12-17 所示。建议识别梁之前先画好柱构件，这样，识别梁跨更为准确。

图 1-12-16　设置 CAD 图层显示状态

图 1-12-17　"确认"对话框

第五步：单击"是"按钮，则提取的梁边线和梁集中标注被识别为软件的梁构件，如图 1-12-18 所示。

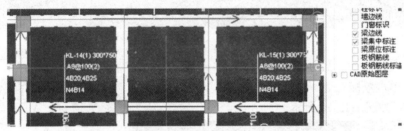

图 1-12-18　识别为梁构件

4. 点选识别梁

"点选识别梁"功能可以通过选择梁边线和梁集中标注的方法进行梁识别操作。具体操作步骤如下：

第一步：单击绘图工具条"自动识别梁"下的"点选识别梁"，弹出"梁集中标注信息"对话框。

第二步：单击需要识别的梁集中标注 CAD 图元，则"梁集中标注信息"对话框会自动识别梁集中标注信息，如图 1-12-19 所示。

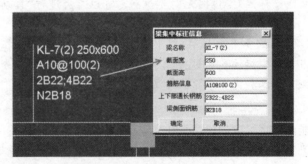

图 1-12-19　梁集中标注信息

微课：识别梁

第三步：单击"确定"按钮，在图形中选择符合该梁集中标注的梁边线，被选择的梁边线以高亮显示，如图 1-12-20 所示。

第四步：单击右键确认选择，此时，所选梁边线则被识别为梁构件，同时"识别梁"窗口再次弹出，继续点选识别其他梁标识，直至识别完毕，如图 1-12-21 所示。

图 1-12-20　高亮显示

图 1-12-21　识别为梁构件

5. 点选识别梁原位标注

"点选识别梁原位标注"功能可以将提取的梁原位标注单个识别。操作前提：已经完成了自动识别梁（点选识别梁）和提取梁原位标注（自动提取梁标注）操作。具体操作步骤如下：

第一步：单击绘图工具条"识别原位标注"下的"点选识别梁原位标注"，然后选择需要识别的梁构件，此时，构件处于选择状态，如图 1-12-22 所示。

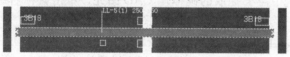

图 1-12-22　构件处于选择状态

微课：识别原位
标注及吊筋

第二步：单击鼠标选择 CAD 图中的原位标注图元；软件自动寻找最近的梁支座位置并进行关联，如图 1-12-23 所示。

图 1-12-23　选择原位标注图元

如果软件自动寻找的梁支座位置出错还可以通过按 Ctrl＋鼠标左键选择其他的标注框进行关联，如图 1-12-24 所示，则 3B18 的信息与梁的下部钢筋进行了关联。

图 1-12-24　与下部钢筋进行关联

第三步：单击鼠标右键，则选择的 CAD 图元被识别为所选梁支座的钢筋信息，如图 1-12-25 所示。

第四步：重复第一步到第三步选择该梁其他位置的原位标注进行识别。再次单击鼠标右键则退出"点选识别梁原位标注"命令。

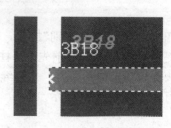

图 1-12-25　识别为所选梁支座的钢筋信息

补充：识别梁应注意以下问题：

(1)前提——柱墙已绘制完成。

(2)提取线和标注要完全。

(3)自动识别和点选相结合。

微课：如何修改梁的
错误信息

(4)繁杂工程的梁推荐点选识别。原则是先识别框架梁，后识别非框架梁；先识别有标注的梁，后识别只有名称的梁。

(5)梁跨校核完成后仍需要检查，查漏补缺。

(6)原位标注校核时，注意是识别错误还是图纸标注的错误。

(7)注意检查梁密集区(主次梁交接比较多的区域)及悬挑梁和变截面与变标高的地方。

任务六　导入墙

1. 导入砌体墙

第一步：在"CAD识别"界面，单击"识别墙"，在绘图区域上方单击 提取混凝土墙边线 或 提取砌体墙边线 按钮，以识别砌体墙为例，单击"提取砌体墙边线"，利用"选择相同图层的CAD图元"或者其他功能，选中需要提取的砌体墙CAD图元，单击鼠标右键确认选择，则选择的CAD图元自动消失，并存放在"已提取的CAD图元"中。

第二步：在绘图区域上方单击 提取门窗线 按钮，利用"选择相同图层的CAD图元"或者其他功能，选中需要提取的门窗CAD图元，单击鼠标右键确认选择，则选择的CAD图元自动消失，并存放在"已提取的CAD图元"中。

第三步：单击工具条中"识别墙"按钮，软件自动弹出"识别墙"对话框，根据工程实情况，对所要识别的墙的信息进行调整；识别方式有"自动识别""框选识别"和"点选识别"，一般采用自动识别，如图1-12-26所示。

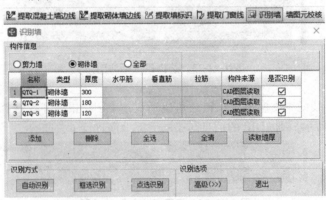

图1-12-26　自动识别墙

第四步：单击"自动识别"按钮，软件弹出确认对话框，提示"建议识别墙之前先画好柱，此时识别出的墙的端头会自动延伸到柱内，是否继续？"，单击"是"按钮即可，如图1-12-27所示。

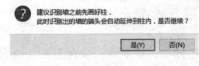

图1-12-27　确认提示

2. 导入剪力墙

第一步：单击 CAD 识别中的"识别墙"，切换到要识别墙的图纸，在绘图区域单击 按钮，然后框选剪力墙表，在弹出的窗口中选择对应的列，将无用的行与列删除，匹配好之后，单击鼠标右键确定，剪力墙即定义完毕，如图 1-12-28 所示。

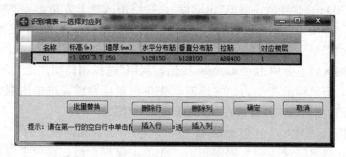

图 1-12-28 识别墙表

第二步：单击工具条中的"提取墙边线"，按"图层选择"提取，在图纸中单击鼠标左键点选墙边线，单击鼠标右键确认即可。

第三步：单击工具条中的"提取墙标识"，按默认的"图层选择"提取，在图纸中单击鼠标左键点选墙标识，单击鼠标右键确认即可。

第四步：单击工具条中的"识别墙"，弹出如图 1-12-29 所示的对话框。核实信息无误后，单击"自动识别"按钮，软件弹出确认窗口，提示"建议识别墙之前先画好柱，此时识别出的墙的端头会自动延伸到柱内，是否继续?"，单击"是"按钮，即可以完成墙的识别。

图 1-12-29 "识别墙"对话框

导入墙注意事项如下：

(1)提供剪力墙表时可先识别剪力墙表，此步骤相当于新建构件。

(2)提取墙线时，注意提取的是混凝土。

(3)注意筛选正确的墙体信息。

(4)注意检查，如果识别出的问题很多，或者未识别出剪力墙，则应采取描图。即识别和描图相结合来绘制图元。

任务七　导入板

第一步：在"CAD识别"界面，单击"识别板"，在绘图区域上方单击 <kbd>提取板标注</kbd> 按钮，利用"选择相同图层的CAD图元"或者其他功能，选中需要提取的板标注CAD图元，单击鼠标右键确认选择，则选择的CAD图元自动消失，并存放在"已提取的CAD图元"中。

第二步：在绘图区域上方单击 <kbd>提取支座线</kbd> 按钮，利用"选择相同图层的CAD图元"或者其他功能，找到梁边线，当鼠标箭头变为回字形时，先单击鼠标左键，再单击鼠标右键确认选择，则选择的CAD图元自动消失，并存放在"已提取的CAD图元"中。

第三步：在绘图区域上方单击 <kbd>提取板洞线</kbd> 按钮，利用"选择相同图层的CAD图元"或者其他功能，找到板洞线，当鼠标箭头变为回字形时，先单击鼠标左键，再单击鼠标右键确认选择，则选择的CAD图元自动消失，并存放在"已提取的CAD图元"中。

第四步：在绘图区域上方单击 <kbd>自动识别板</kbd> 按钮，软件弹出确认窗口，勾选板支座选项，一般勾选剪力墙、主梁、次梁三个选项，并且提示"识别板之前，请确保柱、墙、梁图元已经生成。"单击"确定"按钮即可，如图1-12-30所示。此时，软件弹出构件信息对话框（图1-12-31），根据CAD图纸中的文字说明，填入未标注板的信息，单击"确定"按钮即可。

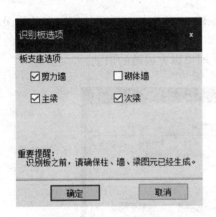

图1-12-30　识别板选项

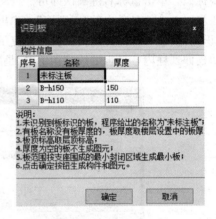

图1-12-31　构件信息

任务八　导入板受力筋

第一步：在"CAD识别"界面，单击"识别板受力筋"，在绘图区域上方单击 <kbd>提取板钢筋线</kbd> 按钮，利用"选择相同图层的CAD图元"或者其他功能，选中需要提取的板钢筋线CAD图元，单击鼠标右键确认选择，则选择的CAD图元自动消失，并存放在"已提取的CAD图元"中。

第二步：在绘图区域上方单击 <kbd>提取板钢筋标注</kbd> 按钮，利用"选择相同图层的CAD图元"或者其他功能，选中需要识别的板钢筋线，单击鼠标右键确认选择，则选择的CAD图元自动消失，并存放在"已提取的CAD图元"中。

第三步：在绘图区域上方单击 <kbd>自动识别板筋</kbd> 下拉菜单中的"提取支座线"，利用"选择相同图层的 CAD 图元"或者其他功能，找到梁边线，当鼠标箭头变为回字形时，先单击鼠标左键，再单击鼠标右键确认选择，则选择的 CAD 图元自动消失，并存放在"已提取的 CAD 图元"中。

图 1-12-32　受力筋信息

第四步：在绘图区域上方单击 识别板受力筋 按钮，此时软件弹出受力筋信息对话框（图 1-12-32），在"已提取的 CAD 图元"中单击"受力筋钢筋线"，此时，软件自动查找与其最近的钢筋标注作为该钢筋线钢筋信息，并识别到"受力筋信息"对话框中，确认"受力筋信息"对话框准确无误后单击"确定"按钮，然后将光标移动到该受力筋所属的板内，板边线加亮显示，此亮色区域即受力筋的布筋范围，单击对话框中的"确定"按钮，则自动布置好此板受力筋。

任务九　导入板负筋

第一步：在"CAD 识别"界面，单击"识别板负筋"按钮，在绘图区域上方单击 提取板钢筋线 按钮，利用"选择相同图层的 CAD 图元"或者其他功能，选中需要提取的板钢筋线 CAD 图元，单击鼠标右键确认选择，则选择的 CAD 图元自动消失，并存放在"已提取的 CAD 图元"中。

第二步：在绘图区域上方单击 提取板钢筋标注 按钮，利用"选择相同图层的 CAD 图元"或者其他功能，选中需要识别的板负筋线，单击鼠标右键确认选择，则选择的 CAD 图元自动消失，并存放在"已提取的 CAD 图元"中。

第三步：在绘图区域上方单击 自动识别板筋 下拉菜单中的"提取支座线"，利用"选择相同图层的 CAD 图元"或者其他功能，找到梁边线，当鼠标箭头变为回字形时，先单击鼠标左键，再单击鼠标右键确认选择，则选择的 CAD 图元自动消失，并存放在"已提取的 CAD 图元"中。

第四步：在绘图区域上方单击 识别板受力筋 下拉菜单中的"识别板受力筋"，此时，软件自动弹出确认对话框（图 1-12-33），单击"是"按钮即可。此时，软件弹出"识别板筋选项"对话框，根据 CAD 图纸的文字说明填入无标注的钢筋信息（图 1-12-34），单击"确定"按钮，软件再次弹出钢筋信息对话框（图 1-12-35），确认"自动识别板筋"对话框准确无误后单击"确定"按钮，软件将自动弹出"板筋图元校核"对话框（图 1-12-36）。

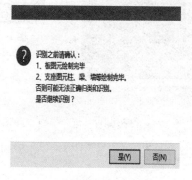

图 1-12-33　确认对话框

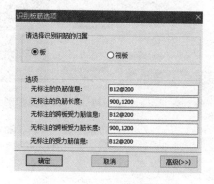

图 1-12-34　识别板筋选项

第五步：在"板筋图元校核"对话框中，分别选择右侧"板筋类别"下的"底筋""面筋""负筋"，其中，负筋的识别最容易选择错误（图1-12-37）。用鼠标左键双击第一个错误，软件自动追踪图元，红色区域即布筋范围重叠部分（图1-12-38及扫描其右侧二维码）。在绘图区域上方单击

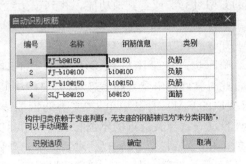

图1-12-35 自动识别板筋

查看布筋 下的"查看布筋范围"按钮，将鼠标移动至红色区域及其周围的负筋上查看布筋范围，判断哪些钢筋的布筋范围错误，单击布筋范围错误的钢筋，按住鼠标左键拖动其端点修改布筋范围，单击对话框中的"刷新"按钮，错误信息不再显示。逐一修改即可完成板钢筋的识别。

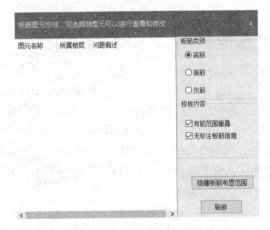

图1-12-36 板筋图元校核

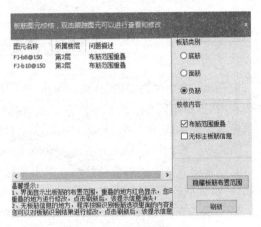

图1-12-37 负筋识别错误

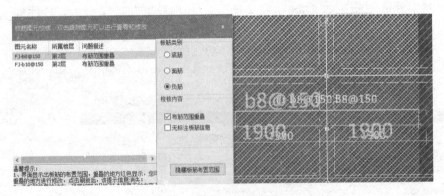

图1-12-38 自动追踪图元

图1-12-38

1. 导入梁技巧一：某工程 X 向梁、Y 向梁配筋标注分别绘制在两张图上，如何进行 CAD 识别？

在 CAD 设计文件中，梁的 X 向标注和 Y 向标注有时会分别绘制在两张图上。在进行 CAD 识别时，在导入第一张 CAD 图的基础上可以单击"插入 CAD 图形"，当插入第二张 CAD 图时，插入的 CAD 图会并排显示，如图 1-12-39 所示。

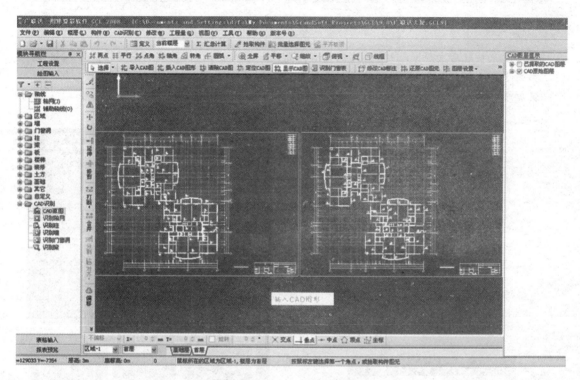

图 1-12-39　CAD 图会并排显示

可以选中第二张图的 CAD 图元，移动到第一张图上，合并成一个完整的 CAD 图，方便统一进行梁构件的识别。可以选择 CAD 图元的部分合并，也可以选择全部合并。例如，将所有的 Y 向梁集中标注选中后移动到 X 向标注图上，然后将多余的 CAD 图元删除即可。

注意：将两种 CAD 图形重合在一起，需要使用移动命令，重定位 CAD 图是对整个 CAD 图形进行操作。

插入 CAD 图还会经常运用于以下场景：当用软件的 CAD 导入功能导入墙图纸，往往提取了墙边线，读取了墙厚，自动识别墙后，想识别门窗构件时，才发现门窗表还没有导入识别。这时，不用将墙的 CAD 图清除，只需要在软件中执行"插入 CAD 图"功能即可。

2. 导入梁技巧二：当某些图的梁识别不了时，可能需要调整比例再识别。

第一步：采用点选识别梁，能识别即可。如果不能识别，则会出现如图 1-12-40 所示的对话框，进入下一步操作。

第二步：采用计算两点之间距离功能，测量两条梁边线之间的距离，如图 1-12-41 所示。一般会发现问题所在。

图 1-12-40　不能识别提示

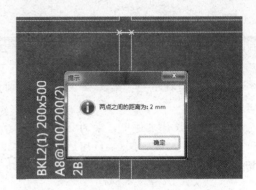

图 1-12-41　测量两点之间距离

第三步：量取后发现 CAD 图的比例是有问题的，导入 CAD 图时重新设置比例导入即可。

第四步：重新导入 CAD 图，将比例设置为 1∶100，如图 1-12-42 所示。

第五步：导入以后重新量取两点之间的距离，正确以后重新识别梁即可，如图 1-12-43 所示。

微课：识别桩承台

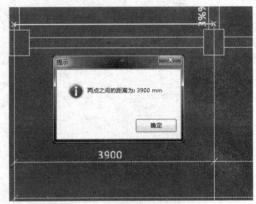

图 1-12-43　重新量距、识别梁

图 1-12-42　输入原图比例

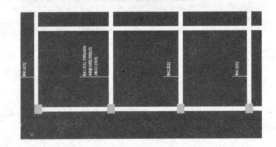

3. 导入梁技巧三：自动识别时，梁标注必须要有引线，且引线必须要与梁边线相交，或伸入边线内部，当不满足这两个条件时如何识别？

（1）若梁标注没有引线，可以采用点选识别。

（2）若梁标注引线没有和梁边线相交或伸过边线，可以通过在 CAD 识别选项中自行设置来调整引线延伸长度，达到正确识别。目前，梁引线与边线之间的误差允许为 15 mm。

模块二

BIM 土建算量

项目一　BIM土建算量软件概述

>> 知识链接

做土建造价的具体工作流程可以归纳为审图→算量→列项→组价→取费。其中，算量工作所占的时间比重最大。利用BIM钢筋算量软件计算出钢筋工程量之后，再导入到BIM土建算量软件中，完善建筑模型，计算出非钢筋的其他土建工程量。

1. 土建算量软件算量原理

BIM图形算量软件是将手工的思路完全内置在软件中，将过程利用软件实现，依靠已有的计算扣减规则，利用计算机这种高效的运算工具快速、完整地计算出所有的细部工程量。软件中层高确定高度，轴网确定位置，属性确定截面。只需要将点形构件、线形构件和面形构件绘制到软件中，就能根据相应的计算规则快速、准确地计算出所需要的工程量。

BIM土建算量软件能够计算的工程量包括土石方工程量、砌体工程量、混凝土及模板工程量、屋面工程量、天棚及其楼地面工程量、墙柱面工程量等。

2. 软件基本介绍

广联达土建BIM算量软件GCL是广联达自主图形平台研发的一款基于BIM技术的算量软件，无须安装CAD即可运行。软件内置《房屋建筑与装饰工程工程量计算规范》（GB 50854—2013）及全国各地现行定额计算规则；可以通过三维绘图、导入BIM设计模型（支持国际通用接口IFC文件、Revit、ArchiCAD文件）、识别二维CAD图纸建立BIM土建算量模型；模型整体考虑构件之间的扣减关系，提供表格输入辅助算量；三维状态自由绘图、编辑，高效且直观、简单；运用三维布尔技术轻松处理跨层构件计算，彻底解决困扰用户的难题；提量简单，无须套做法也可出量；报表功能强大，提供做法及构件报表量，满足招标方、投标方的各种报表需求。

3. BIM土建算量软件算量的流程

（1）软件基本操作流程如图2-1-1所示。

（2）绘图顺序。按施工图的顺序：先结构后建筑，先地上后地下，先主体后屋面，先室内后室外。图形算量将一套图分成建筑、装饰、基础、其他四个部分，再将每部分的构件分组，建模的一般顺序可归结如下，仅供参考。

①砖混结构：砖墙→门窗洞→构造柱→圈梁。

②框架结构：柱→梁→板→基础。

③剪力墙结构：剪力墙→门窗洞→暗柱/端柱→暗梁/连梁。

④框架-剪力墙结构，柱→梁→剪力墙板块→门窗洞→暗柱/端柱→暗梁/连梁→板→砌体墙板块。

（3）构件画法。工程实际中的构件可以划分为点状构件、线状构件和面状构件。点状构件包括柱、门窗洞口、独立基础、

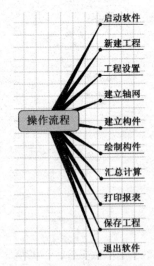

图2-1-1　软件基本操作流程

桩、桩承台等；线状构件包括梁、墙、条基等；面状构件包括现浇板、筏板等。不同形状的构件有不同的绘制方法。对于点状构件主要是"点"画法；对于线状构件可以使用"直线"画法和"弧线"画法，也可以使用"矩形"画法在封闭区域内绘制；对于面状构件可以采用直线绘制边线围成面状构件的画法，也可以采用弧线画法及点画法。考虑到各构件之间均有相互关联关系，软件也对应提供了多种"智能布置"方式，具体操作同 BIM 钢筋算量软件，不再赘述。

（4）BIM 土建算量软件算量的特点。

①各种计算全部内容不用记忆规则，软件自动规则扣减。

②一图两算，清单规则和定额规则平行扣减，画一次图同时得出两种量。

③按图读取构件属性，软件按构件完整信息计算代码工程量。

④内置清单规范，形成完善的清单报表。

⑤属性不仅可以做施工方案，而且可以随时看到不同方案下的方案工程量。

⑥CAD 导图：完全导入设计院图纸，不用画图，直接出量，让算量轻松。

⑦软件直接导入清单工程量，同时提供多种方案量的代码，在复核招标方提供的清单量的同时，计算投标方提供的清单量和计算投标方自己的施工方案量。

⑧软件具有极大的灵活性，同时提供多种方案量的代码，计算出所需要的任意工程量。

⑨软件可以解决手工计算中复杂的工程量（如房间、基础等）。

（5）学习软件算量的重点。

①如何快速地按照图纸的要求，建立建筑模型。

②将计算出来的工程量与工程量清单与定额进行关联。

③掌握特殊构件的处理及灵活应用。

📖 专业小贴士

编制预算时须思考哪些问题？

（1）该建筑物的建设地点在哪里？（涉及税金等费用问题）

（2）该建筑物的总建筑面积是多少？地上、地下建筑面积各是多少？（可根据经验，对此建筑物估算造价预计数目）

（3）识图时一定关注图例。（图纸中的特殊符号表示什么意思？）

（4）层数是多少？高度是多少？（是否产生超高增加费？）

（5）填充墙体采用什么材质？厚度有多少？砌筑砂浆强度是多少？特殊部位墙体是否有特殊要求？（查套填充墙子目）

（6）是否有关于墙体粉刷防裂的具体措施？（如在混凝土构件与填充墙交接部位设置钢丝网片）

（7）是否有相关构造柱、过梁、压顶的设置说明？（此内容一般不在图纸上画出，但也需要计算造价）

（8）门窗采用什么材质？对玻璃的特殊要求是什么？对框料的要求是什么？有什么五金？门窗的油漆情况是什么样的？是否需要设置护窗栏杆？（查套门窗、栏杆相关子目）

（9）有几种屋面？构造做法分别是什么？或者采用哪本图集？（查套屋面子目）

（10）屋面排水的形式是什么样的？（计算落水管的工程量及查套子目）

（11）外墙保温采用什么形式？保温材料及厚度分别是多少？（查套外墙保温子目）

（12）外墙装修分哪几种？它们的做法分别是什么？（查套外装修子目）

（13）室内有哪几种房间？它们的楼地面、墙面、墙裙、踢脚、天棚（吊顶）装修的做法是什

么？（或者采用哪本图集？)（查套房间装修子目）

（14）上质情况是什么样的？（作为针对土方工程组价的依据）

（15）地下水水位的情况是什么样的？（考虑是否需要采取降排水措施）

（16）混凝土强度等级是多少？（作为查套定额依据）

（17）砌体的材质及砌筑砂浆要求是什么？（作为套砌体定额的依据）

（18）其他文字性要求或详图，有时不在结构平面图纸中画出，但应计算其工程量，如现浇板分布钢筋，次梁加筋、吊筋，洞口加强筋等。

◄)) 知识拓展

软件常用名词解释

（1）构件：在绘图过程中建立的墙、梁、板、柱等。

（2）构件图元：简称图元，是指绘制在绘图区域的图形。

（3）构件 ID：ID 就如同每个人的身份证一样。ID 是按绘图的顺序赋予图元的唯一可以识别数字，在当前楼层、当前构件类型中唯一。

（4）公有属性：也称公共属性，是指构件属性中用蓝色字体表示的属性，即所有绘制的构件图元的属性都是一致的。

（5）私有属性：在构件属性中用黑色字体表示的属性。该构件所有图元的私有属性可以一样，也可以不一样，如图 2-1-2 所示。

（6）附属构件：当一个构件必须借助其他构件才能存在时，那么该构件被称为附属构件，如门窗洞。

（7）组合构件：先绘制各类构件图元，再进行组合成为一整体构件，如阳台、飘窗、老虎窗。这些构件有一个共同的特征，就是由一些构件组合而成，例如，阳台是由墙、栏板、板等组成的。

（8）复杂构件：定义构件时，需要分子单元进行建立，如保温墙、条形基础、独立基础、桩承台、地沟。

（9）依附构件：软件为了提高绘图速度所提供的一种构件绘图方式，即在定义构件时，先建立主构件与依附构件之间的关联关系。在绘制主构件时，将与其关联的构件一同绘制。如绘制墙时，可以将圈梁、保温层一同绘制。圈梁、保温层、压顶可以依附墙而绘制，那么，墙构件称为主构件，圈梁、保温层、压顶构件称为依附构件。

图 2-1-2 图元的私有属性

（10）点选：当鼠标处在选择状态时，在绘图区域单击某图元，则该图元被选择，此操作即点选。

（11）拉框选择：当鼠标处在选择状态时，在绘图区域内拉框进行选择。

思考与练习

请结合某学院综合楼工程，思考编制预算时应注意的问题，在图纸中找一找相关信息。

项目二　BIM 土建算量软件工程设置

实操解析

　　第一步：启动软件，单击 Windows 菜单中"开始"→"所有程序"→"广联达建设工程造价管理整体解决方案"→"广联达土建算量软件 GCL2013"，如图 2-2-1 所示。

　　第二步：单击"新建向导"，进入"新建工程"界面，按照界面提示依次输入相关信息，如图 2-2-2 所示。此界面一定根据业主要求选择合适的清单规则和定额规则，因为这会影响到费用的计算，而且后续不可以修改，所以一定要正确选择。

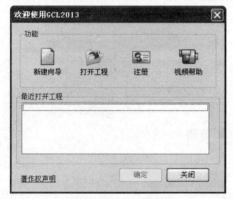

图 2-2-1　启动软件

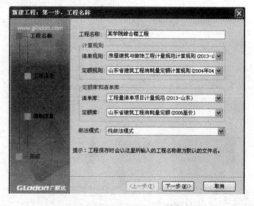

图 2-2-2　"工程名称"界面

　　"做法模式"一栏有两个可选项，建议初学者选择"工程量表模式"，这样在后续套项时，软件会自动弹出构件需要计算的工程量列表以供参考。

　　第三步：单击"下一步"按钮，进入"工程信息"界面。在此界面中，根据实际工程的情况进行输入。其中的"室外地坪相对±0.000标高"一项，会影响到土方工程量计算，必须如实录入，如图 2-2-3 所示。

　　第四步：单击"下一步"按钮，进入"编制信息"界面。此界面中的信息只起到标识作用，对工程量

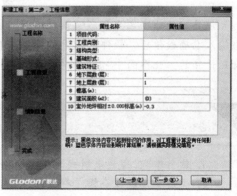

图 2-2-3　"工程信息"界面

计算没有影响，但是汇总时会反映到报表里，如图 2-2-4 所示。

第五步：单击"下一步"按钮，进入"完成"界面，如图 2-2-5 所示。这里汇总了工程信息和编制信息的内容，单击"完成"按钮，即可以完成新建工程，并切换到"工程信息"界面。该界面显示了新建工程的所有信息，可以供用户查看和修改，如图 2-2-6 所示。

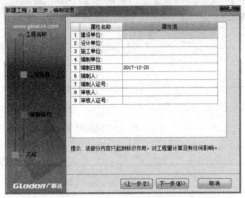

图 2-2-4 "编制信息"界面

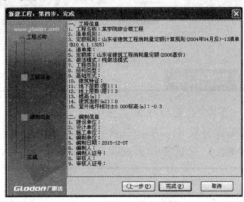

图 2-2-5 "完成"界面

图 2-2-6 "工程信息"界面

📖📖 专业小贴士

室外地坪的设置

设置室外地坪主要是影响到外墙面的装修保温、外脚手架、土方开挖回填的工程量的计算。当输入准确数值后，软件计算外墙面的装修保温、外脚手架、土方开挖回填时都是从室外地坪开始计算的。此界面中"室外地坪"是蓝色字体，会影响到计算结果，应该根据实际情况填写。

思考与练习

1. 软件中"工程量表模式"与"纯做法模式"的区别是什么？
2. 完成某学院综合楼工程的工程设置。

项目三　柱的实操与清单匹配

知识链接

　　柱图元的定义与绘制可以直接从钢筋算量文件中导入，节省工作量。本工程除装修、台阶、散水、屋面、场地平整、土方等非钢筋构件需要补充绘制外，主框架构件均可以导入。

实操解析

任务一　建立楼层

　　新建工程完成之后，接下来输入楼层信息。如果钢筋文件已经完成，则楼层信息无须手动输入，可以通过导入钢筋文件完成（注意：如果没有钢筋文件，则重新输入楼层信息，方法与钢筋算量文件一样，在此不再赘述）。

　　第一步：单击"文件"→"导入钢筋（GGJ）工程"命令，如图 2-3-1 所示。找到钢筋文件所在的位置，单击"打开"命令，即可以弹出如图 2-3-2 所示的对话框。

　　第二步：紧接上一步操作，单击"确定"按钮，即可弹出"层高对比"对话框（图 2-3-3），单击 按照钢筋层高导入 按钮，在弹出的"导入 GGJ 文件"对话框中，在"楼层列表"单击"全选"按钮，"构件列表"中勾选的内容按软件默认即可（也可以将辅助轴线勾选），如图 2-3-4 所示。

　　第三步：单击"确定"按钮，即可完成楼层信息的录入，如图 2-3-5 所示（补充：此操作完成之后，钢筋算量软件中绘制的图元和构件即可同步导入土建算量文件中）。

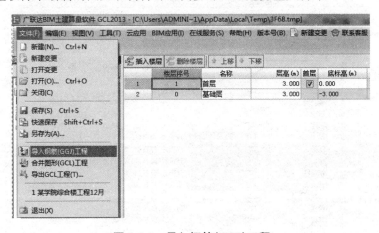

图 2-3-1　导入钢筋（GGJ）工程

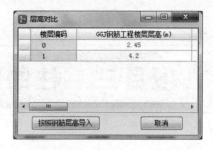

图 2-3-2　提示对话框　　　　　　　　图 2-3-3　"层高对比"对话框

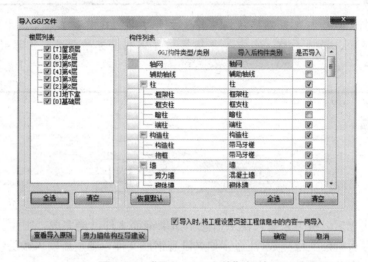

图 2-3-4　"导入 GGJ 文件"对话框

楼层序号	名称	层高(m)	首层	底标高(m)	相同层数
1	7	屋顶层	5.500	☐	21.550	1
2	6	第6层	3.300	☐	18.250	1
3	5	第5层	3.300	☐	14.950	1
4	4	第4层	3.300	☐	11.650	1
5	3	第3层	3.300	☐	8.350	1
6	2	第2层	4.200	☐	4.150	1
7	1	地下室	4.200	☑	-0.050	1
8	0	基础层	2.450		-2.500	1

标号设置 [当前设置楼层：屋顶层，21.550 ~ 27.050]

	构件类型	砼标号	砼类别	砂浆标号	砂浆类别
1	基础	C20	4现浇砼 碎石<40	M5.0	混合砂浆
2	垫层	C15	4现浇砼 碎石<40	M5.0	混合砂浆
3	基础梁	C20	3现浇砼 碎石<31.5		
4	砼墙	C30	3现浇砼 碎石<31.5		
5	砌块墙			M5.0	混合砂浆
6	砖墙			M5.0	混合砂浆
7	石墙			M5.0	混合砂浆
8	梁	C30	3现浇砼 碎石<31.5		
9	圈梁	C30	3现浇砼 碎石<31.5		
10	柱	C30	4现浇砼 碎石<40	M5.0	混合砂浆
11	构造柱	C20	3现浇砼 碎石<31.5		
12	现浇板	C30	2现浇砼 碎石<20		
13	预制板	C30	2预拌砼 碎石<20		
14	楼梯	C20	2现浇砼 碎石<20		
15	其他	C15	2现浇砼 碎石<20	M5.0	混合砂浆

图 2-3-5　完成楼层信息录入

BIM土建算量软件不仅可以计算除钢筋外的其他构件的工程量，还可以将构件的做法套上清单项，并匹配上相应的定额子目。后续算量结束之后可直接将土建算量文件导入计价软件当中，方便快捷。

钢筋文件导入之后，柱图元一并绘制完成，但是，还需要完善柱子的属性，如图2-3-6所示。主要修改混凝土类型、模板类型、支撑类型三项。按照工程实际情况修改即可。

然后单击"查询匹配清单"按钮，软件会自动根据构件的类型，从清单库里匹配一些很可能用得到的清单列在表中，可以双击选用。本工程因为是混凝土框架柱，故选用"矩形柱"，单位是m^3，因为柱子计算规则是计算体积的，如图2-3-7所示。

	编号	清单项	单位
5	010502001	矩形柱	m3
6	010502003	异形柱	m3
7	010509001	异形柱	m3/根
8	010509002	异形柱	m3/根
9	011702002	矩形柱	m2
10	011702004	异形柱	m2

示意图　查询匹配清单　查询匹配定额　查询清单库　查询匹配外部清单　查询措施　查询定额库

◉ 按构件类型过滤　○ 按构件属性过滤　添加　关闭

构件做法 依附构件类型

图 2-3-6　完善柱属性　　　　　　　　**图 2-3-7　查询匹配清单**

单击"查询匹配定额"按钮，软件从定额库里选取了一些此项清单可能会用到的定额。可以双击选用合适的定额子目。根据工程实际情况匹配了如图2-3-8所示的定额子目，仅供参考（补充：在此界面中，工程量表达式是可以编辑的）。

	编码	类别	项目名称	项目特征	单位	工程量表达式	表达式说明
1	- 010502001	项	矩形柱		m3	TJ	TJ〈体积〉
2	4-2-17	定	C25现浇矩形柱		m3	TJ	TJ〈体积〉
3	10-1-102	定	单排外钢管脚手架5m内		m2	JSJMJ	JSJMJ〈脚手架面积〉
4	10-4-88	定	矩形柱胶合板模板钢支撑		m2	MBMJ	MBMJ〈模板面积〉
5	10-4-311	定	柱竹(胶)板模板制作		m2	MBMJ*0.244	MBMJ〈模板面积〉*0.2
6	10-4-102	定	柱钢支撑高超过3.6m每增3m		m2	CGMBMJ	CGMBMJ〈超高模板面积〉

图 2-3-8　匹配定额

本工程有很多柱子，做法都是一样的，可以利用 ⸂ 做法刷 快速实现其他柱子的做法套用，如图2-3-9所示。

单击鼠标左键选中套好的做法，然后单击 <kbd>做法刷</kbd> 按钮，将编辑好的做法，刷到每层每种柱子上，如图2-3-10所示。

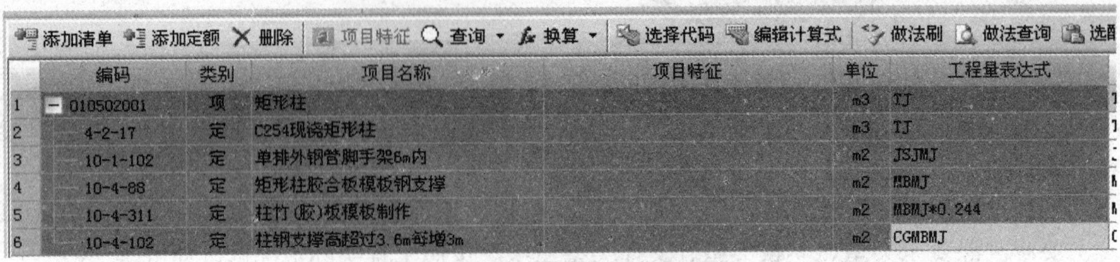

图2-3-9 利用做法刷套用做法

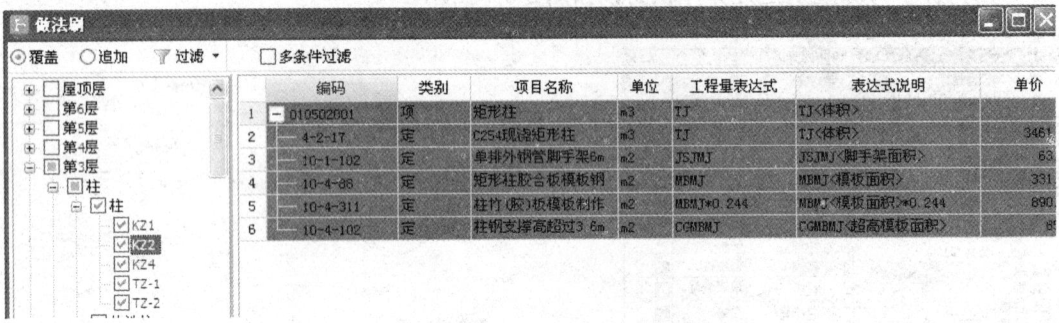

图2-3-10 做法刷

专业小贴士

清单组价相关知识

组价就是在给出的工程量清单的基础上，根据清单的项目特征，正确套上清单下所包括的定额子目，然后用施工图计算出来的工程量乘以定额单价，计算出合价，再将清单下所有的项目计算出来的合价加起来，除以清单工程量，组成清单工程量的单价，之后，再进行取费，形成工程量清单的综合单价。

清单项目组价的目的是在确定清单项目的综合单价后，包括分部分项工程量清单项目综合单价、措施项目综合单价和其他项目综合单价等，再按照工程量清单计价程序计算工程造价（包括标底价、拦标价或控制价、投标报价、合同价、竣工结算价等）。

组价要求高、技术难度大。清单项目组价硬性要求是严格按照工程量清单计价规范的规定进行的，灵活的是根据工程量清单项目特征描述和工程内容，如何确定可组价的定额子目，以及各定额子目综合单价的计算。很难掌握的是组价时人工、材料、机械台班单价的准确确定，以及风险因素的考虑。对于投标人的投标报价来说，还要结合企业实际情况和投标经营策略综合考虑，价格过高不能中标，过低则可能因低于成本价成为废标或导致亏损。因此，组价对专业技术人员提出了很高的要求，在实际操作中也存在一定的难度。现摘录了《房屋建筑与装饰工程工程量计算规范》(GB 50854—2013)中现浇混凝土柱的清单项，以供参考，见表2-3-1。

表 2-3-1　现浇混凝土柱(编号：010502)

项目编码	项目名称	项目特征	计量单位	工程量计算规则	工作内容
010502001	矩形柱	1. 混凝土种类 2. 混凝土强度等级	m³	按设计图示尺寸以体积计算 柱高： 1. 有梁板的柱高，应自柱基上表面(或楼板上表面)至上一层楼板上表面之间的高度计算 2. 无梁板的柱高，应自柱基上表面(或楼板上表面)至柱帽下表面之间的高度计算 3. 框架柱的柱高：应自柱基上表面至柱顶高度计算 4. 构造柱按全高计算，嵌接墙体部分(马牙槎)并入柱身体积计算 5. 依附柱上的牛腿和升板的柱帽，并入柱身体积计算	1. 模板及支架(撑)制作、安装、拆除、堆放、运输及清理模内杂物、刷隔离剂等 2. 混凝土制作、运输、浇筑、振捣、养护
010502002	构造柱				
010502003	异形柱	1. 柱形状 2. 混凝土种类 3. 混凝土强度等级			

注：混凝土种类是指清水混凝土、彩色混凝土等，如在同一地区既使用预拌(商品)混凝土时，又允许现场搅拌混凝土时，也应注明(下同)

🔊 知识拓展

常见问题解答参考

1. 本工程柱混凝土强度等级为 C30，可以匹配的定额里只有 C25，怎么处理？

答：因为定额篇幅有限，所以不可能将每种强度的混凝土列全，在此软件中暂时套用 C25 的定额子目，后续在计价软件中，再进行主材的换算与价格调整。

2. 模板制作的工程量表达式为什么要用模板面积乘以 0.244？

答：因为模板是周转使用的，每制作一平方米模板可以使用多次。此系数是山东省的规定，在实际工程中，可以根据合同调整此系数。

3. 超高模板面积怎么理解？

答：定额在编制过程中，参照的工程样本是模板支撑高度在 3.6 m 以下的工程。本工程地下室部分柱模板支撑高度为 4.2 m，超过了 3.6 m，10—4—88 定额中的消耗量就不能满足本工程耗用了。故须加套 10—4—102 子目。

4. 柱脚手架为何是单排？

答：因为在实际操作中，柱子脚手架只需要扎一个井字形即可，故不需要双排。

5. 什么是外脚手架？

答：定额中的内外，无字面含义，只是区分不同构件脚手架的支设难易复杂程度。只要与混凝土有关的，一般套外脚手架。

思考与练习

如果施工合同中规定柱模板采用钢模板，应如何套用定额？

项目四 梁的实操与清单匹配

土木工程的梁大概可分为以下六种。

(1)梁按照结构力学属性可分为静定梁和超静定梁,静定梁有简支梁、外伸梁、悬臂梁、多跨静定梁(房屋建筑工程中很少用,路桥工程中有使用);超静定梁有单跨固端梁、多跨连续梁。

(2)梁按照结构工程属性可分为框架梁、剪力墙支承的框架梁、内框架梁、梁、砌体墙梁、砌体过梁、剪力墙连梁、剪力墙暗梁、剪力墙边框梁。

(3)梁按照其在房屋的不同部位,可分为屋面梁、楼面梁、地下框架梁、基础梁。

(4)梁依据截面形式,可分为矩形截面梁、T形截面梁、十字形截面梁、工字形截面梁、匸形截面梁、口形截面梁、不规则截面梁。梁依据梁宽与梁高的不同比值,可分为深梁、梁、宽扁梁。

(5)依据梁与板的相对位置,可将梁分为(正)梁、反梁。

(6)依据梁与梁之间的搁置与支承关系,可将梁分为主梁和次梁。

🔆 实操解析

任务一 梁的实操

梁构件和图元从钢筋文件中导入,在"属性编辑"框中修改梁的模板类型,改为常见的胶合板模即可,如图2-4-1所示。

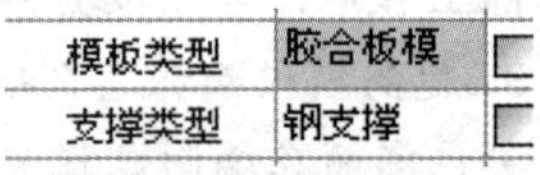

模板类型	胶合板模	
支撑类型	钢支撑	

图 2-4-1 修改模板类型

任务二 梁的清单匹配

(1)在柱子的定义界面右侧,单击"查询匹配清单"按钮,软件会自动根据构件的类型,从清单库里匹配一些很可能用得到的清单列在表中,可以双击选用。本工程因为是混凝土框架梁,故选用"矩形梁",单位是 m^3,因为梁混凝土的计算规则是计算体积的,如图2-4-2所示。

(2)单击"查询匹配定额"按钮,软件从定额库里选取了一些此项清单可能会用到的定额,可以双击选用。依据山东省定额培训交底资料,选用了图2-4-3所示的定额。

(3)用做法刷,将图2-4-3所示的做法刷刷到其余框架梁。

非框架梁的套用将在后述板的做法中讲到。这里需要注意的是,根据山东省定额交底培训资料，外梁是不计砌筑脚手架的，软件会自动扣减，不必每根梁单独设置。

查询匹配清单 | 查询匹配定额 | 查询清单库 | 查询匹配

	编码	清单项	单位
1	010503002	矩形梁	m3
2	010503003	异形梁	m3
3	010503006	弧形、拱形梁	m3
4	010510001	矩形梁	m3/根
5	010510002	异形梁	m3/根
6	010510004	拱形梁	m3/根
7	010510005	鱼腹式吊车梁	m3/根
8	010510006	其他梁	m3/根
9	011702006	矩形梁	m2
10	011702007	异形梁	m2

◉ 按构件类型过滤 ○ 按构件属性过滤 添加

构件做法

图 2-4-2 查询匹配清单

	编码	类别	项目名称	项目特征	单位	工程量表达式
1	− 010503002	项	矩形梁		m3	TJ
2	4-2-24	定	C253现浇单梁.连续梁		m3	TJ
3	10-1-103	定	双排外钢管脚手架6m内		m2	JSJMJ
4	10-4-114	定	单梁连续梁胶合板模板钢支撑		m2	MBMJ
5	10-4-130	定	梁钢支撑高超过3.6m每增3m		m2	CGMBMJ
6	10-4-313	定	梁竹(胶)板模板制作		m2	MBMJ*0.244

图 2-4-3 匹配定额

知识拓展

框架梁脚手架为何套的是双排外脚手架？

答：在实际工程中，浇筑梁这项工作，需要人站在脚手架上，单排工人没法站，只能双排。其中，6 m 内是指梁距离地面的高度。本工程地下室部分层高为 4.2 m，故有模板超高。这里需要注意的是，梁的超高模板面积与柱子模板超高计算方法的不同。

专业小贴士

钢支撑与木支撑的区别是什么？

通俗地讲，钢支撑是指用钢管支撑模板；木支撑是指用木方支撑模板。在实际工程中，绝大多数情况都是钢支撑，因为综合成本较低。

思考与练习

2 层以上层高为 3.3 m，是否还套用 10—4—130？10—1—103 是否需要修改？

项目五 墙的实操与清单匹配

>> 知识链接

墙可分为砌体墙与混凝土墙。不同墙所套清单和定额不同。在框架结构的工程中，一般墙的材质为加气混凝土砌块。具体要看建筑图纸的建筑说明。

实操解析

任务一　墙的实操

墙构件和图元从钢筋文件中导入，但是需要在墙构件属性中修改材质、砂浆强度、砂浆类型，核实墙厚，这些信息都可以在建筑说明里查到，由于会影响到费用的计算，故必须准确填写，如图 2-5-1 所示。

属性编辑框		
属性名称	属性值	附加
名称	180	☐
类别	砌体墙	☐
材质	加气混凝	☐
砂浆标号	(M5.0)	☐
砂浆类型	(混合砂浆	☐
厚度(mm)	180	☐
轴线距左墙	90	☐
内/外墙标	内墙	☐
图元形状	直形	☐
起点顶标高	层顶标高	☐
起点底标高	层底标高	☐
终点顶标高	层顶标高	☐
终点底标高	层底标高	☐
是否为人防	否	☐

图 2-5-1　编辑墙属性

任务二　墙的清单匹配

（1）在墙的定义界面右侧，单击"查询匹配清单"按钮，从中选取填充墙，如图 2-5-2 所示（注意：因为砌体墙是砖混结构用的，所以不能选取砌体墙）。

（2）单击"查询匹配定额"按钮，软件从定额库里选取了一些此项清单可能会用到的定额，可以双击选用。依据山东省定额交底培训资料，选用了图 2-5-3 所示的定额。

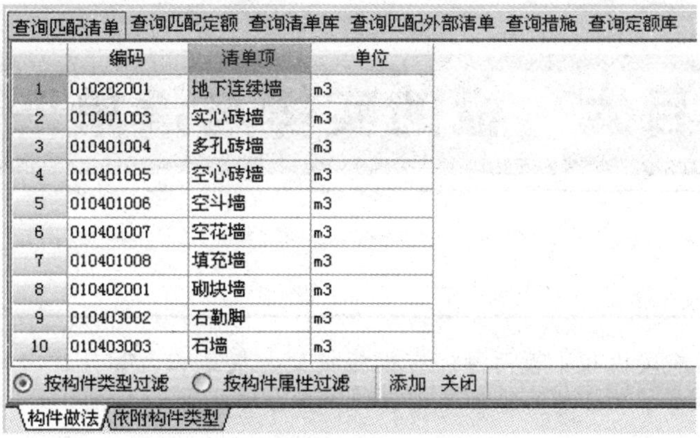

查询匹配清单 查询匹配定额 查询清单库 查询匹配外部清单 查询措施 查询定额库

	编码	清单项	单位
1	010202001	地下连续墙	m3
2	010401003	实心砖墙	m3
3	010401004	多孔砖墙	m3
4	010401005	空心砖墙	m3
5	010401006	空斗墙	m3
6	010401007	空花墙	m3
7	010401008	填充墙	m3
8	010402001	砌块墙	m3
9	010403002	石勒脚	m3
10	010403003	石墙	m3

◉ 按构件类型过滤 ○ 按构件属性过滤 添加 关闭

构件做法 依附构件类型

图 2-5-2 查询匹配清单

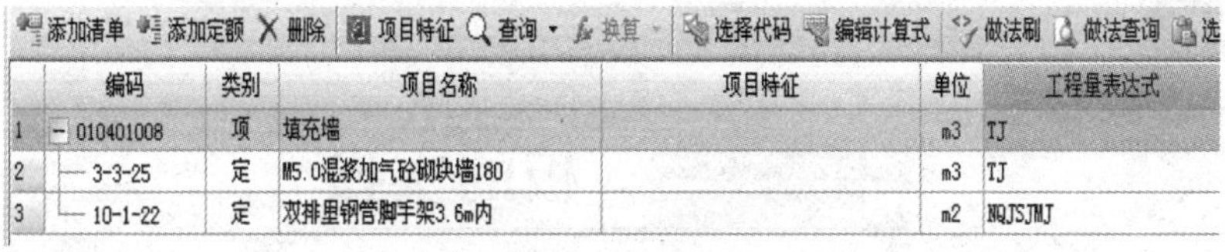

添加清单 添加定额 删除 项目特征 查询 换算 选择代码 编辑计算式 做法刷 做法查询 选

	编码	类别	项目名称	项目特征	单位	工程量表达式
1	010401008	项	填充墙		m3	TJ
2	3-3-25	定	M5.0混浆加气砼砌块墙180		m3	TJ
3	10-1-22	定	双排里钢管脚手架3.6m内		m2	NQJSJMJ

图 2-5-3 匹配定额

(3)用做法刷，将此做法刷刷到其余 180 厚的加气块墙。这里需要注意的是，根据山东省定额交底培训资料，外墙是不计砌筑脚手架的，软件会自动扣减，不必每道墙单独设置。

知识拓展

定额中只有 M5.0 混浆，在实际工程中如有不同，在本软件中暂时不用修改，应转到计价软件中再进行修改。

这里的墙厚是指未抹灰的墙厚，根据图纸选用定额即可。

为何套双排里脚手架？因为加气块比较松软，无法在墙上留置架眼，故工人需要站在脚手架上工作，且只能双排。若墙材质为实心砖，墙高小于 3.6 m，则可以套单排里。与砌体有关的脚手架，一般套里脚手架。至于是钢管还是木脚手架，绝大部分工程均为钢管脚手架，具体看施工组织设计。

专业小贴士

对于首层砌体或者柱梁脚手架高度，需要注意的是，先回填室内地面再干主体还是先干主体再回填地面，两者的脚手架计算高度会有所不同。

思考与练习

本工程地下室层高为 4.2 m，10—1—22 是否还适用？如何修改？

项目六　板的实操与清单匹配

　　现浇板可分为有梁板和平板两种。有梁板按梁、板体积之和计算，有梁板中梁两侧板厚不同时按两侧各占1/2计算；平板是指直接由墙承重的板。

实操解析

任务一　板的实操

　　板构件和图元从钢筋文件中导入，需要在属性中修改板的模板类型和支撑类型，如图 2-6-1 所示。

属性名称	属性值	附加
名称	B-110	☐
类别	有梁板	☐
砼标号	(C30)	☐
砼类型	(2现浇砼	☐
厚度(mm)	110	☐
顶标高(m)	层顶标高	☐
是否是楼板	是	☐
是否是空心	否	☐
图元形状	平板　▾	☐
模板类型	胶合板模	☐
支撑类型	钢支撑	☐
备注		☐

图 2-6-1　修改板属性

任务二　板的清单匹配

　　(1)经判断，本工程的板均为有梁板，故选用有梁板清单，单位为 m³，如图 2-6-2 所示。依据山东省定额交底培训资料，选用了图 2-6-3 所示的定额。

　　(2)用做法刷，将此做法刷刷到其余板和非框架梁。不同板厚，均套用图 2-6-3 所示的定额。

查询匹配清单 | 查询匹配定额 | 查询清单库 | 查询匹配

	编码	清单项	单位
1	010505001	有梁板	m3
2	010505002	无梁板	m3
3	010505003	平板	m3
4	010505004	拱板	m3
5	010505005	薄壳板	m3
6	010505006	栏板	m3
7	010505009	空心板	m3
8	010505010	其他板	m3
9	011702014	有梁板	m2
10	011702015	无梁板	m2

⦿ 按构件类型过滤 ○ 按构件属性过滤 添加

构件做法 / 依附构件类型

图 2-6-2　选用有梁板清单

	编码	类别	项目名称	项目特征	单位	工程量表达式
1	− 010505001	项	有梁板		m3	TJ
2	4-2-36	定	C252现浇有梁板		m3	TJ
3	10-4-160	定	有梁板胶合板模板钢支撑		m2	MBMJ
4	10-4-315	定	板竹(胶)板模板制作		m2	MBMJ*0.244

图 2-6-3　匹配定额

专业小贴士

板为何没有脚手架?

在参观工地时，看到板下有密密的钢管。但这些钢管属于板的模板支撑体系，工人们可以站在模板支撑体系上工作，所以，不需要另外扎脚手架。

知识拓展

之前的非框架梁本次一并刷成板的做法。因为在造价工作中，非框架梁是有梁板的一种，既然属于板，就不计脚手架。

思考与练习

本工程地下室层高为 4.2 m，模板支撑超高，该加套哪一子目?

项目七 楼梯的实操与清单匹配

楼梯在土建算量中无须具体计算出混凝土的体积和模板的面积，均以投影面积来计算。

整体楼梯包括休息平台、平台梁、楼梯底板、斜梁及楼梯的连接梁、楼梯段。按水平投影面积计算，不扣除宽度小于 500 m 的楼梯井，伸入墙内部分不另增加。

实操解析

任务一 楼梯的定义

钢筋文件中是利用"单构件输入"的方法来计算楼梯的钢筋，所以导入钢筋文件时，是没有导入楼梯构件的，需要重新定义与绘制。

(1)根据图纸，修改属性：本工程楼梯是直形，并没有楼梯斜梁，如图 2-7-1 所示。

(2)根据图纸，选用"直形楼梯"清单，如图 2-7-2 所示。

属性编辑框		
属性名称	属性值	附加
名称	LT-1	
建筑面积计	不计算	☐
图元形状	直形	☐
类别	无斜梁	☐
备注		☐
⊞ 计算属性		
⊞ 显示样式		

图 2-7-1 修改楼梯属性

查询匹配清单	查询匹配定额	查询清单库	查询匹配外部清单
	编码	清单项	单位
1	010506001	直形楼梯	m2/m3
2	010506002	弧形楼梯	m2/m3
3	010513001	楼梯	m3/段
4	011106001	石材楼梯面层	m2
5	011106002	块料楼梯面层	m2
6	011106003	拼碎块料面层	m2

图 2-7-2 选用"直形楼梯"清单

(3)根据山东定额交底培训资料，选用图 2-7-3 所示的定额。

	编码	类别	项目名称	项目特征	单位	工程量表达式
1	⊟ 010506001	项	直形楼梯		m2	TYMJ
2	— 4-2-42	定	C20现浇直形楼梯无斜梁100		m2	TYMJ
3	— 4-2-46	定	C20现浇楼梯板厚±10		m2	TYMJ*2
4	— 10-4-201	定	直形楼梯木模板木支撑		m2	TYMJ

图 2-7-3 匹配定额

任务二　楼梯的绘制

定义完成之后，切换到绘图界面，采用"矩形"绘制比较方便，如图 2-7-4 所示。

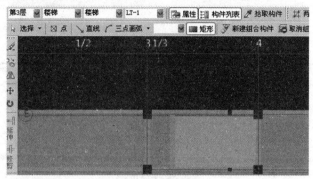

图 2-7-4　绘制楼梯

知识拓展

4—2—42 中 100 代表楼梯的板厚，查询图纸得知，本工程楼梯板厚为 120 mm，所以要加套 4—2—46。120 mm－100 mm＝20 mm 厚，4—2—46 只能调增 10 mm 厚，故整个工程量表达式乘以 2。

楼梯为何不是胶合板钢支撑？因为定额的编制者们，没有编制此子目，故只能选取 10—4—201。

专业小贴士

楼梯要严格根据计算规则中的计算范围来绘制。楼梯梁、休息平台均不另行计算混凝土体积。

思考与练习

如果本工程楼梯板厚为 90 mm，那么 4—2—46 工程量表达式乘以多少？

项目八　装修的实操与清单匹配

装修包含图 2-8-1 所示的工作。

图 2-8-1　装修工作

装修工作在钢筋算量中无法定义与绘制，只能在土建算量中定义与绘制。

实操解析

任务一　装修的定义

第一步：单击左侧模块导航栏中的"装修"，如图 2-8-1 所示。根据工程建筑说明中的装修做法表，将楼地面、踢脚、墙裙、墙面、天棚、吊顶依次定义好（包括属性编辑和清单匹配），如图 2-8-2 所示。

	编码	类别	项目名称	项目特征	单位	工程量表达式	表达式说明
1	□ 011102003002	项	块料楼地面		m2	DMJ	DMJ<地面积>
2	9-1-4	定	C20细石砼找平层40mm		m2	DMJ	DMJ<地面积>
3	9-1-5	定	C20细石砼找平层±5mm		m2	DMJ*-2	DMJ<地面积>*-2
4	6-2-93	定	1.5厚LM高分子涂料防水层		m2	DMJ	DMJ<地面积>
5	9-1-114	定	全瓷地板砖楼地面2400内		m2	DMJ	DMJ<地面积>

构件列表：楼17、楼15、楼梯间地14

图 2-8-2　"装修"定义

"楼 17"图纸中细石混凝土找平层厚度为 30 mm，定额中只有 40 mm 的，故加套 9-1-5，每次只能减 5 mm，故减 2 次，工程量乘以 −2。

"楼 15"的清单匹配如图 2-8-3 所示。

"楼梯间地 14"的清单匹配如图 2-8-4 所示。

微课：卧室室内装修

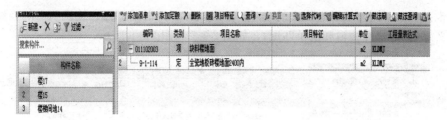

图 2-8-3 "楼 15"的清单匹配

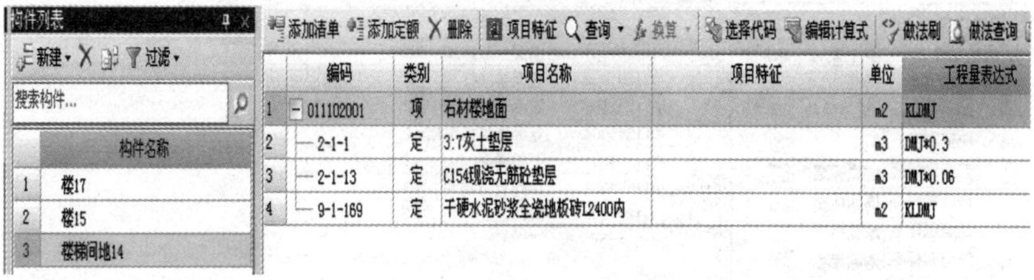

图 2-8-4 "楼梯间地 14"的清单匹配

第二步：单击左侧模块导航栏中的"装修"中的"踢脚"，根据工程建筑说明中的装修做法表，将踢脚定义好（包括属性编辑和清单匹配），如图 2-8-5 所示。

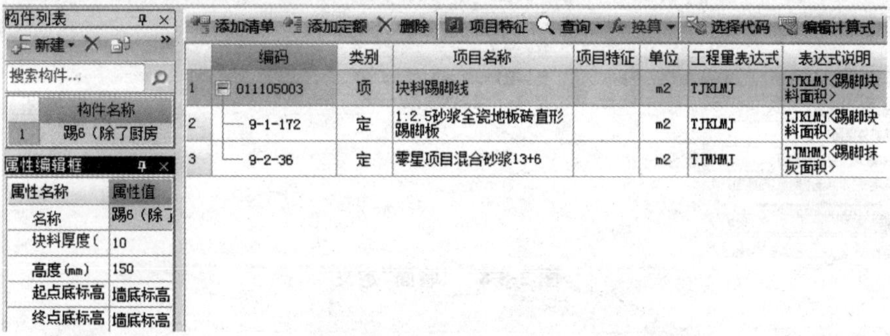

图 2-8-5 "踢脚"定义

第三步：单击左侧模块导航栏中的"装修"中的"墙裙"，根据工程建筑说明中的装修做法表，将墙裙定义好（包括属性编辑和清单匹配），如图 2-8-6 所示。

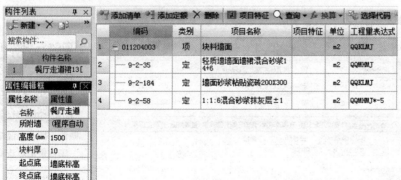

微课：卫生间、厨房
内装修

图 2-8-6 "墙裙"定义

131

第四步：单击左侧模块导航栏中的"装修"中的"墙面"，根据工程建筑说明中的装修做法表，将墙面定义好（包括属性编辑和清单匹配），如图2-8-7和图2-8-8所示。

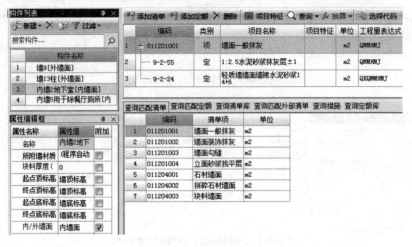

图 2-8-7 "墙面"清单匹配

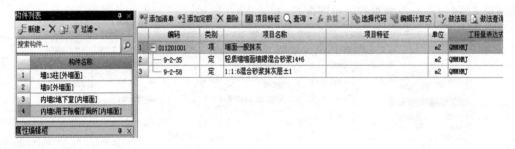

图 2-8-8 "墙面"定义

第五步：单击左侧模块导航栏中的"装修"中的"天棚"，根据工程建筑说明中的装修做法表，将天棚定义好（包括属性编辑和清单匹配），如图2-8-9～图2-8-11所示。

第六步：单击左侧模块导航栏中的"装修"中的"房间"，根据工程建筑施工图的房间的划分，将房间依次定义好，并利用 添加依附构件 匹配每个房间的装修，如图2-8-12～图2-8-17所示。

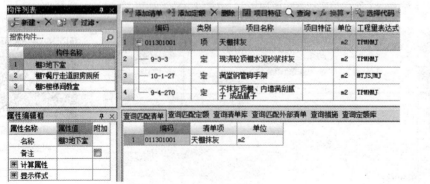

微课：阳台内装修及
工程量汇总查看

图 2-8-9 "棚3地下室"定义

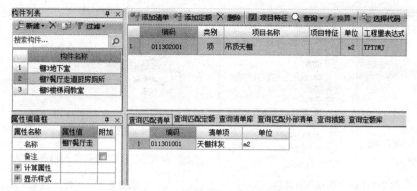

图 2-8-10 "棚 7 餐厅走道厨房厕所"定义

图 2-8-11 "棚 5 楼梯间教室"定义

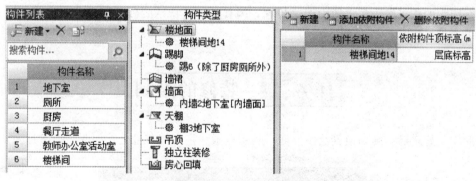

图 2-8-12 "地下室"定义

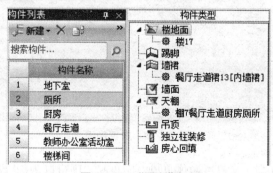

图 2-8-13 "厕所"定义

图 2-8-14　"厨房"定义

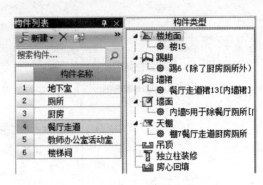

图 2-8-15　"餐厅走道"定义

图 2-8-16　"教师办公室活动"定义

图 2-8-17　"楼梯间"定义

有些图中抹灰的做法总厚度不足 20 mm，这时需要申请图纸会审，将做法补足 20 mm 厚，因为少于 20 mm 厚，与砌体和抹灰验收规范冲突，无法施工。

有些图中的抹灰做法在定额中无法找到，因其是一些特殊的砂浆配合比。这时套用一个相似的即可，价格相差不大。

任务二　装修的绘制

房间定义好之后，须切换到绘图界面，利用点画法将房间布置上，如图 2-8-18 所示。

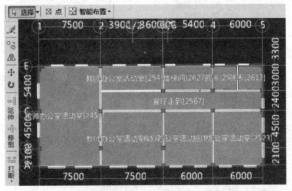

图 2-8-18　布置房间

如果个别空间需要分割，又没有墙体形成封闭空间，则可以采用"虚墙"来协助。

本工程建筑施工图纸中引用了 L06 J002 图集。这本图集也是山东省建筑工程经常引用的。做法摘录如下，仅供参考。

地 14

1. 8~10 厚地面砖，砖背面刮水泥浆粘贴，稀水泥浆(或彩色水泥浆)擦缝

2. 30 厚 1：3 干硬性水泥砂浆结合层

3. 素水泥浆一道

4. 60 厚 C15 混凝土垫层

5. 300 厚 3：7 灰土夯实或 150 厚小毛石灌 M5 水泥砂浆

6. 素土夯实，压实系数大于等于 0.9

地 16

1. 20 厚磨光花岗石(大理石)板，板背面刮水泥浆粘贴，稀水泥浆(或彩色水泥浆)擦缝

2. 30 厚 1：3 干硬性水泥砂浆结合层

3. 素水泥浆一道

4. 60 厚 C15 混凝土垫层

5. 300 厚 3：7 灰土夯实或 150 厚小毛石灌 M5 水泥砂浆

6. 素土夯实，压实系数大于等于 0.9

楼 15

1. 8~10 厚地面砖，砖背面刮水泥浆粘贴，稀水泥浆(或彩色水泥浆)擦缝

2. 30 厚 1：3 干硬性水泥砂浆结合层

3. 素水泥浆一道

4. 现浇钢筋混凝土楼板

楼 17

1. 8~10 厚地面砖，砖背面刮水泥浆粘贴，稀水泥浆(或彩色水泥浆)擦缝

2. 30 厚 1：3 干硬性水泥砂浆结合层

3. 1.5 厚合成高分子防水涂料

4. 刷基层处理剂一道

5. 30 厚 C20 细石混凝土随打随抹找坡抹平

6. 素水泥浆一道

7. 现浇钢筋混凝土楼板

踢 5

1. 5~10 厚面砖，白水泥浆(或彩色水泥浆)擦缝

2. 3~5 厚 1：1 水泥砂浆或建筑胶粘剂粘贴

3. 6 厚 1：2 水泥砂浆压实抹光

4. 9 厚 1：2.5 水泥砂浆打底扫毛

5. 素水泥浆一道

6. 混凝土墙、混凝土小型空心砌块墙

踢 6

1. 5~10 厚面砖，白水泥浆(或彩色水泥浆)擦缝

2. 3~5 厚 1：1 水泥砂浆或建筑胶粘剂粘贴

3.6 厚1：2.5水泥砂浆压实抹光

4.9 厚1：1：6水泥石灰膏砂浆打底扫毛或刮出纹道

5. 刷界面处理剂一道

6. 加气混凝土砌块墙

裙13

1.5～10厚面砖，白水泥浆（或彩色水泥浆）擦缝

2.5厚1：2建筑胶水泥砂浆（或专用胶）黏结层

3. 素水泥浆一道（用专用胶粘贴时无此道工序）

4.6 厚1：3水泥砂浆找平

5.9 厚1：1：6水泥石灰膏砂浆打底扫毛

6. 刷界面处理剂一道

7. 加气混凝土砌块墙

内墙2

1. 内墙涂料

2.7 厚1：2.5水泥砂浆压实赶光

3.7 厚1：2.5水泥砂浆找平扫毛

4.7 厚1：2.5水泥砂浆打底扫毛或划出纹道

5. 素水泥浆一道

6. 混凝土墙、混凝土小型空心砌块墙

内墙5

1. 内墙涂料

2.7 厚1：0.3：2.5水泥石灰膏砂浆压实赶光

3.7 厚1：0.3：3水泥石灰膏砂浆找平扫毛

4.7 厚1：1：6水泥石灰膏砂浆打底扫毛或划出纹道

5. 刷界面处理剂一道

6. 加气混凝土砌块墙

棚3

1. 现浇钢筋混凝土楼板

2. 素水泥浆一道

3.7 厚1：2.5水泥砂浆打底扫毛或划出纹道

4.7 厚1：2水泥砂浆找平

5. 内墙涂料

棚7

1. 现浇钢筋混凝土楼板

2.U形轻钢次龙骨CB50×20中距429，龙骨吸顶吊件用膨胀螺栓与钢筋混凝土板固定

3.U形轻钢龙骨横撑CB50×20中距1 200

4.9.5厚纸面石膏板，用自攻螺钉与龙骨固定，中距小于等于200

5. 满刷氯偏乳液防潮涂料两道（用防水石膏板时无此道工序），纵横方向各刷一道

6. 满刮2厚面层耐水腻子找平

7. 内墙涂料

外墙9

1. 外墙涂料

2.8 厚1：2.5 水泥砂浆找平

3.10 厚1：3 水泥砂浆打底扫毛或划出纹道

4.砖墙

外墙13

1.6～10 厚面砖，5 厚1：1 水泥细砂浆粘贴，擦缝材料擦缝

2.6 厚1：2 水泥砂浆找平

3.9 厚1：2.5 水泥砂浆打底扫毛或划出纹道

4.刷界面处理剂一道

5.混凝土墙、混凝土小型空心砌块墙

外墙19

1.外墙弹性涂料

2.刷弹性底涂，刮柔性腻子

3.3～5 厚抗裂砂浆复合耐碱玻纤网格布

4.聚苯板保温层，胶粘剂粘贴

5.20 厚1：3 水泥砂浆找平（加气混凝土砌块墙用20 厚1：1：6 水泥石灰膏砂浆找平）

6.刷界面砂浆一道

7.砖墙、混凝土墙、混凝土小型空心砌块墙、加气混凝土砌块墙、大模板混凝土墙

屋22

1.8～10 厚防滑地砖

2.25 厚1：3 干硬性水泥砂浆结合层

3.隔离层（干铺玻纤布或低强度等级砂浆）一道

4.防水层：a.1.2 厚合成高分子防水卷材；b.3 厚高聚物改性沥青防水卷材

5.刷基层处理剂一道

6.20 厚1：3 水泥砂浆找平

7.保温层：a.硬质聚氨酯泡沫板；b.挤塑聚苯板

8.防水层：a.1.5 厚合成高分子防水涂料；b.3 厚高聚物改性沥青防水涂料

9.刷基层处理剂一道

10.20 厚1：3 水泥砂浆找平

11.40 厚（最薄处）1：8（质量比）水泥珍珠岩找坡层2％

12.钢筋混凝土屋面板

屋7

1.25 厚（最薄处）石灰砂浆铺卧琉璃瓦

2.35 厚 C20 细石混凝土找平层，内配 φ4 双向间距150 钢筋网与预埋 φ10 锚筋绑扎

3.聚合物砂浆粘贴保温层：a.硬质聚氨酯泡沫板；b.挤塑聚苯板

4.防水层：a.1.5 厚合成高分子防水涂料；b.1.5 厚聚合物水泥涂料；c.3 厚高聚物改性沥青防水涂料

5.刷基层处理剂一道

6.20 厚1：3 水泥砂浆找平

7.素水泥浆一道

8.钢筋混凝土屋面板，板内在檐口及屋脊部位预埋 φ10 锚筋排间距为1 500

台阶

1.30 厚齿槽花岗岩铺面

2. 撒素水泥面

3. 30 厚 1 : 3 干硬性水泥砂浆结合层

4. 素水泥浆一道

5. C20 混凝土台阶

6. 100 厚 C15 素混凝土垫层

7. 素土夯实

散水

1. 60 厚 C20 混凝土撒 1 : 1 水泥细砂压实赶光

2. 素土夯实

📖 专业小贴士

有些装修工程是不需要套定额的,现场工作中是一口价计价。只要套清单项汇总出量乘以合同一口价即可。如龙骨吊顶、外墙保温真石漆。

思考与练习

若抹灰定额中规定一般不计脚手架,但现场工作中,工人们不扎脚手架够不到,如何处理?交底培训资料中规定如果抹灰高度在 3.6 m 以上,可以计算砌筑脚手架的 30%,思考一下这 30% 是否需要乘以 2?

项目九　屋面的实操与清单匹配

知识链接

屋面是一个多种做法的综合体，如防水、保温、找平层、地砖。在套用定额时，要将多种做法放在一项清单里。具体工程中，要查看合同中有没有一口价的屋面做法，如有就不必套定额。要明确依据合同做造价的思路。

实操解析

任务一　屋面的定义

(1)根据图纸，发现本工程屋面有平屋面和坡屋面两种。首先来看坡屋面做法：

屋 7

①25 厚(最薄处)石灰砂浆铺卧琉璃瓦。

②35 厚 C20 细石混凝土找平层，内配 Φ4 双向间距 150 钢筋网与预埋 Φ10 锚筋绑扎。

③聚合物砂浆粘贴保温层：a. 硬质聚氨酯泡沫板；b. 挤塑聚苯板。

④防水层：a. 1.5 厚合成高分子防水涂料；b. 1.5 厚聚合物水泥涂料；c. 3 厚高聚物改性沥青防水涂料。

⑥刷基层处理剂一道。

⑦20 厚 1∶3 水泥砂浆找平。

⑧素水泥浆一道。

⑨钢筋混凝土屋面板，板内在檐口及屋脊部位预埋 Φ10 锚筋排间距 1 500。

(2)根据图纸做法，选用瓦屋面这项清单。因为此屋面的主要显著的做法是瓦，如图 2-9-1 所示。

查询匹配清单　查询匹配定额　查询清单库　查询匹配外部清单　查

	编码	清单项	单位
1	010901001	瓦屋面	m2
2	010901002	型材屋面	m2
3	010901003	阳光板屋面	m2
4	010901004	玻璃钢屋面	m2
5	010901005	膜结构屋面	m2
6	010902001	屋面卷材防水	m2

◉ 按构件类型过滤　○ 按构件属性过滤　添加　关闭

构件做法

图 2-9-1　查询匹配清单

(3)然后依据山东省定额交底培训资料，选取如图 2-9-2 所示的定额。

	编码	类别	项目名称	项目特征	单位	工程量表达式
1	− 010901001	项	瓦屋面		m2	MJ
2	9-1-1	定	1:3砂浆硬基层上找平层20mm		m2	MJ
3	6-2-93	定	1.5厚LM高分子涂料防水层		m2	MJ
4	6-3-44	定	聚合物砂浆粘贴保温板 满粘挤塑板 δ100		m2	MJ
5	9-1-4	定	C20细石砼找平层40mm		m2	MJ
6	9-1-5	定	C20细石砼找平层±5mm		m2	MJ*-1
7	6-1-19	定	钢筋砼斜面上琉璃瓦屋面		m2	MJ

图 2-9-2　选取定额

(4)平屋面的做法如下(查询图纸和图集):

屋22

①8～10厚防滑地砖。

②25厚1∶3干硬性水泥砂浆结合层。

③隔离层(干铺玻纤布或低强度等级砂浆)一道。

④防水层:a.1.2厚合成高分子防水卷材;b.3厚高聚物改性沥青防水卷材。

⑤刷基层处理剂一道。

⑥20厚1∶3水泥砂浆找平。

⑦保温层:a.硬质聚氨酯泡沫板;b.挤塑聚苯板。

⑧防水层:a.1.5厚合成高分子防水涂料;b.3厚高聚物改性沥青防水涂料。

⑨刷基层处理剂一道。

⑩20厚1∶3水泥砂浆找平。

⑪40厚(最薄处)1∶8(质量比)水泥珍珠岩找坡层2%。

⑫钢筋混凝土屋面板。

(5)根据图纸做法,选用保温隔热屋面清单,如图2-9-3所示。

	编码	清单项	单位
5	010901005	膜结构屋面	m2
6	010902001	屋面卷材防水	m2
7	010902002	屋面涂膜防水	m2
8	010902003	屋面刚性层	m2
9	010902008	屋面变形缝	m
10	011001001	保温隔热屋面	m2

图 2-9-3　查询匹配清单

(6)依据山东省定额交底培训资料,选取了如图2-9-4所示的定额。

	编码	类别	项目名称	项目特征	单位	工程量
1	— 011001001	项	保温隔热屋面		m2	MJ
2	— 6-3-15	定	砼板上现浇水泥珍珠岩1:10		m3	MJ*0.04
3	— 9-1-1	定	1:3砂浆硬基层上找平层20mm		m2	MJ
4	— 9-1-114	定	全瓷地板砖楼地面2400内		m2	MJ
5	— 6-2-93	定	1.5厚LM高分子涂料防水层		m2	MJ
6	— 6-3-41	定	干铺保温板 干铺挤塑板 δ100		m2	MJ
7	— 9-1-1	定	1:3砂浆硬基层上找平层20mm		m2	MJ
8	— 6-2-30	定	平面一层SBS改性沥青卷材满铺		m2	MJ

图 2-9-4　选取定额

注意: 6—3—15这个子目,珍珠岩的计算规则是计算体积的,但是工程量表达式中只有面积,所以,需要编辑为用面积乘以珍珠岩的厚度。

任务二　屋面的绘制

定义完成后,切换到绘图界面,"点"画到图形上即可。由于此屋面是坡屋面,因此需要单击"自适应斜板"按钮,使得屋面做法贴合屋面板,如图2-9-5所示。

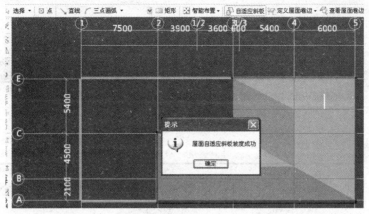

图 2-9-5　自适应斜板

　　本工程屋面做法中，在套用定额时，有些子目在"查询匹配定额"中找不到，这是因为屋面设计做法比较复杂，匹配定额不可能全部列出，所以，需要在"查询定额库"中寻找，如图 2-9-6 所示。

图 2-9-6　查询定额库

　　可以按章节查询，也可以按条件查询来搜索关键词。

📖 专业小贴士

为何本屋面做法中钢筋网不套用定额？

该部分钢筋用钢筋算量软件来计算，工程量并入钢筋工程。

思考与练习

　　若本屋面做法中防水采用一口价定价，应如何套用定额？

项目十　挖土和平整场地的实操与清单匹配

知识链接

在实际工程中，挖土极少有根据图纸计算工程量的，一般都采用现场丈量的方法；也极少有套用定额的，一般都是甲、乙双方一口价定价。

场地平整，最好套用人工场地平整这个子目，因为费用比机械平整贵一些。即使由建设单位进行挖土工作，施工单位依然要记取场地平整这项费用。

实操解析

任务一　土方的实操与清单匹配

(1)依据施工组织设计或土方施工方案，定义土方的属性。其中，工作面和放坡系数不必拘泥于课本中的数值，而是根据现场施工方案来确定，如图 2-10-1 所示。

(2)不必套用定额，只套一项挖一般土方清单方便出量即可，如图 2-10-2 所示。

属性名称	属性值	附加
名称	DKW-1	☐
深度(mm)	(2200)	☐
工作面宽(	2000	☐
放坡系数	0.5	☐
顶标高(m)	底标高加	☐
底标高(m)	层底标高	☐
土壤类别	普通土	☐
挖土方式	挖掘机	☐
备注		☐

图 2-10-1　"土方属性"定义

	编码	清单项	单位
1	010101002	挖一般土方	m3
2	010101005	冻土开挖	m3
3	010101006	挖淤泥、流砂	m3
4	010102001	挖一般石方	m3
5	010201002	铺设土工合成材料	m2
6	010201003	预压地基	m2
7	010201004	强夯地基	m2
8	010201005	振冲密实(不填料)	m2

图 2-10-2　套挖一般土方清单

任务二　平整场地的实操与清单匹配

1. 平整场地的定义

将楼层切换到首层(因平整场地工程量是计算首层建筑面积的)，在"模块导航栏"中双击"其它"中的"平整场地"，使软件切换到平整场地的定义界面。根据工程实际情况，先在"属性编辑框"中输入平整场地的"场平方式"，然后在右侧编辑栏中匹配上相应的清单项与定额子目，如图 2-10-3 所示。

图 2-10-3 "平整场地"定义

2. 平整场地的绘制

软件提供了很多平整场地的绘制方法，如图 2-10-4 所示。

图 2-10-4 平整场地绘制方法

切换到绘图界面，软件默认  画法，将鼠标移到首层区域内，单击鼠标左键即可以完成平整场地的绘制，如图 2-10-5 所示。

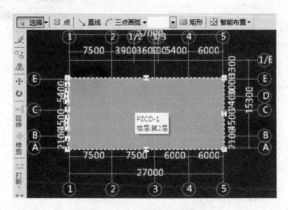

图 2-10-5 绘制平整场地

🔊 知识拓展

如果工程采用挖掘机挖土，在实际工程中，不必考虑土质类别。所有的工作难度均包含在一口价报价之内。

人工清理修整是指机械挖土后，对于基底和边坡遗留厚度≤0.3 m的土方，由人工进行的基底清理与边坡修整。

机械挖土及机械挖土后的人工清理修整，按机械挖土相应规则一并计算挖方总量。其中，机械挖土按挖方总量执行相应子目，乘以表2-10-1规定的系数；人工清理修整，按挖方总量执行表2-10-1规定的子目并乘以相应系数。

表2-10-1 机械挖土及人工清理修整系数表

基础类型	机械挖土		人工清理修整	
	执行子目	系数	执行子目	系数
一般土方	相应子目	0.95	1—2—3	0.063
沟槽土方		0.9	1—2—8	0.125
地坑土方		0.85	1—2—13	0.188
注：人工挖土方，不计算人工清底修边				

思考与练习

若土质为坚土，基坑深度总深度为6 m，记取清槽费用时，应套用哪项定额？

模块三

BIM 建筑工程计价

项目一 计价软件简介

任务一 计价软件的产生背景和开发思路

工程造价确定过程中的主要工作包括工程计量和工程计价两大部分。在前面的模块中，详细地阐述了如何利用 BIM 算量软件提高工程量计算的速度和准确性的基本原理与操作过程；在本模块中，将围绕工程计价的基本思路，来阐述如何利用计价软件使工程造价计价工作变得轻松，将工程预算人员从烦冗的手工套定额、进行工料分析、汇总工程造价中解放出来，提高工作效率。

广联达推出的融计价、招标管理、投标管理于一体的全新计价软件，旨在帮助工程造价人员解决电子招标投标环境下工程计价和招标投标的业务问题，使计价更高效，招标更便捷，投标更安全。现以广联达计价软件 GBQ4.0 为例，讲解计价软件的编制思路和操作流程。

任务二 软件构成及应用流程

广联达 GBQ4.0 软件包含招标管理模块、投标管理模块、清单计价模块三大模块。招标管理模块和投标管理模块是站在整个项目的角度进行招标投标工程造价管理；清单计价模块用于编辑单位工程的工程量清单或投标报价。在招标管理模块和投标管理模块中可以直接进入清单计价模块，软件应用流程如图 3-1-1 所示。

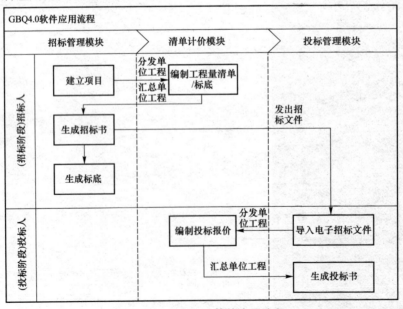

图 3-1-1 GBQ4.0 软件应用流程

任务三 计价软件功能与操作界面

广联达计价软件 GBQ4.0 可分为清单计价模式、定额计价模式两种计价模式。

1. 清单计价模式

清单计价模式主界面由下面几部分组成（图 3-1-2）：

（1）菜单栏：可分为九部分，集合了软件所有功能和命令。

（2）通用工具条：无论切换到哪个界面，它都不会随着界面的切换而变化。

（3）界面工具条：会随着界面的切换，工具条的内容不同。

（4）导航栏：左边导航栏可以了解到整个项目结构，并可以查询清单项与定额子目。

（5）功能区：每一个编辑界面都有自己的功能菜单，可以依据实际情况填写相关内容。

（6）属性窗口：功能菜单单击后就可以泊靠在界面下边，展现对应的属性窗口。

（7）属性窗口辅助工具栏：根据属性菜单的变化而更改内容，提供对属性的编辑功能，跟随属性窗口的显示和隐藏。

（8）数据编辑区：切换到每个界面，都会有自己特有的数据编辑界面，供用户操作，这部分是用户的主操作区域。

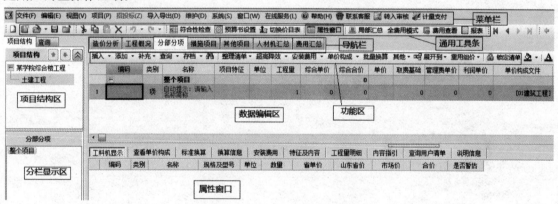

图 3-1-2 清单计价模式主界面

2. 定额计价模式

定额计价模式主界面同清单计价模式主界面。

任务四 软件操作流程

以招标投标过程中的工程造价管理为例，软件操作流程如下。

1. 招标方的主要工作

（1）新建招标项目包括新建招标项目工程，建立项目结构。

（2）编制单位工程分部分项工程量清单，包括输入清单项，输入清单工程量，编辑清单名称，分部整理。

(3)编制措施项目清单。

(4)编制其他项目清单。

(5)编制甲供材料、设备表。

(6)查看工程量清单报表。

(7)生成电子标书，包括招标书自检、生成电子招标书、打印报表、刻录及导出电子标书。

2. 投标人编制工程量清单报价

(1)新建投标项目。

(2)编制单位工程分部分项工程量清单计价，包括套定额子目、输入子目工程量、子目换算、设置单价。

(3)编制措施项目清单计价，包括计算公式组价、定额组价、实物量组价三种方式。

(4)编制其他项目清单计价。

(5)人材机汇总，包括调整人材机价格，设置甲供材料、设备。

(6)查看单位工程费用汇总，包括调整计价程序、工程造价调整。

(7)查看报表。

(8)汇总项目总价，包括查看项目总价、调整项目总价。

(9)生成电子标书，包括符合性检查、投标书自检、生成电子投标书、打印报表、刻录及导出电子标书。

项目二　项目结构的建立

工程量清单计价与定额计价的区别

1. 计价依据不同

(1)依据不同定额。定额计价按照政府主管部门颁发的预算定额计算各项消耗量；工程量清单计价按照企业定额计算各项消耗量，也可以选择其他合适的消耗量定额计算工料机消耗量。选择何种定额，由投标人自主确定。

(2)采用的单价不同。定额计价的人工单价、材料单价、机械台班单价采用预算定额基价中的单价或政府指导价；工程量清单计价的人工单价、材料单价、机械台班单价采用市场价，由投标人自主确定。

(3)费用项目不同。定额计价的费用计算，根据政府主管部门颁发的费用计算程序所规定的项目和费率计算；工程量清单计价的费用按照工程量清单计价规范的规定和根据拟建项目与本企业的具体情况自主确定实际的费用项目及费率。

2. 费用构成不同

定额计价方式的工程造价费用构成一般由人工费、材料费(设备费)、施工机具使用费、企业管理费、利润、规费和税金构成；工程量清单计价的工程造价费用由分部分项工程项目费、措施项目费、其他项目费、规费和税金构成。

3. 计价方法不同

定额计价方式常采用工料单价法计算费用，然后再取费；而工程量清单计价则采用综合单价的方法先计算分部分项工程量清单项目费，然后再计算措施项目费、其他措施项目费、规费和税金。

4. 本质特性不同

定额计价方式确定的工程造价，具有计划价格的特性；工程量清单计价方式确定的工程造价具有市场价格的特性。两者有着本质上的区别。

实操解析

任务一　新建招标项目

1. 软件启动

在桌面上双击"广联达计价软件 GBQ4.0"快捷图标，软件会启动工程文件管理界面，如图 3-2-1 所示。

2. 建立项目结构

第一步：在工程文件管理界面选择工程类型为清单计价，单击"新建项目"按钮，弹出"新建标段工程"对话框，如图3-2-2所示。

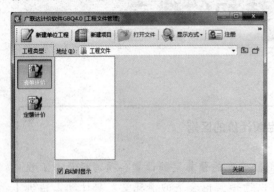

图3-2-1 工程文件管理界面

图3-2-2 "新建标段工程"对话框

在弹出的"新建标段工程"对话框中，选择"清单计价"或是"定额计价"（做工程时可以根据需要选择，现以招标项目管理清单计模式为例），地区标准、计税方式两项可以根据需要选择（这两项会影响到费用计算，须认真选择），如图3-2-3和图3-2-4所示。其他项目依次来填写即可。

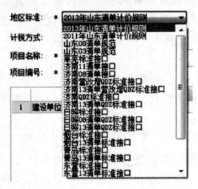

图3-2-3 地区标准

图3-2-4 计税方式

第二步：单击"确定"按钮，软件会进入"新建标段工程"的下一个界面，如图3-2-5所示。在此界面单击"新建单位工程"按钮，则进入单位工程编辑界面。在"新建单位工程"对话框中，价目表、工程类别、纳税地区、城市名称这四项会影响到费用，因而，需要认真填写（图3-2-6）。

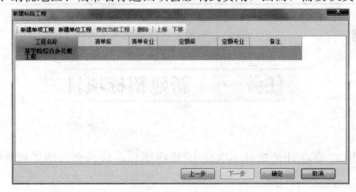

图3-2-5 选择"新建单位工程"

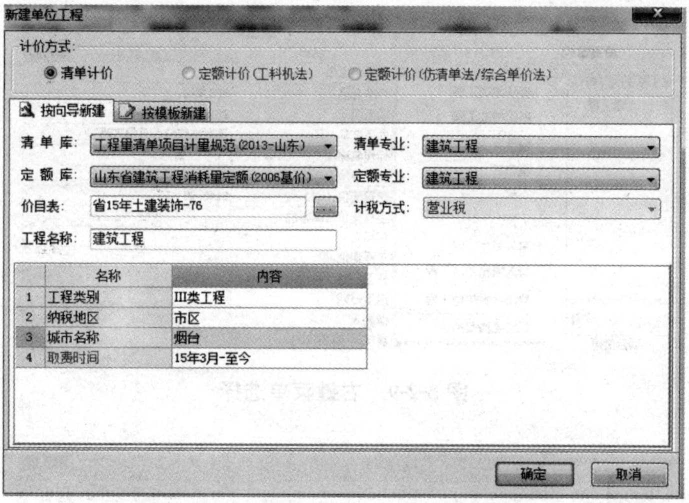

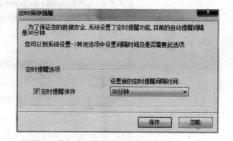

图 3-2-6 "新建单位工程"对话框

第三步，单击"确定"按钮，完成新建之后，软件会返回到"新建标段工程"界面，可以根据工程实际情况增加单位工程（如需要增加，则重复之前的操作）。再单击"确定"按钮，软件会弹出"定时保存提醒"对话框，可以根据需要设定定时提醒间隔时间，如图 3-2-7 所示。到此为止，即完成了该工程项目结构的建立，如图 3-2-8 所示。

图 3-2-7 "定时保存提醒"对话框

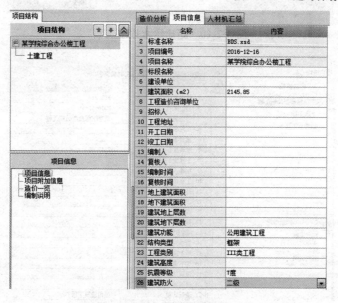

图 3-2-8 完成工程项目结构建立

第四步：如果要增加单位工程，也可以在"项目结构"界面，选择"某学院综合楼工程"，单击鼠标右键，选择"新建单位工程"选项，重复之前的单位工程建立的操作即可，如图 3-2-9～图 3-2-11 所示。

图 3-2-9　右键菜单选择

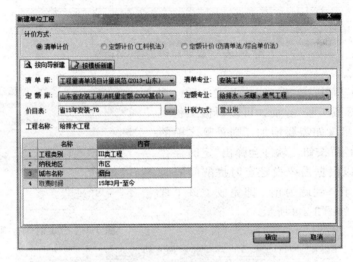

图 3-2-10　新建给水排水工程

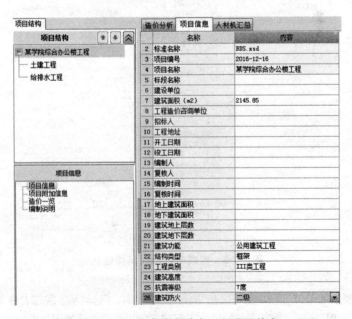

图 3-2-11　完成给水排水工程项目信息

任务二　保存文件

单击 ⊟保存(S) 按钮，在弹出的另存为对话框单击"保存"按钮。

注意： 广联达 GBQ4.0 软件没有学习版，建立工程时需要插加密锁。

📢 知识拓展

标段结构保护

项目结构建立完成之后，为防止失误操作而更改项目结构内容，可以在项目名称上单击鼠标右键，选择"标段结构保护"对项目结构进行保护，如图 3-2-12 所示。

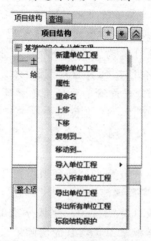

项目结构	查询

项目结构　★ ⬇ ⌃

某学院综合大厦建筑工程

　土
　给

- 新建单位工程
- 删除单位工程
- 属性
- 重命名
- 上移
- 下移
- 复制到...
- 移动到...
- 导入单位工程　▶
- 导入所有单位工程
- 导出单位工程
- 导出所有单位工程
- 标段结构保护

整个项

图 3-2-12　标段结构保护

思考与练习

1. 工程量清单计价与定额计价的区别有哪些？
2. 按照上述介绍完成某学院综合楼工程的项目结构的建立。

项目三　分部分项工程量清单的编制

>>> 知识链接

（1）分部分项工程项目清单五要件。分部分项工程项目清单必须载明项目编码、项目名称、项目特征、计量单位和工程量。这五个要件组成分部分项工程项目清单，缺一不可。

（2）分部分项工程项目清单的编制依据。房屋建筑与装饰工程的分部分项工程项目清单，应根据《房屋建筑与装饰工程工程量计算规范》（GB 50854—2013）（以下简称《计量规范》）规定的项目编码、项目名称、项目特征、计量单位和工程量计算规则进行编制。该编制依据主要体现了对分部分项工程项目清单内容规范管理的要求。

（3）分部分项工程量清单的项目编码。分部分项工程量清单的项目编码，采用"五级十二位"编码，如 010202001001。前九位按《计量规范》附录的规定设置，全国统一编码，不得变动。10～12位根据拟建工程的工程量清单项目名称和项目特征设置，同一招标工程的项目编码不得有重码。各位数字的含义：1、2位为专业工程代码；3、4位为《计量规范》附录分类顺序码；5、6位为分部工程顺序码；7～9位为分项工程项目名称顺序码；10～12位为清单项目名称顺序码。

（4）分部分项工程量清单的项目名称。分部分项工程量清单的项目名称应按《计量规范》附录的项目名称结合拟建工程的实际确定。

（5）分部分项工程量清单的项目特征描述。分部分项工程量清单项目特征应按《计量规范》附录中规定的项目特征，结合拟建工程项目的实际予以描述。工程量清单的项目特征是确定一个清单项目综合单价不可缺少的重要依据。在编制工程量清单时，必须对项目特征进行准确和全面的描述。

✲ 实操解析

下面以土建工程为例，介绍分部分项工程工程量清单的编制流程。

任务一　导入图形算量工程文件

1. 导入图形算量工程文件

第一步：进入单位工程界面，单击"导入导出"→"导入广联达土建算量工程文件"（实际做工程时，根据需要选择相应的图形算量工程文件），如图 3-3-1 所示。

第二步：弹出如图 3-3-2 所示的"导入广联达土建算量工程文件"对话框，选择算量工程文件所在的位置，然后再检查列是否对应，无误后单击"导入"按钮，完成图形算量工程文件的导入。

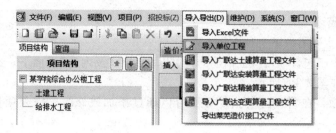

图 3-3-1　导入导出

	编码	类别	名称	单位	工程量	选择
1	010101001001	项	平整场地	m2	344.6139999999	☑
2	1-4-1	定	人工场地平整	m2	52.22699999999	☑
3	010101002001	项	挖一般土方	m3	753.4167	☑
4	1-3-15	定	挖掘机挖坚土自卸汽车运	m3	75.3417 * 10	☑
5	010101003001	项	挖沟槽土方	m3	753.4167	☑
6	1-2-4	定	人工挖坚土深4m内	m3	75.3417 * 10	☑
7	010103001001	项	回填方	m3	31.6977	☑
8	1-4-10	定	人工夯填土(地坪)	m3	0 * 10	☑
9	1-4-11	定	机械夯填土(地坪)	m3	3.1698 * 10	☑
10	010401008001	项	填充墙	m3	391.7798	☑
11	3-3-24	定	M5.0混浆加气砼砌块墙12	m3	0.6358 * 10	☑
12	3-3-25	定	M5.0混浆加气砼砌块墙18	m3	12.5557 * 10	☑
13	10-1-22	定	双排里钢管脚手架3.6m内	m2	126.5239 * 10	☑
14	10-1-24	定	双排里钢管脚手架6m内	m2	0 * 10	☑
15	3-3-69	定	M5.0混浆硅酸钙砌块墙30	m3	25.9255 * 10	☑
16	010501003001	项	独立基础	m3	70.81400000000	☑
17	4-2-7	定	C204现浇砼独立基础	m3	7.081400000000	☑
18	10-4-27	定	砼独立基础胶合板模板木	m2	12.54 * 10	☑
19	10-4-310	定	基础竹(胶)板模板制作	m2	3.0598 * 10	☑

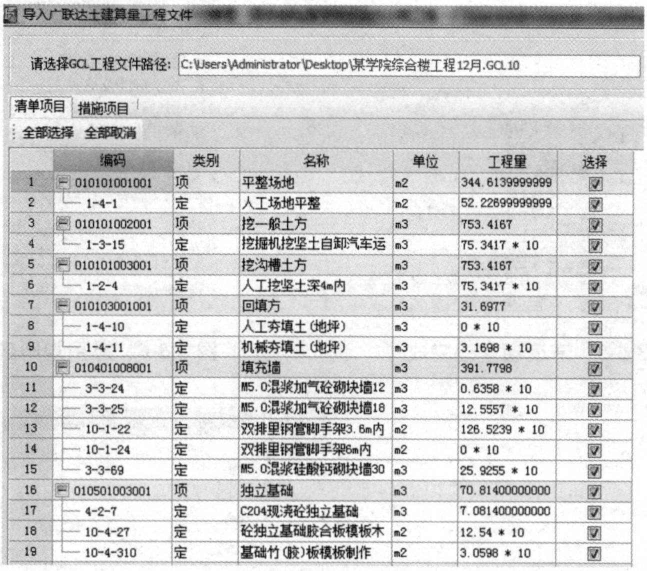

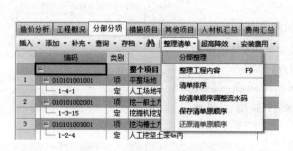

图 3-3-2　“导入广联达土建算量工程文件”对话框

2. 整理清单

在分部分项界面分部分项整理清单项。

第一步：单击 **整理清单▾** 按钮，在下拉菜单中选择“分部整理”，如图 3-3-3 所示。

第二步：弹出如图 3-3-4 所示的“分部整理”对话框，然后选择按专业、章、节整理，单击“确定”按钮即可。

图 3-3-3　选择“分部整理”

图 3-3-4　“分部整理”对话框

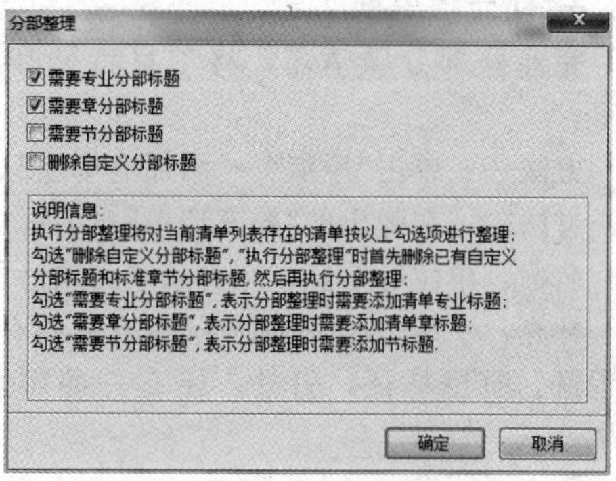

第三步：清单项整理完成后，如图 3-3-5 所示。

3. 项目特征描述

项目特征描述主要有以下三种方法：

(1)图形算量中已包含项目特征描述的，可以在"特征及内容"界面下，选择"应用规则到全部清单项"即可，如图3-3-6所示。

(2)选择清单项，在"特征及内容"界面可以通过添加或修改来完善项目特征，如图3-3-7所示。

(3)直接单击"编辑[特征]"对话框，进行修改或添加，如图3-3-8所示。

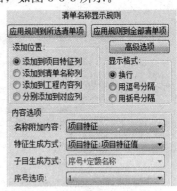

	编码	类别	名称
			整个项目
B1	A	部	建筑工程
B2	A.1	部	土石方工程
B2	A.4	部	砌筑工程
B2	A.5	部	混凝土及钢筋混凝土工程
B2	A.8	部	门窗工程
B2	A.11	部	楼地面装饰工程
B2	A.12	部	墙、柱面装饰与隔断、幕墙工程
B2	A.13	部	天棚工程

图3-3-5　清理项整理完成　　　　　图3-3-6　应用规则到全部清单项

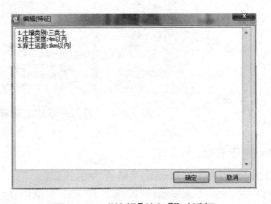

换算信息	安装费用	特征及内容	工程量明细

	特征	特征值	输出
1	土壤类别	三类土	☑
2	弃土运距	5m	☑
3	取土运距	5m	☑

图3-3-7　"特征及内容"界面　　　　　图3-3-8　"编辑[特征]"对话框

4. 补充清单项

完善分部分项清单，将项目特征补充完整，操作方法如下：

方法一：单击"添加"→"添加清单项"，如图3-3-9所示。

方法二：在弹出的"补充清单"对话框(图3-3-10)中完善编码、名称、单位等信息，完善某些无须计量的清单项。

补充：一般工程需要补充的清单项有钢筋清单项、回填工程量、项目特征，另外，还有一些零星配件如屋面排水管等。

图3-3-9　添加清单项

5. 补充子目

完善定额子目，操作方法如下：

单击"补充"→"子目"，弹出"补充子目"对话框(图3-3-11)，完善编码、名称、单位、表达式、费用栏等信息，以此方法来完善某些缺少的定额子目。

图 3-3-10 "补充清单"对话框

图 3-3-11 "补充子目"对话框

6. 导入 Excel 文件

第一步：进入单位工程界面，单击"导入导出"→"导入 Excel 文件"，如图 3-3-12 所示。

第二步：弹出如图 3-3-13 所示的"导入 Excel 招标文件"对话框，选择算量文件所在的位置，然后再检查列是否对应，无误后单击"导入"按钮，完成 Excel 招标文件的导入。

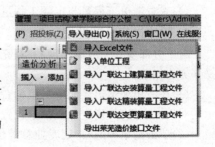

图 3-3-12 导入 Excel 文件

注意： 导入 Excel 文件后默认清单锁定，此时，清单项处于锁定状态，无法编辑修改（图 3-3-14），单击 解除清单锁定 按钮即可以编辑清单项。

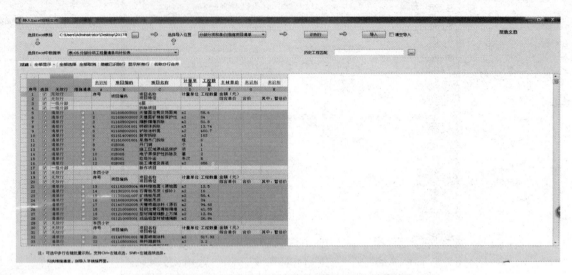

图 3-3-13 "导入 Excel 招标文件"对话框

	编码	类别	名称	单位	工程量	综合单价	综合合价	单价	取费基础	管理费单价	利润单价	单价构成文1
			整个项目				0					
B1	—	部	6层				0					[01建筑工
B1		部	拆除项目				0					[01建筑工
1	011606003001	项	天棚面龙骨及饰面局部拆除 1.拆除的基层类型：石膏板 2.龙骨及饰面种类：轻钢龙骨石 膏板吊顶	m2	58.6	0	0		0	0	0	01装饰工

图 3-3-14 解除清单锁定

任务二 检查与整理

1. 整体检查

（1）对分部分项的清单与定额的套用做法进行检查，核对是否有误。

（2）查看整个分部分项中是否有空格，如果有，需要进行删除。

（3）按清单项目特征描述校核套用定额的一致性，并进行修改。

（4）查看清单工程量与定额工程量的数据的差别是否正确。

2. 整体进行分部整理

对于分部整理完成后出现的"补充分部"清单项，可以调整专业章节位置至应该归类的分部，操作方法如下：

（1）在清单项编辑界面单击鼠标右键，选择"页面显示列设置"选项，在弹出的如图 3-3-15 所示的对话框中选择"指定专业章节位置"。

（2）单击清单项的"指定专业章节位置"，弹出如图 3-3-16 所示的"指定专业章节"对话框，选择相应的分部，调整完成后，进行分部整理。

图 3-3-15　页面显示列设置

图 3-3-16　"指定专业章节"对话框

项目四　计价中的换算

知识链接

计价中有哪些换算?

做工程预算时，项目要求与定额内容不完全符合，不能直接套用定额，应根据不同情况分别加以换算，但必须符合定额中的有关规定，在允许范围内进行。消耗量定额的换算可以分为强度等级换算、用量调整换算、系数调整换算、运距调整换算和其他调整换算。

(1)强度等级换算：在消耗量定额中，对砖石工程的砌筑砂浆及混凝土等均列几种常用强度等级，设计图纸的强度等级与定额规定强度等级不同时，允许换算。其换算公式为

换算后定额的基价＝定额中的基价＋(换入的半成品单价－换出的半成品单价)×相应换算材料的定额用量

(2)用量调整换算：在消耗量定额中，定额与实际消耗量不同时，允许调整其数量。如龙骨不同可以换算等。换算时不要忘记损耗量。因定额中已考虑了损耗，所以与定额比较也必须考虑损耗，才有可比性。

(3)系数调整换算：在消耗量定额中，由于施工条件和方法不同，某些项目可以乘以系数调整。调整系数可分为定额系数和工程量系数。定额系数是指人工、材料、机械等所乘的系数；工程量系数用在计算工程量上。调整换算时须严格按分部说明或附注说明中的规定执行。

(4)运距调整换算：在消耗量定额中，对各种项目运输定额，一般可分为基本定额和增加定额，即超过基本运距时，另行计算。如人工运土方，定额规定基本运距是200 m，超过的另按每增加50 m运距计算增加费用。

(5)其他调整换算：消耗量定额中调整换算的项很多，方法也不一样，如找平层厚度调整、材料单价换算、增加费用换算、定额单项换算等。总之，定额的换算都要按照定额的规定进行。掌握定额的规定和换算方法，是对造价人员的基本要求之一。

实操解析

任务一　替换子目

根据清单项目特征描述校核套用定额的一致性，如果套用子目不合适，可以单击如图 3-4-1 所示的"查询"→"查询清单"，即可以弹出如图 3-4-2 所示的对话框，根据需要选择相应子目进行"替换"(也可以直接双击清单或定额子目，调出图 3-4-2 所示的"查询"对话框，进行清单及定额子目的替换)。

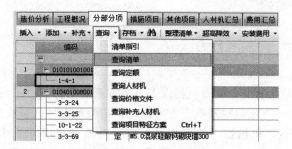

图 3-4-1　查询清单

图 3-4-2　"查询"对话框

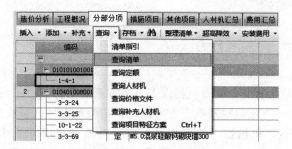

📖 专业小贴士

关于机械挖土方 03 定额与 16 定额规定的不同之处

(1)03 定额规定：机械挖土方，应满足设计砌筑基础的要求，其挖土方总量的 95% 执行机械土方相应项目；其余为人工挖土。人工挖土执行相应项目时乘以系数 2。

(2)16 定额规定：机械挖土及机械挖土后的人工清理修整，按机械挖土相应规则一并计算挖方总量。其中，机械挖土按挖方总量执行相应子目，乘以表 3-4-1 规定的系数；人工清理修整，按挖方总量执行表 3-4-1 规定的子目并乘以相应系数。

表 3-4-1　机械挖土及人工清理修整系数表

基础类型	机械挖土		人工清理修整	
	执行子目	系数	执行子目	系数
一般土方	相应子目	0.95	1—2—3	0.063
沟槽土方		0.9	1—2—8	0.125
地坑土方		0.85	1—2—13	0.188

按清单描述进行子目换算时，主要包括以下三个方面的换算：

(1)调整人材机系数。下面以挖基础土方为例，介绍调整人材机系数的操作方法，如采用机械挖土方，16定额新规定，机械挖土按挖方总量执行机械土方相应子目，但应乘以相应系数；人工清理修整，按挖方总量执行一般土方、沟槽土方、地坑土方的子目，并乘以相应系数。其余为人工挖土，人工需要乘以系数，如图3-4-3所示。

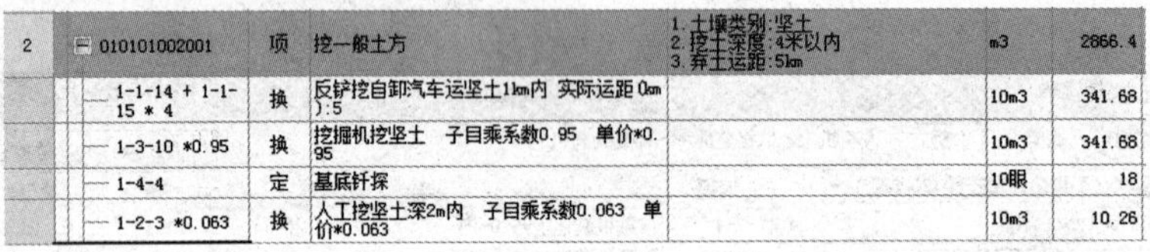

2	⊟	010101002001	项	挖一般土方	1. 土壤类别：坚土 2. 挖土深度：4米以内 3. 弃土运距：5km	m3	2866.4
		1-1-14 + 1-1-15 * 4	换	反铲挖自卸汽车运坚土11km内　实际运距0cm):5		10m3	341.68
		1-3-10 *0.95	换	挖掘机挖坚土　子目乘系数0.95　单价*0.95		10m3	341.68
		1-4-4	定	基底钎探		10眼	18
		1-2-3 *0.063	换	人工挖坚土深2m内　子目乘系数0.063　单价*0.063		10m3	10.26

图3-4-3　调整人材机系数

(2)换算混凝土、砂浆等级。

方法一：标准换算。选择需要换算混凝土等级的定额子目，单击 标准换算 按钮，在"标准换算"界面下选择相应的混凝土强度，本项目选用的全部为商品混凝土，如图3-4-4所示。

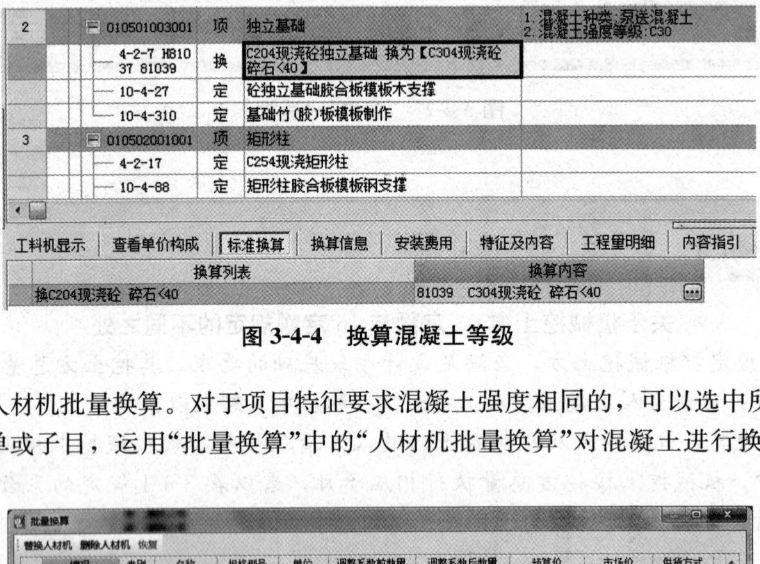

2	⊟	010501003001	项	独立基础	1. 混凝土种类：泵送混凝土 2. 混凝土强度等级：C30
		4-2-7 H810 37 81039	换	C204现浇砼独立基础　换为【C304现浇砼 碎石<40】	
		10-4-27	定	砼独立基础胶合板模板木支撑	
		10-4-310	定	基础竹(胶)板模板制作	
3	⊟	010502001001	项	矩形柱	
		4-2-17		C254现浇矩形柱	
		10-4-88	定	矩形柱胶合板模板板钢支撑	

| 工料机显示 | 查看单价构成 | 标准换算 | 换算信息 | 安装费用 | 特征及内容 | 工程量明细 | 内容指引 |

| 换算列表 | 换算内容 |
| 换C204现浇砼 碎石<40 | 81039　C304现浇砼 碎石<40　[...] |

图3-4-4　换算混凝土等级

方法二：人材机批量换算。对于项目特征要求混凝土强度相同的，可以选中所有要求混凝土强度相同的清单或子目，运用"批量换算"中的"人材机批量换算"对混凝土进行换算，如图3-4-5所示。

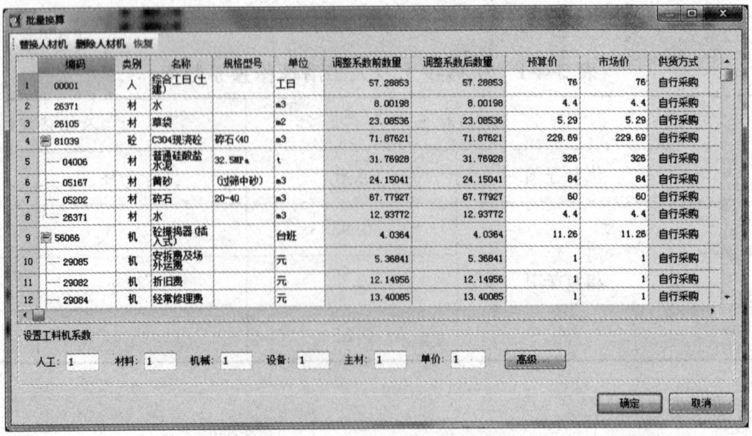

图3-4-5　人材机批量换算

第一步：在"人材机批量换算"界面按提示操作进行批量换算，如图3-4-6所示。

图 3-4-6　查询/替换人材机

第二步：选择相对应的混凝土强度，执行批量换算，如图3-4-7所示。

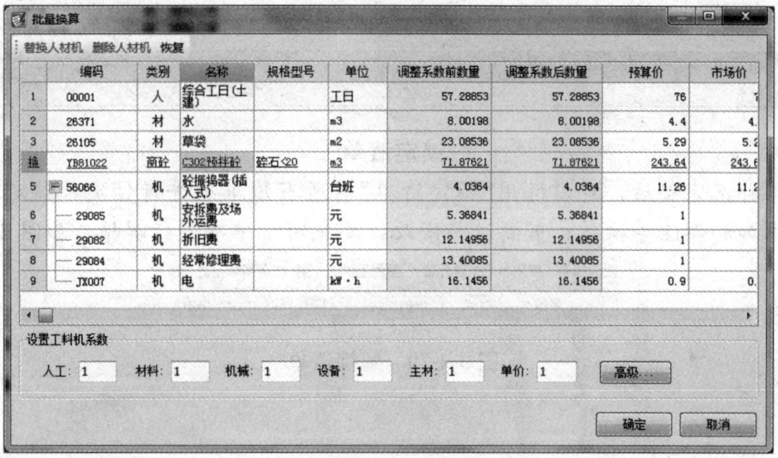

	编码	类别	名称	规格型号	单位	调整系数前数量	调整系数后数量	预算价	市场价
1	00001	人	综合工日(土建)		工日	57.28853	57.28853	76	
2	26371	材	水		m3	8.00198	8.00198	4.4	4.
3	26105	材	草袋		m2	23.08536	23.08536	5.29	5.2
换	YB81022	商砼	C302预拌砼	碎石＜20	m3	71.87621	71.87621	243.64	243.6
5	56066	机	砼振捣器(插入式)		台班	4.0364	4.0364	11.26	11.2
6	29085	机	安拆费及场外运费		元	5.36841	5.36841	1	
7	29082	机	折旧费		元	12.14956	12.14956	1	
8	29084	机	经常修理费		元	13.40085	13.40085	1	
9	JX007	机	电		kW·h	16.1456	16.1456	0.9	0.

设置工料机系数

人工：1　材料：1　机械：1　设备：1　主材：1　单价：1　高级...

确定　取消

图 3-4-7　批量换算

第三步：批量系数换算。若清单中的材料进行换算的系数相同，可以选中所有换算内容相同的清单项，单击常用功能中的"批量系数换算"对材料进行换算，如图3-4-8所示。

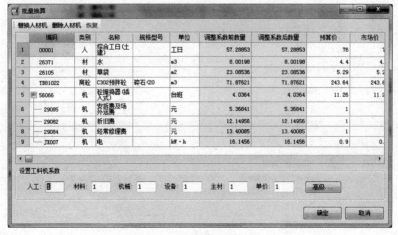

图 3-4-8　批量系数换算

（3）修改材料名称。当项目特征中要求材料与子目相对应人材机材料不相符时，需要对材料名称进行修改。下面以独立基础换 P8 抗渗混凝土为例，介绍人材机中材料名称的修改。

选择需要修改的定额子目，在"工料机"操作界面下将材料名称一栏备注上"P8"，如图 3-4-9 所示。

图 3-4-9　修改材料名称

🔊 知识拓展

锁定清单

在所有清单补充完整后，可以运用"锁定清单"对所有清单项进行锁定，锁定之后的清单项将不能再进行添加和删除等操作；若要进行修改，要先对清单项进行解锁，如图 3-4-10 所示。

图 3-4-10　解锁清单

项目五　措施项目清单的编制

知识链接

《计量规范》中将措施项目划分为两类：一类是不能计算工程量的项目，如夜间施工、二次搬运等，就以“项”计价，称为“总价项目”；另一类是可以计算工程量的项目，如脚手架、降水等，就以“量”计价，更有利于措施费的确定和调整，称为“单价项目”。

(1)总价措施项目：《计量规范》附录表 S.7“安全文明施工及其他措施项目”中列出了总价措施项目的项目编码、项目名称和工作内容及包含范围，编制措施项目清单时，应结合拟建工程实际选用。若出现表中未列的总价措施项目，工程量清单编制人可作补充。但分部分项工程量清单项目和单价的措施项目中已包含的措施性内容，不得单独作为措施项目列项。补充项目应列在该清单项目最后，并在“序号”栏中以“补”字示之。

(2)单价措施项目：《计量规范》附录 S 措施项目中列出了单价措施项目清单，编制单价措施项目清单时，应根据拟建工程的具体情况选择列项。若出现单价措施项目表中未列的措施项目，可以根据工程的具体情况对单价措施项目清单进行补充。

实操解析

任务一　总价措施项目清单

分部分项措施项目完成之后，单击 措施项目 按钮，切换到措施项目编制界面，如图 3-5-1 所示。根据工程具体情况，选择对应项目的费率即可以完成对总价措施项目清单的编制。

造价分析 | 工程概况 | 分部分项 | 措施项目 | 其他项目 | 人材机汇总 | 费用汇总

插入 · 添加 · 补充 · 查询 · 存档 · 批量换算 模板 · 展开到 · 其他 · 重用组价 · 锁定清单

	序号	类别	名称	项目特征	单位	工程量	计算基数	费率(%)
			措施项目					
	1		总价措施项目					
1	011707002001		夜间施工费		项	1	SZJF	0.7
2	011707003001		非夜间施工照明		项	1	SZJF	0
3	011707004001		二次搬运费		项	1	SZJF	0.6
4	011707005001		冬、雨季施工		项	1	SZJF	0.8
5	011707006001		地上、地下设施、建筑物的临时保护设施		项	1	SZJF	0
6	011707007001		已完工程及设备保护		项	1	SZJF	0.15

图 3-5-1　措施项目编制界面

此时会发现，模板脚手架等措施费用并不在此列，需要调整。单击“其他”→“实体转措施”，在弹出的“实体转措施”对话框中，勾选脚手架和模板，如图 3-5-2 所示。

单击“确定”按钮，脚手架和模板就会转移到措施项目费中了。再根据工程具体情况，选择对应的项目的费率即可以完成对总价措施项目清单的编制，如图 3-5-3 所示。

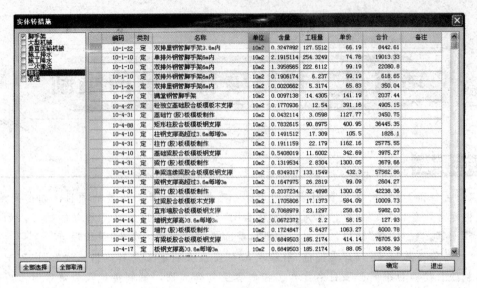

图 3-5-2 "实体转措施"对话框

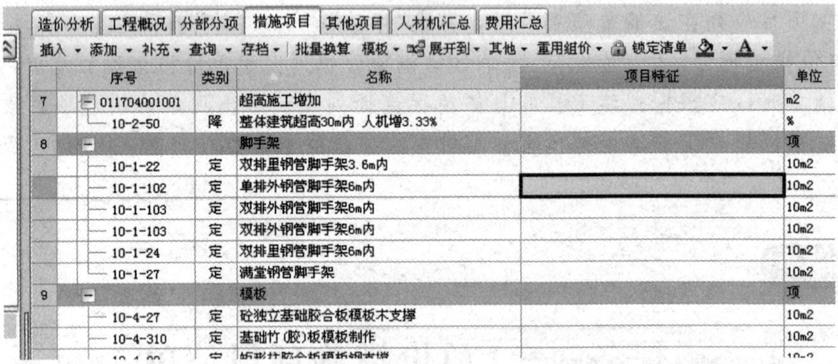

图 3-5-3 完成总价措施项目清单的编制

任务二 单价措施项目清单

(1)单击"其他"→"提取模板项目",如图 3-5-4 所示。在弹出的"提取模板项目"对话框中,需要根据清单项选择准确的模板,如图 3-5-5 所示。

(2)修改需要计算超高的子目。单击"超高降效"→"记取超高降效",在弹出的界面上进行操作即可,如图 3-5-6 和图 3-5-7 所示。

(3)大型机械设备进出场费用包括场外运输费履带式挖掘机 1 m³ 以上、场外运输费自升式塔式起重机,在"措施项目"中,单击"插入"→"插入清单",选择"大型机械设备进出场及安拆"。再选择"插入子目",将涉及的子

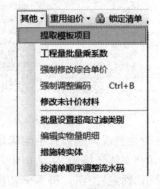

图 3-5-4 选择"提取模板项目"

目插入，如图 3-5-8 所示。

（4）完成垂直运输和脚手架的编制。单击"插入"→"插入措施项"→"30 m内其他框架结构垂直运输"，如图 3-5-9 所示。

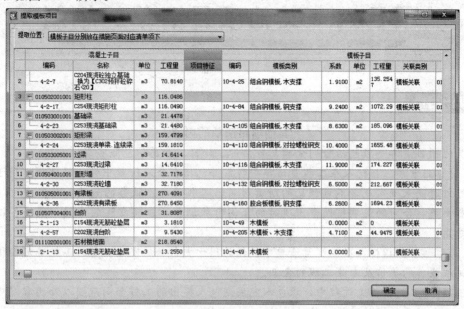

图 3-5-5 提取模板项目

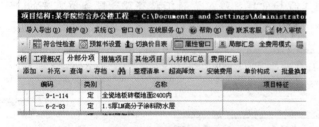

图 3-5-6 超高降效

编码	类别	名称	项目特征
9-1-114	定	全瓷地板砖楼地面2400内	
6-2-93	定	1.5厚LM高分子涂料防水层	

011704001001		超高施工增加
10-2-50	降	整体建筑超高30m内 人机增3.33%

图 3-5-7 修改需要计算超高的子目

2		单价措施项目	
011705001001		大型机械设备进出场及安拆	台次
19-3-6	定	自升式塔式起重机安拆 檐高≤100m	台次
19-3-19	定	自升式塔式起重机场外运输 檐高≤100m	台次
19-3-1	定	现浇混凝土独立基础	10m3
19-3-34	定	履带式挖掘机履带式液压锤场外运输	台次

图 3-5-8 大型机械设备进出场及安拆

9	011703001001		垂直运输
	10-2-15	定	30m内其他框架结构垂直运输

图 3-5-9 完成垂直运输和脚手架的编制

思考与练习

1. 在理解的基础上掌握新颁布的 2016 新定额的项目组成及计算规则。

2. 按照上述操作步骤，完成某学院综合楼工程的措施项目的编制。

项目六　其他项目清单的编制

知识链接

其他项目清单的内容

其他项目清单一般包括暂列金额、暂估价、计日工和总承包服务费。

（1）暂列金额。招标人在工程量清单中暂定并包括在合同价款中的一笔款项。用于工程合同签订时尚未确定或者不可预见的所需材料、工程设备、服务的采购，施工中可能发生的工程变更、合同约定调整因素出现时的合同价款调整，以及发生的索赔、现场签证确认等的费用。

（2）暂估价。招标人在工程量清单中提供的用于支付必然发生但暂时不能确定价格的材料、工程设备的单价及专业工程的金额。

（3）计日工。在施工过程中，承包人完成发包人提出的工程合同范围以外的零星项目或工作，按合同中约定的单价计价的一种方式。

（4）总承包服务费。总承包人为配合协调发包人进行的专业工程发包，对发包人自行采购的材料、工程设备等进行保管，以及施工现场管理、竣工资料汇总整理等服务所需要的费用。

实操解析

任务一　添加暂列金额

单击"其他项目"按钮，将软件切换到其他项目界面，如图 3-6-1 所示。然后单击"项目结构"中的"其他项目"→"暂列金额"，即可以按照招标文件要求，在左侧"暂定金额"一栏手动输入数据，如图 3-6-2 所示。

	序号	名称	计算基数	费率(%)	金额	费用类别	不计入合价
1		其他项目			80000		
2	1	暂列金额	暂列金额		80000	暂列金额	☐
3	2	暂估价	专业工程暂估价		0	暂估价	☐
4	2.1	材料暂估价	ZGJCLJKJ		0	材料暂估价	☑
5	2.2	专业工程暂估价	专业工程暂估价		0	专业工程暂估价	☑
6	3	计日工	计日工		0	计日工	☐
7	4	总承包服务费	总承包服务费		0	总承包服务费	☐

造价分析　工程概况　分部分项　措施项目　**其他项目**　人材机汇总　费用汇总
插入▾　添加▾　保存为模板　载入模板　　　　其他项目模板：13清单通用其他项目

图 3-6-1　"其他项目"界面

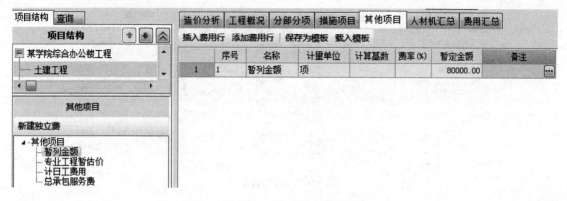

图 3-6-2   手动输入数据

任务二   添加专业工程暂估价

单击"项目结构"中的"其他项目"→"专业工程暂估价"。例如,某项目中有幕墙工程(含预埋件),则可以按照招标文件要求,在左侧编辑栏中手动输入相关信息即可,如图 3-6-3 所示。

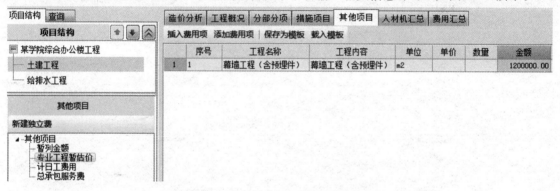

图 3-6-3   手动输入幕墙工程信息

任务三   添加计日工

单击"项目结构"中的"其他项目"→"计日工费用"。如果本工程项目中有计日工费用,则需要添加计日工,如图 3-6-4 所示。

添加材料时,如需要增加费用,可以在操作界面单击鼠标右键,选择"插入费用行"进行添加即可。

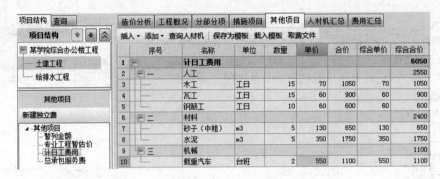

	项目结构 查询		造价分析 工程概况 分部分项 措施项目 其他项目 人材机汇总 费用汇总							
	项目结构		插入▾ 添加▾ 查询人材机 保存为模板 载入模板 取费文件							
	□ 某学院综合办公楼工程			序号	名称	单位	数量	单价	合价	综合单价	综合合价

序号	名称	单位	数量	单价	合价	综合单价	综合合价
1	计日工费用						6050
2	一 人工						2550
3	木工	工日	15	70	1050	70	1050
4	瓦工	工日	15	60	900	60	900
5	钢筋工	工日	10	60	600	60	600
6	二 材料						2400
7	砂子（中粗）	m3	5	130	650	130	650
8	水泥	m3	5	350	1750	350	1750
9	三 机械						1100
10	载重汽车	台班	2	550	1100	550	1100

图 3-6-4　添加计日工

思考与练习

按照操作步骤完成某学院办公楼工程其他项目清单的编制。

项目七 人材机费用调整

>> 知识链接

定额中人材机的消耗量是固定的，但是每个工程中的人材机单价是不一样的。这与市场行情有关，也与政府部门发布的指导价有关，还与甲、乙双方的谈判经营策略有关。所以，同一份图纸，不同的公司来投标，单价、总价有所不同。

下面列了一份本工程简单的清单编制说明。以此为例来学习人材机的费用调整：

商品混凝土甲、乙双方定价：C15：200 元，C20：240 元，C25：290 元，C30：350 元。

竹胶板甲、乙双方定价：46 元/m²。

585 mm×180 mm×240 mm 加气块甲、乙双方定价：4 000 元/千块。

全瓷地砖甲乙双方定价：采用 600 mm×600 mm 规格，每块 160 元。

钢筋甲、乙双方定价：4 500 元/t。

人工定价：

省价人工费 76 元/工日；市价土建为 80 元/工日，装饰为 88 元/工日。

双方一口价定价工程：

塑钢窗工程：600 元/m²。

塑钢门工程：700 元/m²。

三类工程，位于市区。其余材料执行烟台 2013 年 3 季度信息价。

✸ 实操解析

任务一　主材调整

首先，要针对导入的清单定额做一些调整。如混凝土，定额中默认的是现场搅拌，但实际工程是商品混凝土。如图 3-7-1 所示，在任意位置单击鼠标右键，选择"现浇混凝土转商品混凝土"。这时会发现，材料中的砂、石子、水泥、水都不见了，融合成了一种材料——商品混凝土。

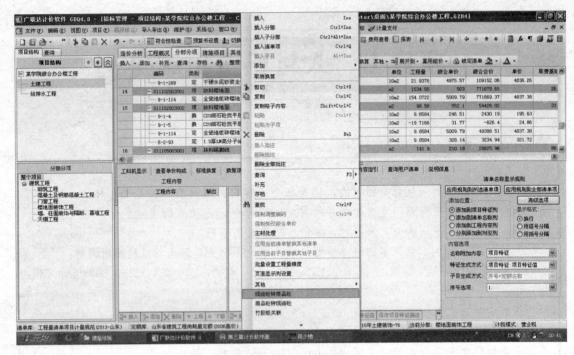

图 3-7-1 现浇混凝土转商品混凝土

任务二 人材机费用调整

单击"人材机汇总"按钮，显示的是整个工程所有的人材机消耗量，如图 3-7-2 所示。然后单击"载价"→"载入价格文件"，寻找编制说明中规定的烟台 13 年 3 季度信息价，如图 3-7-3 所示。

如果信息价文件夹中没有"烟台 13 年 3 季度信息价"，可单击"其他"→"信息价下载"，从广联达网站上下载所需要地区和年份的信息价。

	编码	类别	名称	规格型号	单位	数量	供货方式	甲
1	00001	人	综合工日(土建)		工日	3405.82284	自行采购	
2	00002	人	综合工日(装饰)		工日	1735.43935	自行采购	
3	01310	材	钢丝绳	Φ8.1-9	kg	4.83173	自行采购	
4	03039	材	方木		m3	23.43404	自行采购	
5	03067	材	挡脚板	(三等板材)	m3	0.07215	自行采购	
6	03068	材	方撑木		m3	8.34288	自行采购	
7	03130	材	竹胶板		m2	1240.39047	自行采购	
8	04006	材	普通硅酸盐水泥	32.5MPa	t	59.22363	自行采购	
9	04017	材	白水泥		kg	296.62382	自行采购	
10	05030	材	加气砼块	585X120X240	千块	0.42524	自行采购	
11	05031	材	加气砼块	585X180X240	千块	4.64561	自行采购	
12	05107	材	石灰		t	26.15166	自行采购	

市场价合计: 993481.81   价差合计: 0.00

图 3-7-2 整体人材机消耗量

图 3-7-3　选择价格文件

载入信息价后，人材机的颜色变黄，意味着此材料价格已经发生了变化。最初软件默认的材料价是省价，现在是信息价，如图 3-7-4 所示。

	编码	类	名称	规格型号	单位	数量	供货方式	甲供数量	省单价	山东省价	市场价
1	00001	人	综合工日(土建)		工日	3405.82284	自行采购	0	76	76	76
2	00002	人	综合工日(装饰)		工日	1735.43935	自行采购	0	76	76	76
3	12079	材	1.5厚LM高分子涂料		kg	295.06191	自行采购	0	14.92	14.92	10.4
4	13299	材	108胶		kg	52.48545	自行采购	0	1.72	1.72	1.7
5	26036	材	白布		m2	1.05129	自行采购	0	6.6	6.6	6.9
6	13311	材	白乳胶		kg	20.36871	自行采购	0	5.2	5.2	7.8
7	04017	材	白水泥		kg	296.62382	自行采购	0	0.57	0.57	0.57
8	26244	材	草板纸	80#	张	1421.031	自行采购	0	4.44	4.44	4.44
9	26105	材	草袋		m2	488.77463	自行采购	0	5.29	5.29	1.8
10	12074	材	成品腻子		kg	60.00995	自行采购	0	15	15	12.9
11	06071	材	瓷砖	200X300	m2	533.13935	自行采购	0	33.7	33.7	65
12	13244	材	催干剂		kg	6.30773	自行采购	0	11.27	11.27	10.7

图 3-7-4　信息价

然后根据清单编制说明中给出的甲、乙双方定价的人工和材料，再进行二次修改，如图 3-7-5 所示。

	编码	类	名称	规格型号	单位	数量	供货方式	甲供数量	省单价	山东省价	市场价
1	00001	人	综合工日(土建)		工日	3405.82284	自行采购	0	76	76	80
2	00002	人	综合工日(装饰)		工日	1735.43935	自行采购	0	76	76	88

图 3-7-5　二次修改价格

对于门窗等甲、乙双方定价的工程，会发现此时清单中只有量没有价，如图 3-7-6 所示。

插入 ▾ 添加 ▾ 补充 ▾ 查询 ▾ 存档 ▾ ┃ 整理清单 ▾ 超高降效 ▾ 安装费用 ▾ 单价构成 ▾ 批量换算 其他 ▾ 展开到 ▾ 重用组价 ▾ ┃ 锁定清单

	编码	类别	名称	项目特征	单位	工程量	综合单价	综合合价
B2	A.8	部	门窗工程					0
11	010802001001	项	金属(塑钢)门		樘	148	0	0
12	010807001001	项	金属(塑钢、断桥)窗		樘	325	0	0

图 3-7-6　只有量没有价

此时，需要在这两项清单中补充子目，来实现它们的定价。用鼠标选中此项清单，单击"补充"→"子目"。如图 3-7-7 所示，编辑补充子目，在"材料费"中填写"700"，勾选"成活价"。然后在补充的子目里填入工程量，完成此项编辑。凡是甲、乙双方定价的工程，都用"补充子目"这种做法，如图 3-7-8 所示。

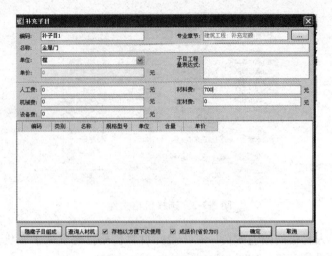

图 3-7-7　编辑补充子目

编码	类别	名称	项目特征	单位	工程量	综合单价	综合合价
A.8	部	门窗工程					298600
010802001001	项	金属（塑钢）门		m2	148	700	103600
补子目1	补	金属门		m2	148	700	103600
010807001001	项	金属（塑钢、断桥）窗		m2	325	600	195000
补子目2	补	金属窗		m2	325	600	195000

图 3-7-8　完成补充子目

任务三　计取规费和税金

第一步：在"费用汇总"界面，单击 载入模板 按钮，选择相应的模板，单击"确定"按钮即可，如图 3-7-9 所示。

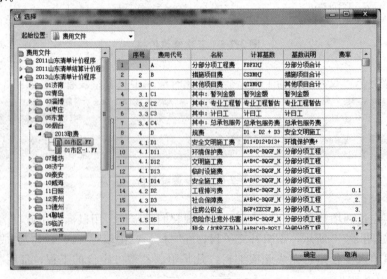

图 3-7-9　选择费用汇总模板

第二步：如果招标文件对规费有特别要求，可以在规费的费率一栏中进行调整，如图 3-7-10 所示。如果项目没有特别要求，按软件默认设置即可。

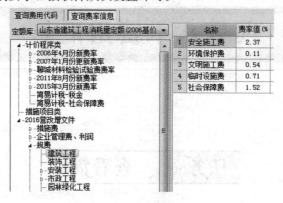

图 3-7-10 规费费率

知识拓展

定价的工程是指本项工程所有的做法成活后的总价为××元/m² 或元/m 或元/m³。此价格一般为综合单价，即还可以取规费和税金。如本工程中的门窗防水工程。

定价的材料是指本项工程还是采取定额组价的方式，但其中某种材料价格不走信息价，而是由甲、乙双方商谈定出价格，如本工程中的混凝土钢筋。

现浇混凝土转商品混凝土后，人材机汇总中还会有一些水泥、砂和水，这是为什么呢？这是因为浇筑混凝土墙柱时工艺要求着浆，这是着浆的砂浆。如果本工程用商品砂浆，那么这些也会不见。

专业小贴士

什么是市场价或者称信息价？

两者是同样的含义，信息价是当地造价办公室经过广泛调研市场上常用的建筑材料，给出的一份市场平均价格。一般比实际采购价格要高。故执行信息价对施工单位有利。由于一些新材料往往价格偏差比较大，故对一些量比较大、比较新的材料，一定要进行实地考察后再做决定。

思考与练习

如果门窗等定价工程，在编辑补充子目时，没有勾选"成活价"会造成什么影响？

项目八 费用汇总

任务一 查看费用

单击"费用汇总"按钮，查看及核实费用汇总表，如图 3-8-1 所示。费率可以根据现行标准或招标文件要求进行调整。

| 造价分析 | 工程概况 | 分部分项 | 措施项目 | 其他项目 | 人材机汇总 | 费用汇总 | | | |

| 插入 | 保存为模板 | 载入模板 | 批量替换费用表 | 费用汇总文件：01市区 | | | 费率为空表示按照费率100%计取 |

序号	费用代号	名称	计算基数	费率(%)	金额	费用类别	备注
7	3.4	C4	其中：总承包服务费	总承包服务费		36,000.00		
8	4	D	规费	D1 + D2 + D3 + D4 + D5		86,258.20	规费	4.1+4.2+4.3+4.4+4.5
9	4.1	D1	安全文明施工费	D11+D12+D13+D14		0.00	安全文明施工费	4.1.1+4.1.2+4.1.3+4.1.4
10	4.1.1	D11	环境保护费	A+B+C-BQGF_HJ	0	0.00	环境保护费	(1+2+3)*费率
11	4.1.2	D12	文明施工费	A+B+C-BQGF_HJ	0	0.00	文明施工费	(1+2+3)*费率
12	4.1.3	D13	临时设施费	A+B+C-BQGF_HJ	0	0.00	临时设施费	(1+2+3)*费率
13	4.1.4	D14	安全施工费	A+B+C-BQGF_HJ	0	0.00	安全施工费	(1+2+3)*费率
14	4.2	D2	工程排污费	A+B+C-BQGF_HJ	0.15	3,726.01	工程排污费	在工程招、投标或编制预算时，暂按工程造价的0.15%计入，在竣工结算时凭环保部门的缴款凭证按实结算。
15	4.3	D3	社会保障费	A+B+C-BQGF_HJ	2.6	64,584.11	社会保障费	(1+2+3)*规费费率
16	4.4	D4	住房公积金	RGF+ZZCSF_RGF+JSCS_RGF-BQGF_RGF	3.6	14,222.07	住房公积金	人工费总和的3.6%
17	4.5	D5	危险作业意外伤害保险	A+B+C-BQGF_HJ	0.15	3,726.01	危险作业意外伤害保险	(1+2+3)*规费费率
18	5	E	税金（扣除不列入计税范围的工程设备金额）	A+B+C+D-BQSJ_HJ	3.48	89,445.14	税金	(1+2+3+4)*税率
19	6	F	工程造价	A+B+C+D+E		2,659,707.70	工程造价	1+2+3+4+5

图 3-8-1 查看费用

任务二 工程造价调整

如果工程造价与预想的造价有差距，可以通过工程造价调整的方式快速调整。

第一步：返回到分部分项界面，选择"项目"→"统一调价"→"量价费率调整"，如图 3-8-2 所示。

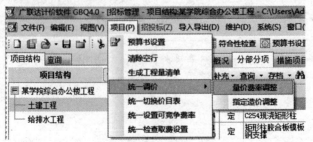

图 3-8-2 选择"量价费率调整"

第二步：在量价费率调整界面，输入材料的调整系数为 0.9，如图 3-8-3 所示，然后单击"预览"按钮，如图 3-8-4 所示。

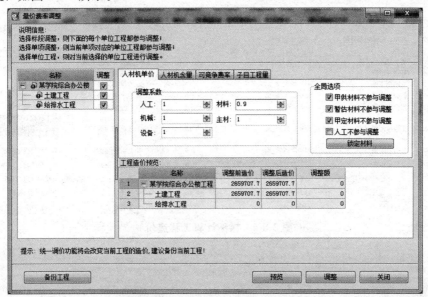

图 3-8-3 调整材料系数

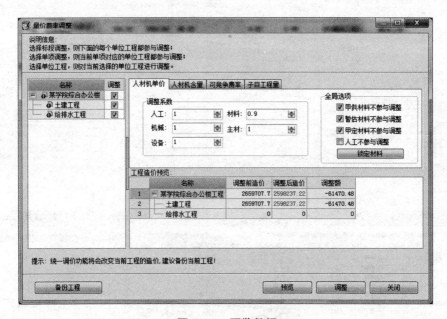

图 3-8-4 预览数据

注意：应备份原来工程，单击"确定"按钮后，工程造价将会进行调整。

单击"确定"按钮，软件会重新计算工程造价，如图 3-8-5 所示。

在投标过程中，往往会出现预算造价与控制价相差太大的情况，一般通过调整材料价格的方法，单击 人材机汇总 按钮，弹出"人材机"界面，直接修改市场价即可，需要注意的是，不要过低或过高于现实市场材料价。调整管理费、利润费费率的方法是，单击 单价构成 按钮直接修改管理费、利润费费率调整造价（管理费、利润为可竞争项，属于可调项，可以调低但不得高于相关规定。其他费率需要严格按照招标文件的规定），如图 3-8-6 和图 3-8-7 所示。

造价分析 | 工程概况 | 分部分项 | 措施项目 | 其他项目 | 人材机汇总 | **费用汇总**

插入 | 保存为模板 | 载入模板 | 批量替换费用表 　　费用汇总文件：01市区 　　　　费率为空表示按照费率100%计取

	序号	费用代号	名称	计算基数	费率(%)	金额	费用类别	备注
7	3.4	C4	其中：总承包服务费	总承包服务费		36,000.00		
8	4	D	规费	D1 + D2 + D3 + D4 + D5		84,584.05	规费	4.1+4.2+4.3+4.4+4.5
9	4.1	D1	安全文明施工费	D11+D12+D13+D14		0.00	安全文明施工费	4.1.1+4.1.2+4.1.3+4.1.4
10	4.1.1	D11	环境保护费	A+B+C-BQGF_HJ	0	0.00	环境保护费	(1+2+3)*费率
11	4.1.2	D12	文明施工费	A+B+C-BQGF_HJ	0	0.00	文明施工费	(1+2+3)*费率
12	4.1.3	D13	临时设施费	A+B+C-BQGF_HJ	0	0.00	临时设施费	(1+2+3)*费率
13	4.1.4	D14	安全施工费	A+B+C-BQGF_HJ	0	0.00	安全施工费	(1+2+3)*费率
14	4.2	D2	工程排污费	A+B+C-BQGF_HJ	0.15	3,639.41	工程排污费	在工程招、投标或编制预算时，暂按工程造价的0.15%计入，在竣工结算时凭环保部门的缴款凭证按实结算。
15	4.3	D3	社会保障费	A+B+C-BQGF_HJ	2.6	63,083.16	社会保障费	(1+2+3)*规费费率
16	4.4	D4	住房公积金	RGF+ZZCSF_RGF+JSCS_RGF-BQGF_RGF	3.6	14,222.07	住房公积金	人工费总和的3.6%
17	4.5	D5	危险作业意外伤害保险	A+B+C-BQGF_HJ	0.15	3,639.41	危险作业意外伤害保险	(1+2+3)*规费费率
18	5	E	税金（扣除不列入计税范围的工程设备金额）	A+B+C+D-BQSJ_HJ	3.48	87,377.90	税金	(1+2+3+4)*税率
19	6	F	工程造价	A+B+C+D+E		2,598,237.22	工程造价	1+2+3+4+5

图 3-8-5　重新计算工程造价

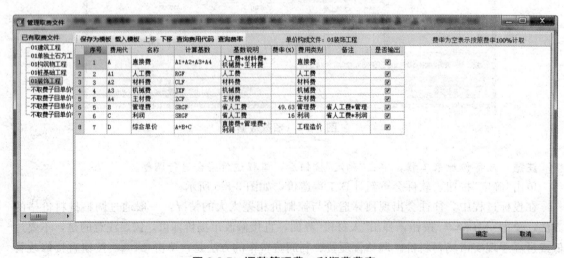

图 3-8-6　修改市场价

图 3-8-7　调整管理费、利润费费率

任务三　报表

在导航栏中单击 ▢ 报表 按钮，软件会进入报表界面，因为之前设置为招标文件，故此处显示的是招标的系列表格，如图 3-8-8 所示。

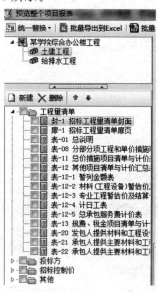

图 3-8-8　预览整个项目报表

选择"表-08 分部分项工程和单价措施项目清单与计价表"，显示如图 3-8-9 所示。

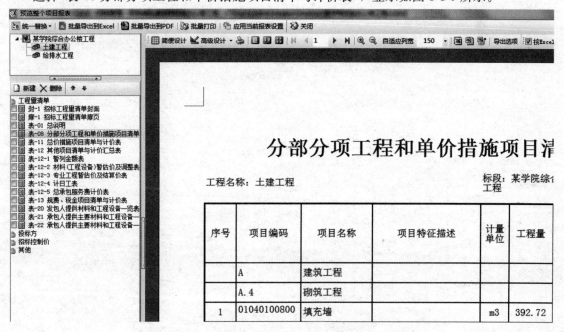

图 3-8-9　分部分项工程和单价措施项目清单与计价表

任务四　保存与退出

　　通过以上操作即完成了土建单位工程的计价工作，单击 ⊟ 按钮，然后单击 ⊠ 按钮，即回到投标管理主界面。

模块四

BIM 土建计量（GTJ）

项目一　GTJ2018 界面介绍

GTJ2018 在 CAD 识别方面进行了很大的优化。利用软件提供的识别构件功能，可以快速地将电子图纸中的信息识别为各类构件，直接进行计算；同时，新版 CAD 识别相关功能，均在相应的构件类型下的"建模"选项卡中，以独立的识别分栏显示。同时，计量平台还提供了完善的图纸管理功能，能够对原电子版图纸进行有效管理，并随工程统一保存，提高做工程的效率。图纸管理流程如图 4-1-1 所示。

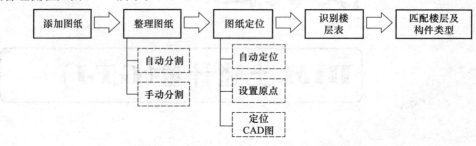

图 4-1-1　图纸管理流程

作为一款全新的计量平台，GTJ2018 在界面上有着全新的变化。为了突出专业、专注、高效、易用的体验感知，GTJ2018 采用了全新的 Ribbon 风格界面，功能分组更清晰。双击桌面上 🔺 图标，即可以打开软件。GTJ2018 界面如图 4-1-2 所示。

图 4-1-2　GTJ2018 界面

单击"新建"按钮即可以进入工程操作界面，后续内容将会做详细介绍。在此简要介绍工程操作界面，如图4-1-3所示。

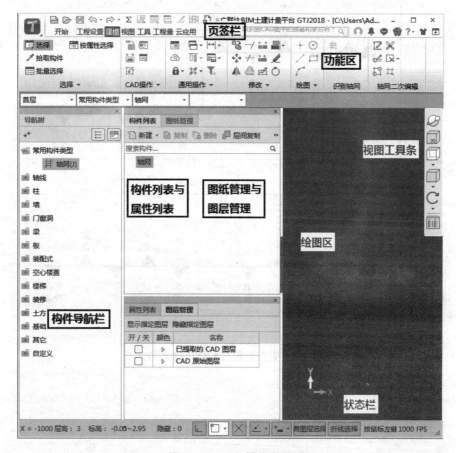

图 4-1-3　工程操作界面

（1）页签栏：主要负责工程中各个功能分区的切换，根据应用场景不同，可以将功能分区切换到工程设置、建模、视图、工具、工程量等模式，方便工作使用。

（2）功能区：提供当前工作需要使用的各种功能。功能区根据工程操作流程排布，同时对功能按钮进行归纳整理，方便用户使用。图4-1-2所示是在"工程设置"时使用的功能分区。在后续的讲解内容中，将会更加详细地对相关内容进行讲解。

（3）构件导航栏：导航栏里罗列了建模算量所需要的各种构件，构件自上而下的排布顺序也是利用软件建模的顺序。

（4）构件列表与属性列表：在这个区域主要进行各种构件（如柱、墙、梁、板、装修、土方、基础）的定义、新建，以及对属性信息（如截面尺寸、钢筋信息等）进行修改调整。

（5）图纸管理与图层管理：CAD导图时，对图纸的处理均在此界面。

（6）绘图区：完成建模算量的主要区域。

（7）视图工具条：用来控制工程模型的三维查看与楼层选择。

（8）状态栏：显示工程中的各种信息，同时可以绘制出各个功能对应的操作提示。

土建计量GTJ2018量筋合一平台的工程处理流程、思路与之前是完全一致的，具体到各个构件的建模过程和计算模式也相同，甚至更加简化。对比如图4-1-4所示。

原有流程：

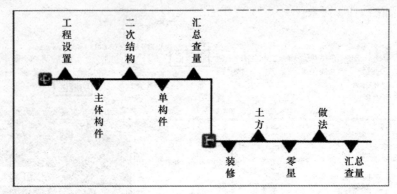

GTJ2018流程：

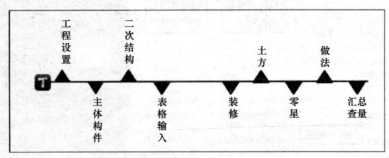

图 4-1-4　原有流程与 GTJ2018 流程对比

项目二　新建工程和工程设置

任务一　新建工程

分析工程图纸之后，双击桌面上"广联达 BIM 土建计量平台"图标，打开计量平台。单击 ⊕ 新建 按钮，进入"新建工程"对话框，如图 4-2-1 所示。

根据软件的操作提示，查看工程的结构设计说明及相关文件要求，依次在弹出的窗口输入相应的信息。每项对计量与计价的影响，之前均有介绍，在此不再赘述。填写完毕后，单击"创建工程"按钮，进入"工程设置"窗口，如图 4-2-2 所示。

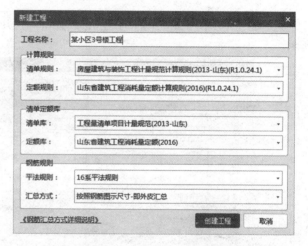

图 4-2-1　"新建工程"对话框

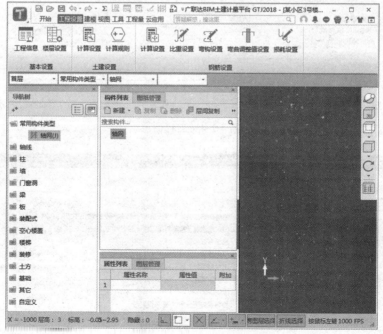

图 4-2-2　"工程设置"窗口

任务二　工程设置

工程创建完成后，在建模前需要对工程实际情况进行信息录入。软件在"工程设置"页签中设置了三项内容——"基本设置""土建设置""钢筋设置"，如图 4-2-3 所示。

图 4-2-3　"工程设置"选项卡

第一步：单击图 4-2-3 中的"工程信息"按钮，打开"工程信息"对话框，如图 4-2-4～图 4-2-6 所示。

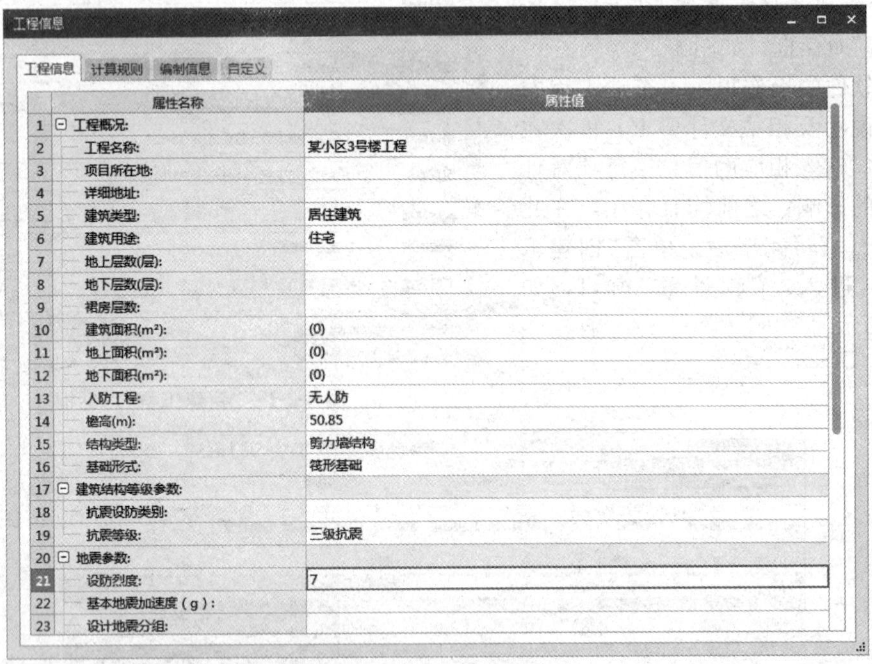

	属性名称	属性值
1	□ 工程概况:	
2	工程名称:	某小区3号楼工程
3	项目所在地:	
4	详细地址:	
5	建筑类型:	居住建筑
6	建筑用途:	住宅
7	地上层数(层):	
8	地下层数(层):	
9	裙房层数:	
10	建筑面积(m²):	(0)
11	地上面积(m²):	(0)
12	地下面积(m²):	(0)
13	人防工程:	无人防
14	檐高(m):	50.85
15	结构类型:	剪力墙结构
16	基础形式:	筏形基础
17	□ 建筑结构等级参数:	
18	抗震设防类别:	
19	抗震等级:	三级抗震
20	□ 地震参数:	
21	设防烈度:	7
22	基本地震加速度（g）:	
23	设计地震分组:	

图 4-2-4　工程信息

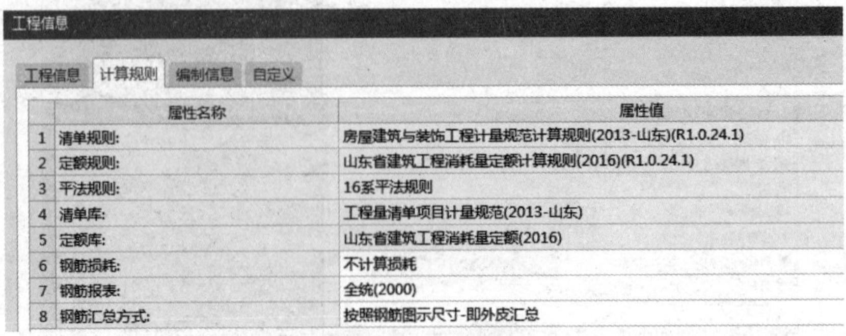

	属性名称	属性值
1	清单规则:	房屋建筑与装饰工程计量规范计算规则(2013-山东)(R1.0.24.1)
2	定额规则:	山东省建筑工程消耗量定额计算规则(2016)(R1.0.24.1)
3	平法规则:	16系平法规则
4	清单库:	工程量清单项目计量规范(2013-山东)
5	定额库:	山东省建筑工程消耗量定额(2016)
6	钢筋损耗:	不计算损耗
7	钢筋报表:	全统(2000)
8	钢筋汇总方式:	按照钢筋图示尺寸-即外皮汇总

图 4-2-5　计算规则

图 4-2-6　编制信息

（1）蓝色字体的是必填内容，浅黄色背景的是不可编辑的内容（扫描图 4-2-6 右侧二维码）；

（2）所有在该窗口中输入的内容都会与报表中相应的信息联动；

（3）计算规则选项卡中的清单规则、定额规则、平法规则、清单库和定额库是在新建工程时设置好的，不可以修改；

（4）工程信息中的"室外地坪相对标高"将影响外墙装修工程量和基础土方工程量的计算，一定按照实际情况填写；

（5）"结构类型""设防烈度"和"檐高"将影响抗震等级的确定，一定按照实际情况填写；

（6）"抗震等级"将影响钢筋的锚固与搭接长度，进而影响钢筋工程量的计算，一定按照实际情况填写。

第二步：单击图 4-2-2 中"楼层设置"按钮，打开"楼层设置"对话框，如图 4-2-7 所示。楼层设置有两种方法：一种方法是手动输入；另一种方法是识别楼层表。操作流程参照前面模块内容。本工程图纸中未列楼层表，故需手动建立楼层，可以充分利用"填充柄"进行拖动快速建立楼层，如图 4-2-8 所示。

微课：识别楼层表

图 4-2-7　楼层设置

楼层设置界面

首层	编码	楼层名称	层高(m)	底标高(m)	相同层数	板厚(mm)	建筑面积(m2)	备注
☐	19	机房层	4.9	50.35	1	120	(0)	
☐	18	第18层	2.8	47.55	1	120	(0)	
☐	17	第17层	2.8	44.75	1	120	(0)	
☐	16	第16层	2.8	41.95	1	120	(0)	
☐	15	第15层	2.8	39.15	1	120	(0)	
☐	14	第14层	2.8	36.35	1	120	(0)	
☐	13	第13层	2.8	33.55	1	120	(0)	
☐	12	第12层	2.8	30.75	1	120	(0)	
☐	11	第11层	2.8	27.95	1	120	(0)	
☐	10	第10层	2.8	25.15	1	120	(0)	
☐	9	第9层	2.8	22.35	1	120	(0)	
☐	8	第8层	2.8	19.55	1	120	(0)	
☐	7	第7层	2.8	16.75	1	120	(0)	
☐	6	第6层	2.8	13.95	1	120	(0)	
☐	5	第5层	2.8	11.15	1	120	(0)	
☐	4	第4层	2.8	8.35	1	120	(0)	
☐	3	第3层	2.8	5.55	1	120	(0)	
☐	2	第2层	2.8	2.75	1	120	(0)	
☑	1	首层	2.8	-0.05	1	120	(0)	
☐	-1	车库层	5.02	-5.07	1	120	(0)	
☐	0	基础层	1.48	-6.55	1	500		

微课：设置嵌固部位

图 4-2-8　手动建立楼层

提示：利用"识别楼层表"建立楼层时，一定不要漏掉修改基础层层高。

新版软件是量筋合一的，所以，在图 4-2-8 所示的"楼层设置"界面不仅要修改对应楼层的"混凝土强度""保护层厚度"，还要修改"砂浆强度"和"砂浆类型"，以方便后续套做法。

第三步：进行"土建设置"。"土建设置"包含"计算设置（土建）"和"计算规则"两项内容，这部分内容影响土建工程量的计算。"计算设置（土建）"部分可以修改工程中土建部分相关的计算设置。修改后，软件将按修改后的计算方法进行计算，并且可以切换"清单"和"定额"页签分别修改清单与定额的计算方法，如图 4-2-9 所示。

计算设置界面

	设置描述	设置选项
1	基槽土方工作面计算方法	0 不考虑工作面
2	大开挖土方工作面计算方法	0 不考虑工作面
3	基坑土方工作面计算方法	0 不考虑工作面
4	基槽土方放坡计算方法	0 不考虑放坡
5	大开挖土方放坡计算方法	0 不考虑放坡
6	基坑土方放坡计算方法	0 不考虑放坡

图 4-2-9　计算设置

对土建设置中的"计算规则"部分，软件中内置了全国各地的清单及定额计算规则，在这里将计算规则开放给用户，让用户在计算工程量时，不但可以明白软件的计算思路，而且还可以根据需要对规则进行调整，使其更符合实际算量需求，如图 4-2-10 所示。

图 4-2-10　计算规则

提示：

"计算设置"与"计算规则"是不同的。"计算设置"主要是对构件自身的计算方式进行设置；"计算规则"主要是处理构件与构件之间的相交情况如何计算。软件已根据各地的清单及定额计算规则要求，将各构件扣减计算规则设置正确，一般无须调整。

"钢筋设置"主要包括计算设置、比重设置、弯钩设置和损耗设置。在日常工作中，应用较多的是计算设置中的各项内容，可以根据工程的具体情况修改。主要是板的分布筋、墙体拉筋、计算节点的设置等。

一般情况下，"土建设置"与"钢筋设置"这两项内容可以在建模过程中或者工程量汇总计算前进行修改。应该首先完善的是"基本设置"中的"工程信息""楼层设置"两项内容。

项目三 CAD 识别概述与图纸管理

在正式讲解具体操作之前，须先了解 CAD 导图的基本思路。

CAD 导图从本质上来说，是利用软件识别图纸上的图线与数据，将之转化为对应的构件与信息，并布置到正确位置上的过程。其可以节约用户自身的时间与精力。随着软件技术水平的提升，CAD 导图越来越智能，越来越准确，广大用户在做造价的实际工作过程中越来越多地使用这一功能。在后续内容，将 CAD 导图作为重点内容加以阐述。

CAD 导图的处理思路和手工建模没有任何区别，只不过是将人工新建、绘制构件模型的过程改变为软件识图而已。其基本流程如图 4-3-1 所示。

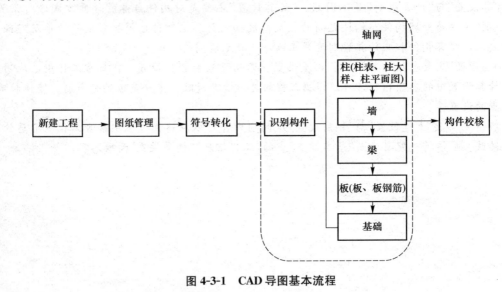

图 4-3-1　CAD 导图基本流程

任务一　添加图纸

"工程设置"完成之后，开始建模之前，首先将电子版图纸导入到计量平台中。切换到"图纸管理"界面，如图 4-3-2 所示。"添加图纸"主要用于将电子版图纸导入到软件中，支持的电子版图纸的格式为"＊.dwg""＊.dxf""＊.pdf""＊.cadi2""＊.gad"。

图 4-3-2　"图纸管理"界面

单击"图纸管理"→"添加图纸"，选择电子图纸所在的文件夹，并选择需要导入的电子图，单击"打开"按钮即可以导入，如图 4-3-3 所示。

图 4-3-3　添加图纸

任务二　分割图纸

第一步：单击"图纸管理"→"分割"→"自动分割"，软件会自动将图纸分割成一张张图纸，如图 4-3-4 所示。如果分割出的图纸名称不是所需要的，可以双击图纸，查看图纸名称，然后选中图纸名称，单击鼠标右键，在下拉菜单中选择"重命名"，输入方便查看的图纸名称即可，如图 4-3-5 所示。

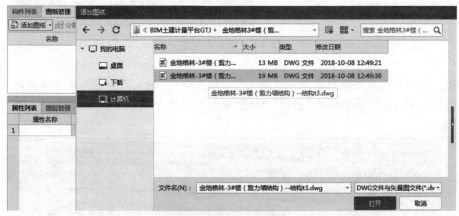

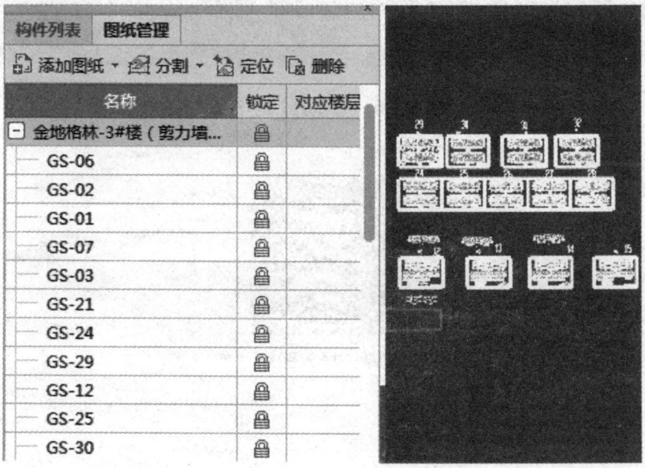

图 4-3-4　自动分割图纸

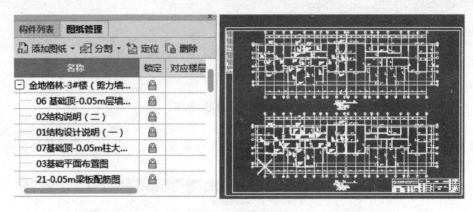

图 4-3-5　重命令图纸

　　第二步：如果将两张图纸放在同一张图纸中，如图 4-3-5 所示，为了后续建模方便，可以利用"分割"下拉菜单中的"手动分割"进行二次分割，然后将"对应楼层"处理好，方便查阅，如图 4-3-6 所示。

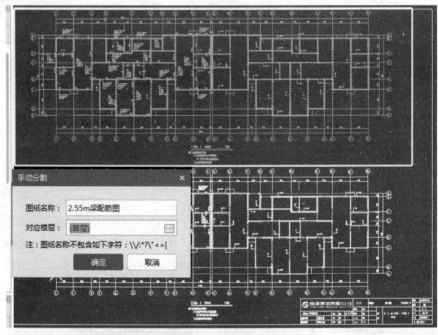

图 4-3-6　手动分割图纸

微课：导入图纸

项目四 轴 网

根据软件处理工程的流程，在建立工程、导入 CAD 图纸后，第一个要处理的构件就是轴网，以作为定位其他构件的基本参考。

实操解析

任务一 绘制轴网

轴网的手绘与导图，可以参考之前模块的介绍。在此仅以"某小区 3# 住宅楼"工程为例，做新版软件的操作补充。

方法一（手动绘制）：在左侧"导航树"栏中选择"轴网"选项，单击"构件列表"按钮，单击"新建"→"正交轴网"，按照"下开间→左进深→上开间→右进深"的顺序输入尺寸。其他操作与老版软件一致。

值得注意的是，该工程上开间、下开间的轴网不一致，手动建立轴网时，需要用到"轴号自动排序"的功能，软件会按照轴线的先后顺序自动调整轴号。

方法二（导图绘制）：在左侧"导航树"栏中选择"轴网"选项，在"图纸管理"中找到"－0.05－2.75 m 层墙柱平面定位及配筋图"这张图纸，单击"建模"选项卡中的"识别轴网"功能组中的"识别轴网"按钮，软件会弹出如图 4-4-1 所示的提示卡。按照提示卡的内容依次操作，即可完成轴网的建立，如图 4-4-2 所示。

图 4-4-1 提示卡

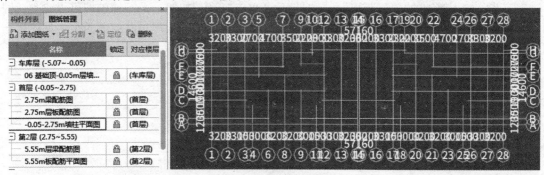

图 4-4-2 完成轴网建立

任务二　绘制辅助轴线

为了方便绘图，软件提供了辅助轴线的功能。通过辅助轴线可以方便地画出不在轴线上的构件。为了方便用户及时进行辅助轴线的绘制，"辅助轴线工作条"始终显示在"通用操作"功能栏中。

对两点之间的辅轴的做法，软件提供了多种绘制方法，如图 4-4-3 所示。可以根据需要选择适当的方法绘制。每选择一种绘制辅轴的方法，"绘图区"下方的"状态栏"里会出现相应的操作提示，可以参考提示进行操作。下面以应用较多的平行辅轴为例进行讲解。

第一步：单击"建模"选项卡中的"通用操作"功能组中的"平行辅轴"按钮，如图 4-4-4 所示。

第二步：用鼠标左键选择基准轴线，则弹出对话框提示用户输入平行辅轴的"偏移距离"及"轴号"。如果选择的是水平轴线，则偏移距离向上是正值，向下是负值。如果选择的是垂直轴线，则偏移距离向右是正值，向左是负值，如图 4-4-5 所示。

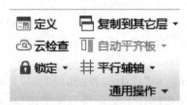

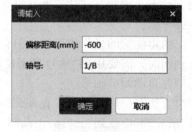

图 4-4-3　绘制辅轴的方法　　　图 4-4-4　选择"平行辅轴"选项　　　图 4-4-5　输入"偏移距离"和"辅轴"

第三步：输入辅轴的"偏移距离"和"轴号"后，单击"确定"按钮，平行辅轴即可以建立。同时，软件标注出了基准轴线到辅轴之间的距离。其他类型的辅轴处理思路与此类似，具体操作可以参考屏幕下方状态栏的提示。

项目五 柱

分析图纸，查看结施 12—"−0.05～2.75 m 层墙柱平面定位与配筋图"，对应的楼层为首层。图纸列出了首层 20 个暗柱的大样图、剪力墙表、连梁表及平面定位图。依据这张图纸，可以将首层的受力构件全部完成。具体操作如下。

任务一 识别柱大样

图纸中柱大样图与平面定位图在同一张图纸上，而柱大样图与平面定位图的绘图比例一定是不同的。所以，为了避免识别图纸时产生一些不必要的麻烦，建议对图纸进行二次分割，将大样图单独割离出来识别。

第一步：分割图纸。在"导航树"中选择"柱"构件，在"图纸管理"选项卡中双击切换到"−0.05～2.75 m 层墙柱平面定位与配筋图"这张图纸，选择"分割"下拉菜单中的"手动分割"命令，用鼠标左键框选出 CAD 图纸中的柱大样表，单击鼠标右键确认。在弹出的手动分割窗口中输入"图纸名称"，选择"对应楼层"，如图 4-5-1 所示。

第二步：设置比例。在"图纸管理"选项卡中双击"−0.05～2.75 m 柱大样图"切换到柱大样图这张图纸。在"CAD 操作"功能组中选择"设置比例"（图 4-5-2）。用鼠标左键点选大样图中任意柱子的边长，在弹出的窗口中修改尺寸为实际尺寸即可设置比例，如图 4-5-3 所示，将"720"改为"180"即可。然后可以再量取别的边长，核实是否修改成功。

第三步：识别柱大样。单击"识别柱"→"识别柱大样"，按照弹出的对话框的步骤依次提取柱边线→提取柱标识→提取钢筋线→自动识别柱，操作完成后，软件会提示识别结果，单击"确定"按钮即可，如图 4-5-4 所示。

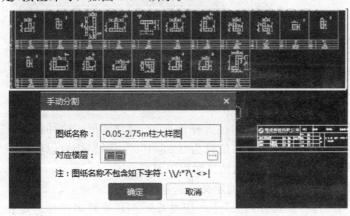

图 4-5-1 输入"图纸名称"与"对应楼层"

微课：识别柱大样

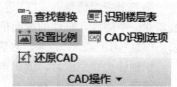

图 4-5-2 选择"设置比例"

图 4-5-3 设置比例　　　　　　　　图 4-5-4 提示识别结果

说明：在柱大样图中，"柱标识"包括柱名称、柱的外轮廓尺寸、柱的配筋信息等内容，在提取时一定要全部选上。如果提取时不小心遗漏了，可以进行二次提取。"钢筋线"包括箍筋线与纵筋线，提取时往往会漏掉个别的纵筋线，也可以进行二次提取。

第四步：柱大样校核。识别柱大样结束之后，软件会自动进行柱大样校核，并显示校核结果，如图 4-5-5 所示。双击每一项错误，软件会自动定位到错误所在处，根据实际情况修改即可。

本工程的第一条错误信息——YBZ－1 的纵筋有误，核查图纸信息（图 4-5-6）发现，图纸标注 14Φ16 有误。切换到"构件列表"中，找到"YBZ－1"，双击"YBZ－1"即可进入柱子的截面编辑状态，此状态下可仔细查看"YBZ－1"的钢筋布置情况，如图 4-5-7 所示，发现钢筋布置与大样图的钢筋布置完全一样，所以，无须修改此错误（提示：如果做实际工程图纸遇到不能确定的情况，可以找到建设单位或设计师核实确认）。

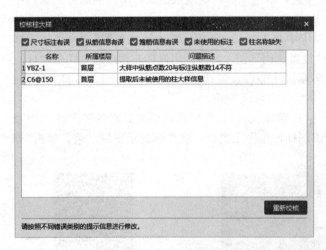

图 4-5-5 显示校核结果

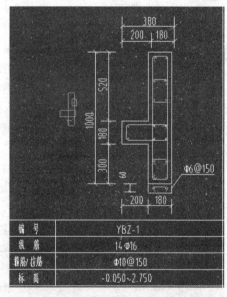

图 4-5-6 核查图纸信息

第二个错误信息——"C6@150 是提取后未被使用的柱大样信息"，结合图纸，这种情况一般新建一个暗柱，暗柱的截面信息为"60 * 180"，水平筋信息为"C6@150"，纵筋信息以此处的墙筋信息"C10－200"为准，然后点画即可（如果量少，做预算时可以忽略）。

识别柱大样完成后，就相当于软件完成了各种柱子的定义、新建操作。

提示：识别完柱大样之后，一定要切换到"构件列表"中，检查每一个柱子的钢筋信息是否正确，尤其注意箍筋肢数。检查无误后，再进行识别柱。

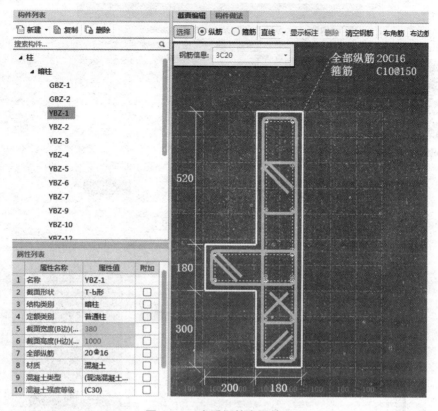

图 4-5-7　查看钢筋布置情况

任务二　　识别柱

　　下面进行识别柱的操作,相当于软件中的绘制柱,也就是根据图纸的标注及 CAD 线,将已经识别的柱布置在图纸对应位置上。

　　第一步:定位 CAD 图。在"图纸管理"选项卡下,选择"−0.05～2.75 m 层墙柱平面定位与配筋图",查看图纸轴网是否与已建立的轴网吻合。如果不重叠,则利用"图纸管理"选项卡中的
📍定位 功能,将 CAD 图纸定位到已建立的轴网上。

　　第二步:识别柱。在"建模"选项卡中的"识别柱"功能组中单击"识别柱"按钮,按照"提取柱边线"→"提取柱标识"→"自动识别柱"的操作顺序,依次进行,系统会弹出如图 4-5-8 所示的对话框,单击"确定"按钮,即可以自动进入"校核柱图元"界面,如图 4-5-9 所示。

图 4-5-8　识别柱

　　第三步:修改错误信息。双击"校核柱图元"中的错误——"未使用的柱边线",定位到错误所在位置,如图 4-5-10 所示。实际上是 YBZ-1 未画上,选择 YBZ-1,找到所在位置点画上即可。在"校核柱图元"界面刷新,错误就会消失。

微课：识别柱

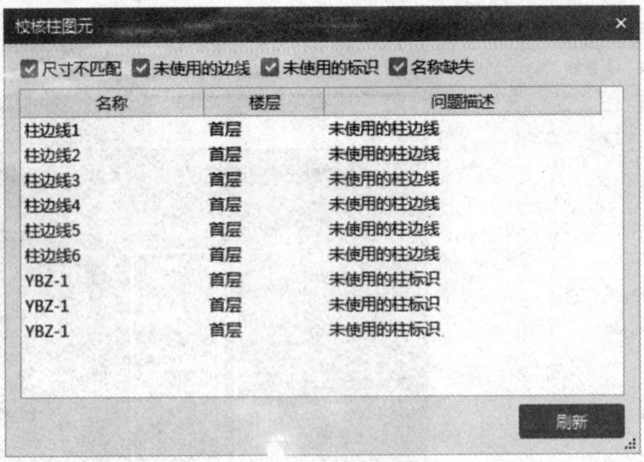

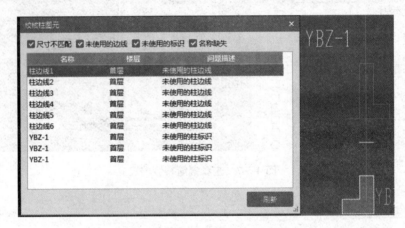

图 4-5-9　校核柱图元

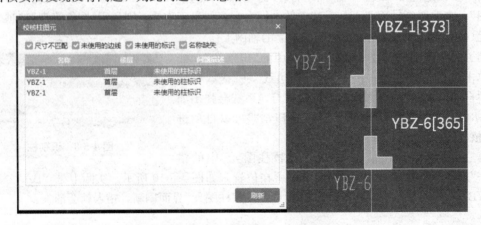

图 4-5-10　双击"柱边线 1"错误

提示：在点画式绘制柱子时，按"F3"键可以对构件进行左右镜像翻转，按"Shift＋F3"键可以进行上下镜像翻转。按"F4"键可以改变插入点，即鼠标在构件上的"抓握"位置。

双击"校核柱图元"中的错误——"未使用的柱标识"，定位到错误所在位置，如图 4-5-11 所示。若核实后发现没有问题，则此问题可以忽略。

图 4-5-11　双击"YBZ-1"错误

第四步：三维显示。修改完错误信息之后，单击绘图区域右侧的 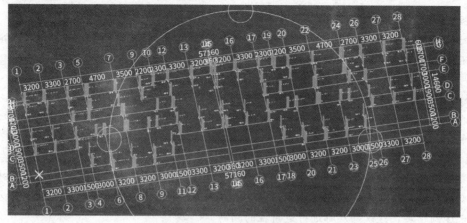 按钮，查看柱三维，进一步核实是否有遗漏，如图 4-5-12 所示。

图 4-5-12　查看柱三维

任务三　设置斜柱

为满足建筑功能和美观的需要，很多大型公共建筑及地标性建筑中均包含斜柱。该功能可以通过设置柱的倾斜尺寸或倾斜角度，使程序自动生成斜柱。

第一步：单击"柱二次编辑"功能组中的"设置斜柱"按钮（图 4-5-13），然后点选需要变斜的柱图元，单击鼠标右键确认，弹出"设置斜柱"对话框。

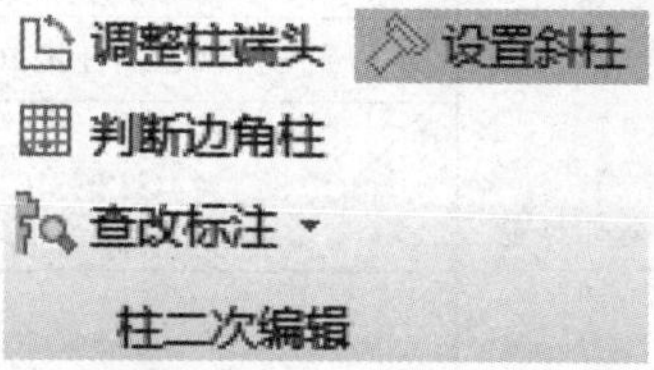

第二步：软件提供四种设置斜柱的方法，可以按需要选择。以按倾斜尺寸为例进行讲解：依次输入"d"和"θ"两个参数。"d"是柱顶截面中心相对柱底截面中心在 x 轴的移动距离；"θ"为倾斜方向与 x 轴的夹角。按实际输入尺寸，如图 4-5-14 所示，斜柱即设置完成，如图 4-5-15 所示（说明：柱上的独立柱装修，当柱设置为斜柱后，独立柱装修会随柱变斜）。

图 4-5-13　选择"设置斜柱"

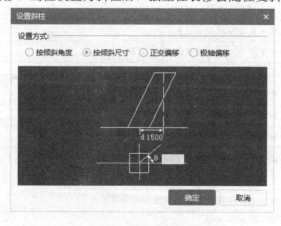

图 4-5-14　按实际输入尺寸

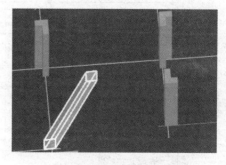

图 4-5-15　完成斜柱设置

根据《混凝土结构施工图平面整体表示方法制图规则和构造详图(现浇混凝土框架、剪力墙、梁、板)》(16G101—1)第67页,抗震框架柱在"顶层"的时候,由于内侧和外侧纵筋在顶部的锚固有所不同,因此需要区分出哪些纵筋属于外侧筋,哪些纵筋属于内侧筋,然后按照内、外侧各自不同的顶部锚固形式计算钢筋量。软件提供了"判断边角柱"命令,通过此命令,可以实现自动区分边角柱,快速判断内侧纵筋、外侧纵筋的目的,大大提高工作效率。GTJ2018土建计量平台中"判断边角柱"的命令在"建模"选项卡的"柱二次编辑"功能组中,如图4-5-16所示。

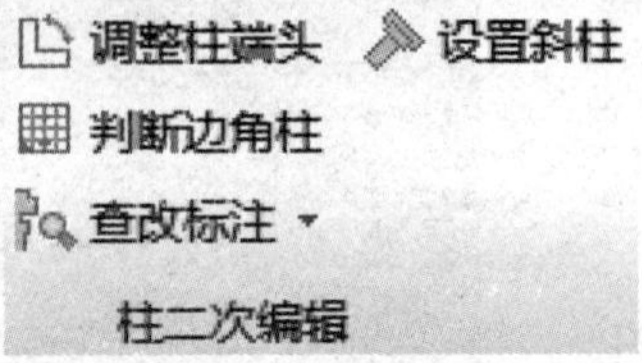

图 4-5-16 "判断边角柱"命令

需要注意的是,柱子属于竖向受力构件,到了顶层后,钢筋有时锚固到梁里,有时锚固到板内,有时自锚。所以,建议在梁建模完毕后,再执行"判断边角柱"的命令。为了预防有的柱子标高未达到顶层,建议每层都进行边角柱的判断。

🔊 **知识拓展**

在实际工作中,柱钢筋存在不同的布置形式,在进行处理时可以参考表4-5-1所示的钢筋输入方法。

表 4-5-1 柱钢筋布置形式

钢筋类型	输入格式	说明
全部纵筋	格式1:20C22	数量+级别+直径
	格式2:4C22+16C20	不同的钢筋信息用"+"连接
	格式3:*4C22+4C20	输入"*"时表示纵筋在本层锚固计算。例如:"*4C22+4C20"表示4根⊈22的钢筋在本层锚固计算,其余钢筋伸至上层计算
	格式4:#4C22+4C20	输入"#"时表示纵筋在本层强制按顶层柱外侧纵筋计算。例如:"#4C22+4C20"表示4根⊈22的钢筋按顶层外侧纵筋计算,其余钢筋伸至上层计算
箍筋	格式1:20C8(4*4)	数量+级别+直径+肢数
	格式2:C8@100(4*4)	级别+直径@间距+肢数
	格式3:C8@100/200(4*4)	加密区间距与非加密区间距有"/"隔开
	格式4:12C8@100/200(4*4)	主要用于处理指定上、下两端加密箍筋数量的计算
芯柱箍筋	格式1:40C8	数量+级别+直径,默认按2肢箍计算
	格式2:C8@100	级别+直径@间距,默认按2肢箍计算
	格式3:C8@100/200	加密区间距与非加密区间距有"/"隔开,默认按2肢箍
	格式4:12C8@100/200	主要用于处理指定上、下两端加密箍筋数量的计算,默认按2肢箍计算
节点区箍筋	格式1:C10@100	级别+直径@间距,箍筋肢数按照柱属性计算
插筋	格式1:4C22	数量+级别+直径
	格式2:2C22C+2C20C	有不同的钢筋信息用"+"连接

项目六 墙

在 BIM 土建计量平台 GTJ2018 中，墙可分为剪力墙、砌体墙、保温墙、幕墙四类，还包括墙内需要处理的砌体加筋、暗梁、墙垛等构件。在前面模块已经讲解了如何手工建模处理墙，现在重点讲解如何利用 CAD 导图快速处理墙构件。

实操解析

任务一 识别墙表

现在有很多图纸中剪力墙的配筋是采用剪力墙表的形式给出的，如果可以直接识别剪力墙表，就可以自动完成墙的定义、新建操作，将会节省很多的时间。查看"某小区 3♯住宅楼"工程结施 12(GS－12)，该工程首层墙体的钢筋信息是以柱表的形式呈现的。具体操作如下：

微课：剪力墙识读图分析

第一步：在图纸管理中找到"－0.05～2.75 m 层墙柱平面布置图"，查看 CAD 图纸与已建立的轴网是否吻合(不吻合，需要利用"定位"使其吻合)。

第二步：单击"建模"选项卡中"识别剪力墙"功能组中的"识别剪力墙表"按钮(图 4-6-1)，拉框选择剪力墙表中的数据，图 4-6-2 所示的线框为框选的墙表范围(图 4-6-2)，单击鼠标右键确认。

图 4-6-1 识别剪力墙表

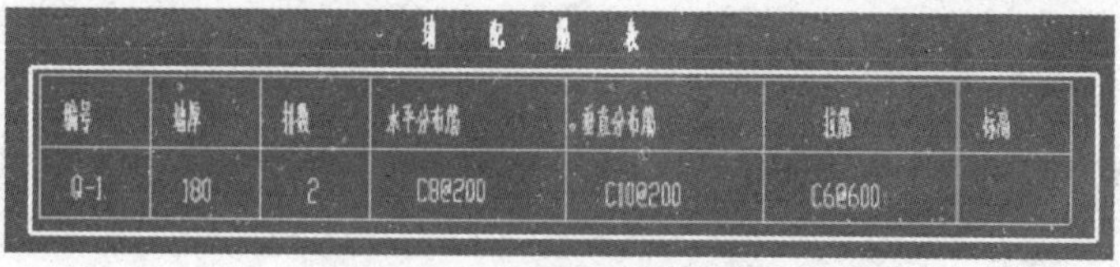

图 4-6-2 框选墙表范围

第三步：框选剪力墙表并单击鼠标右键确认之后，弹出"识别剪力墙表"的窗口，如图 4-6-3 所示。量筋合一软件识别时是自动匹配表头，减少用户手动操作，提高易用性和工作效率。如果识别对应的列有错误，在第一行中单击鼠标，从下拉框选择对应关系(提示：这个过程中数据基本不会出错，只需要核实对应列的名称即可)。

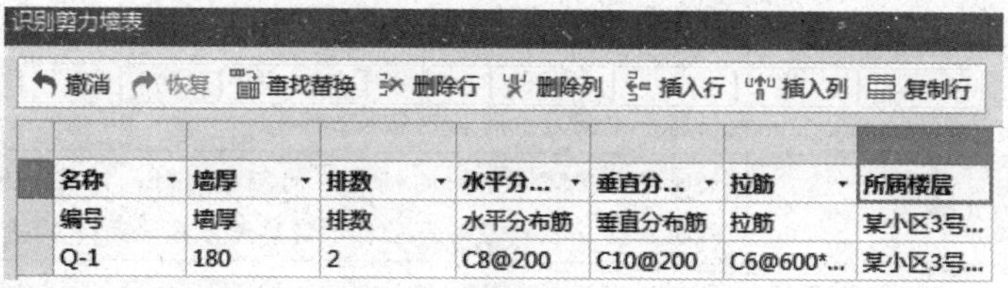

微课：识别剪力墙表

图 4-6-3 识别剪力墙表

第四步：单击"识别"按钮，即可以将"选择对应列"窗口中的剪力墙信息识别到软件的剪力墙表中并给出提示。单击"确定"按钮，即可以完成剪力墙的定义。

任务二 识别剪力墙

第一步：在剪力墙构件下，单击"建模"选项卡中的"识别剪力墙"功能组中的"识别剪力墙"按钮(图 4-6-4)。软件会弹出如图 4-6-5 所示的窗口，按照"提取剪力墙线"→"提取墙标识"→"提取门窗线"→"识别剪力墙"的顺序一一操作即可，前面模块已详细讲解，在此不再赘述。

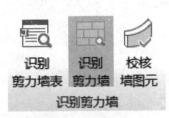

图 4-6-4 识别剪力墙

图 4-6-5 识别剪力墙窗口

微课：识别剪力墙

第二步：在"提取剪力墙边线"时，一定要注意提取全部，如果没有提取全，可以进行二次提取。

第三步：在"提取墙标识"时，一定注意未标识的墙体，看清楚结构设计说明或者图纸中的文字说明，一定要补齐信息。如果没有标识的墙可忽略此过程。

第四步："提取门窗线"用于建筑施工图纸提取砌体墙线，可以提高墙体的识别效率。

第五步：单击"识别剪力墙"，软件弹出识别结果，单击"自动识别"按钮，软件弹出提示——识别墙之前，先绘制好柱子，软件会自动将墙端头延伸到柱内，墙和柱构件自动进行正确的相交扣减，单击"是"按钮，完成剪力墙建模。

◉ 知识拓展

在实际工作中，墙钢筋存在不同的布置形式，在进行处理时可以参考表 4-6-1 所示的输入方法。

表 4-6-1 墙钢筋布置形式

钢筋类型	输入格式	说明
水平钢筋	格式 1：(2)C12@200	(排数)＋级别＋直径@间距，软件新建构件默认 2 排
	格式 2：(1)C14@200＋(1)C12@200	左右侧配筋不同，用"＋"连接，"＋"前表示左侧的配筋，"＋"后表示右侧的配筋。左右侧指绘制剪力墙方向的左右两侧
	格式 3：(1)C12@200＋(1)C10@200＋(1)C12@200	三排或多排钢筋，"＋"号最前为左侧钢筋，"＋"号最后为右侧钢筋，中侧为中间层钢筋
	格式 4：(2)C14/C12@200	同排存在隔一布一的钢筋且间距相同时，钢筋信息用"/"隔开。同间距隔一布一时，间距表示需参考计算设置第 40 行进行取值
	格式 5：(2)C14@200/(2)C12@200	同排存在隔一布一的钢筋且间距不同时，钢筋信息用"/"隔开
	格式 6：(2)C14@200[500]/(2)C12@200[500]	每排各种配筋信息的布置范围由设计指定，钢筋信息用"/"隔开

钢筋类型	输入格式	说明
垂直钢筋	格式1：(2)C12@200	排数＋级别＋直径＋间距，软件新建构件默认2排
	格式2：＊(2)C12@200	输入"＊"时表示该排垂直筋在本层锚固计算
	格式3：(1)C14@200＋(1)C12@200	左右侧配筋不同，用"＋"连接，"＋"号最前为左侧钢筋，"＋"号最后为右侧钢筋。左右侧指绘制剪力墙方向的左右两侧
	格式4：(1)C12@200＋(1)C10@200＋(1)C12@200	三排或多排钢筋，"＋"号最前为左侧钢筋，"＋"号最后为右侧钢筋，中侧为中间层钢筋
	格式5：(2)C14/C12@200	同排存在隔一布一的钢筋且间距相同时，钢筋信息用"/"隔开。同间距隔一布一时，间距表示需参考计算设置第40行进行取值
	格式6：(2)C14@150/(2)C12@200	同排存在隔一布一的钢筋且间距不同时，钢筋信息用"/"隔开
拉筋	格式1：A6@600＊600	级别＋直径＋水平间距＊垂直间距
	格式2：500A6	数量＋级别＋直径
压墙筋	格式1：4C20	数量＋级别＋直径
	格式2：2C20＋2C22	不同钢筋信息用"＋"连接
插筋信息	格式1：C12	级别＋直径
其他钢筋	格式1：4C12	数量＋级别＋直径
	格式2：2C12@200	排数＋级别＋直径@间距

任务三　设置斜墙

为满足建筑功能和美观的需要，很多大型公共建筑(如体育馆、博物馆)及一些地标性建筑多有斜面设计。挡土墙、护坡、水塔、烟囱等构筑物的墙体一般也是倾斜的。当遇到这种工程时，可以使用"设置斜墙"功能将已绘制的墙体变斜，其具体操作与设置斜柱相似。

第一步：单击"剪力墙二次编辑"功能组中的"设置斜墙"按钮，如图4-6-6所示。

第二步：点选需要变斜的墙图元，单击鼠标右键确认选择，就会弹出"设置斜墙"对话框，选择生成方式，单击"确定"按钮，如图4-6-7所示。按倾斜角度：输入墙的倾斜角度α，$0 < \alpha \leqslant 90$；按倾斜尺寸：输入d值，$0 < d \leqslant 50\,000$。

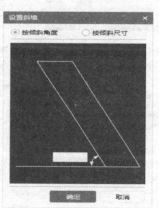

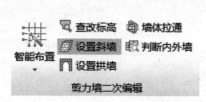

图4-6-6　选择"设置斜墙"　　　　图4-6-7　选择生成方式

第三步：单击鼠标左键指定墙的倾斜方向，斜墙生成，如图4-6-8和图4-6-9所示。

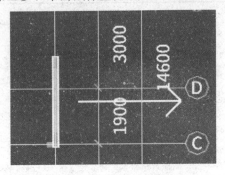

图 4-6-8　生成斜墙

图 4-6-9　斜墙三维

提示： 设置斜墙只能将已有直墙变斜，不能直接绘制斜墙。斜墙上的墙面、墙裙、踢脚、保温层、墙垛，在墙图元设置斜墙后会自动随墙变斜。

任务四　墙体拉通

用软件绘制斜墙时，会出现斜墙与直墙、斜墙与斜墙相交的情况，相交后存在缺口或者凸出墙面的部分（图4-6-10），凸出墙面的部分需要修剪成与墙面平齐，缺口部分需要补齐，此时，可以使用"墙体拉通"功能。

第一步：单击"剪力墙二次编辑"功能组中的"墙体拉通"按钮，如图4-6-11所示。

第二步：单击鼠标左键选择第一个要拉通的图元，然后用鼠标左键点选斜墙，拉通即可以生成，如图4-6-12所示。

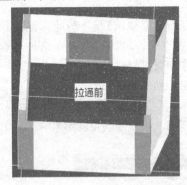

图 4-6-10　拉通前

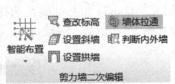

图 4-6-11　选择"墙体拉通"

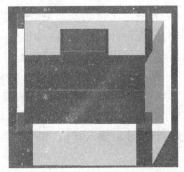

图 4-6-12　拉通后

在 BIM 土建计量平台 GTJ2018 中，钢筋工程量与土建工程量可以一次性完成，所以，在建立完墙模之后，可以直接进一步处理其上的门窗。GTJ2018 中，门窗构件包括门、窗、门联窗、墙洞等形状较为简单的构件；老虎窗、飘窗等形状较为复杂的构件；以及洞口附加构件——过梁。下面逐一学习计量平台如何操作。

实操解析

任务一　普通门窗的定义、新建

门窗的"定义"与"新建"在前面模块已做过详细介绍，在此不再赘述。门窗作为依附于墙体的构件，有很多相应的属性是与墙有关系的，在此进行分析，如图 4-7-1 和图 4-7-2 所示。

	属性名称	属性值	附加
1	名称	M-1	
2	洞口宽度(mm)	1200	☐
3	洞口高度(mm)	2100	☐
4	离地高度(mm)	0	☐
5	框厚(mm)	60	☐
6	立樘距离(mm)	0	☐
7	洞口面积(m²)	2.52	☐
8	框外围面积(m²)	(2.52)	☐
9	框上下扣尺寸(...	0	☐
10	框左右扣尺寸(...	0	☐
11	是否随墙变斜	否	☐
12	备注		☐
13	⊞ 钢筋业务属性		
18	⊞ 土建业务属性		
20	⊞ 显示样式		

图 4-7-1　M—1 属性列表

	属性名称	属性值	附加
1	名称	C-1	
2	顶标高(m)	层底标高+2.7	☐
3	洞口宽度(mm)	1500	☐
4	洞口高度(mm)	1800	☐
5	离地高度(mm)	900	☐
6	框厚(mm)	60	☐
7	立樘距离(mm)	0	☐
8	洞口面积(m²)	2.7	☐
9	框外围面积(m²)	(2.7)	☐
11	框上下扣尺寸(...	0	☐
11	框左右扣尺寸(...	0	☐
12	是否随墙变斜	是	☐
13	备注		☐
14	⊞ 钢筋业务属性		
19	⊞ 土建业务属性		
21	⊞ 显示样式		

图 4-7-2　C—1 属性列表

(1)洞口宽度(mm)：安装门、窗位置的预留洞口的宽度。

(2)洞口高度(mm)：安装门、窗位置的预留洞口的高度。

(3)离地高度(mm)：窗底部距离当前层楼地面的高度。

(4)框厚(mm)：输入门实际的框厚尺寸，对墙面、墙裙、踢脚块料面积的工程量计算有影响。

(5)立樘距离(mm)：即门框中心线与墙中心线的偏移距离，默认为"0"。如果门框中心线在墙中心线左边，该值为负；否则为正。

(6)是否随墙变斜：当门布置在斜墙上时，选择"是"时，门随斜墙变斜；选择"否"时，门不随斜墙变斜。

任务二　门窗的绘制

门窗也是典型的点式构件，具体绘制方式不再赘述。需要注意的是，门窗属于依附构件，不能单独存在，必须布置在墙体上，而且位置一定需要准确，否则会影响到过梁的钢筋与混凝土工程量的计算。软件提供两种精确布置门与窗的方法，一种是"动态输入"，如图4-7-3所示。选择点式布置，软件自动开启"动态输入"，输入相对数值即可。另一种是"精确布置"。单击"门（或窗）二次编辑"功能组中的"精确布置"按钮，如图4-7-4所示。

图4-7-3　动态输入

首先在墙体上指定基准点，滑动鼠标选择方向，然后在输入框中输入窗边线距离基准点偏移数值，按Enter键确认完成即可，如图4-7-5所示。

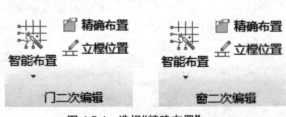

图4-7-4　选择"精确布置"

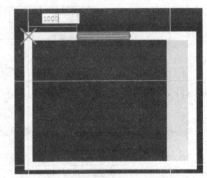

图4-7-5　输入偏移数值

任务三　飘窗、老虎窗的参数化处理

在实际工作中，除形状较为简单的矩形门窗外，同样存在形状结构比较复杂的飘窗、老虎窗等。对于这类构件，软件采取的处理方式是参数化处理，即利用成品参数图，通过修改具体数据的方式，快速建立复杂模型。在这里以飘窗为例进行讲解。

第一步：在左侧"导航树"中选择"飘窗"构件，在"构件列表"中单击"新建"按钮，在下拉菜单中选择"新建参数化飘窗"，随即软件弹出"选择参数化图形"窗口，如图4-7-6所示。

第二步：根据工程实际情况选择所需要的参数图，在预览界面中输入相应的尺寸，即可以准确建立飘窗。需要注意的是，输入的数据既影响土建工程量计算的高度、尺寸等信息，也影响钢筋量计算的各种配件信息，所以，必须根据工程实际情况准确录入信息建立飘窗。

第三步：绘制方法与普通门窗的绘制方法一样，在此不再赘述。需要注意的是区分飘窗的内外朝向，如图4-7-7所示。

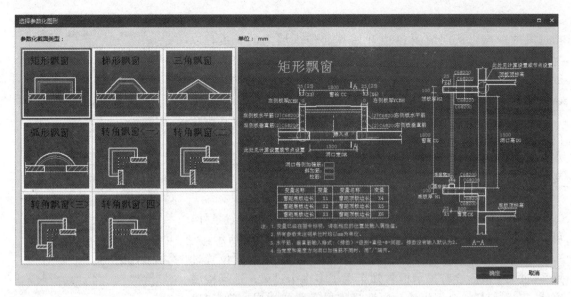

图 4-7-6　选择参数化图形

图 4-7-7　注意区分飘窗内外朝向

任务四　过梁的绘制

过梁与门窗洞口的关系非常密切，一般情况下，绘制完门窗之后，就要布置过梁了。

第一步：定义过梁。在左侧"导航树"栏中选择"门窗洞"中的"过梁"，在"构件列表"中单击"新建"按钮，在下拉菜单中选择常用的"新建矩形过梁"。然后在属性列表中输入过梁的相应属性，如图 4-7-8 所示。接下来讲解过梁中的属性有哪些注意的地方。

(1)第 2 项——"截面宽度"，此项可以输入过梁的截面宽度，也可以不输入，平台默认随墙厚计算。

(2)第 16 项——"位置"，此项是确定过梁是在门窗洞口的上方还是下方，默认为洞口上方。一般情况下，过梁布置在门窗洞口的上方。窗台压顶用"过梁"来建模时，需要更改为"洞口下方"。

（3）第 18、19 项——"起点、终点伸入墙内长度（mm）"，是指过梁的一端，从门窗洞口边开始算起伸入墙内的长度，以"mm"为单位。绘制时，距离墙图元起点较远的一端为终点。一般情况下，结构设计说明里会明确列出，如果设计未标明，按默认值——250 计算即可。

（4）第 20 项——"长度（500）"，是指过梁图元长度为其所在门窗洞的洞口宽度＋起点伸入墙内长度＋终点伸入墙内长度。

第二步：绘制过梁。布置过梁不需要逐一点击图纸，也不用定义、新建。可以利用"生成过梁"功能进行自动处理。具体操作如下：

（1）在"过梁二次编辑"功能组中选择"生成过梁"。

（2）在"生成过梁"对话框中填写过梁的布置位置和布置条件，可以通过"添加行"和"删除行"增减布置条件，如图 4-7-9 所示。

（3）选择过梁的生成方式，并决定是否勾选"覆盖同位置过梁"，过梁生成后会有提示框告知布置了多少个过梁；选择楼层方式，在对应楼层全部生成后，选择需要布置的楼层，单击"确定"按钮即可生成过梁并出现提示，如图 4-7-10 和图 4-7-11 所示。

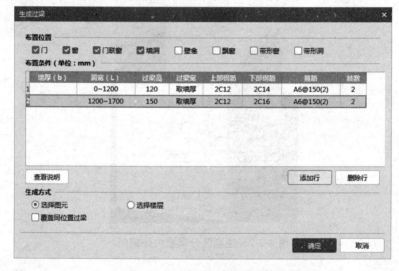

	属性名称	属性值	附加
1	名称	GL-1	
2	截面宽度(mm)		☐
3	截面高度(mm)	240	☐
4	中心线距左墙	(0)	☐
5	全部纵筋		☐
6	上部纵筋	2Φ12	☐
7	下部纵筋	2Φ14	☐
8	箍筋	Φ6@150(2)	☐
9	肢数	2	☐
10	材质	混凝土	
11	混凝土类型	(现浇混凝土碎…	
12	混凝土强度等级	(C20)	
13	混凝土外加剂	(无)	
14	泵送类型	(混凝土泵)	
15	泵送高度(m)		
16	位置	洞口上方	☐
17	顶标高(m)	洞口顶标高加…	☐
18	起点伸入墙内…	250	☐
19	终点伸入墙内…	250	☐
20	长度(mm)	(500)	☐
21	截面周长(m)	0.48	

图 4-7-8 过梁属性

图 4-7-9 过梁布置位置与布置条件

图 4-7-10 生成过梁提示

图 4-7-11 生成过梁

提示：

(1)生成过梁功能适用构件：门、窗、墙洞、壁龛、门联窗、带形窗、带形洞、飘窗。

(2)幕墙上的门窗洞不生成过梁，飘窗只有布置在墙上才能生成过梁。

(3)自动生成过梁时，软件会反建构件，不必新建过梁构件后再执行此功能。

任务五 门窗的二次编辑——立樘位置

在掌握了门、窗、飘窗、老虎窗、过梁的布置方式之后，再来看看如何对其进行二次编辑。这里主要讲解的是"立樘位置"这一功能。门窗立樘影响墙体两侧的装修工作量。软件默认为门窗立樘居中，如果与图纸设计不符，就需要调整。使用"立樘位置"的功能，可以设置立樘的精确位置。具体操作步骤如下：

第一步：在门、窗的"二次编辑"分组中选择"立樘位置"，如图 4-7-12 所示。

图 4-7-12　选择"立樘位置"

第二步：点选或拉框选择需要设置立樘位置的门窗图元，单击鼠标右键确认。在弹出的"设置立樘位置"对话框中，根据图纸选择一种设置方式，单击"确定"按钮即可，如图 4-7-13 所示。

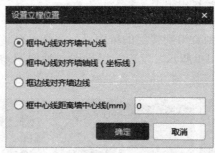

图 4-7-13　选择"设置立樘位置"方式

注释：

(1)中心线对齐墙中心线：门窗立樘居中，门窗的中心线与墙的中心线重合。

(2)框中心线对齐墙轴线（坐标线）：门窗的中心线与墙的轴线重合。

(3)框边线对齐墙边线：门窗边线与墙边线重合，单击鼠标左键选择立樘偏移方向（决定与墙的哪一侧边线对齐）。

(4)框中心线距离墙中心线长度：门窗的中心线与墙中心线之间的距离，输入数值后，单击鼠标左键选择立樘偏移方向。当输入的偏心距离大于墙厚一半时，直接对齐墙边线。

项目八　梁

在 BIM 土建平台 GTJ2018 中，梁可分为梁、连梁、圈梁三类。在处理梁构件之前，建议先绘制好柱、墙等构件，这样就可以与梁构件形成准确的支座关系。本项目主要介绍在 GTJ2018 中如何利用 CAD 导图功能快速构建梁模型，进而计算出梁的钢筋工程量。

实操解析

任务一　识别梁

关于梁识别建模的流程，在前面钢筋算量模块中已详细阐述，在此不再赘述。需要注意的是，进行梁原位标注时，可以按照"红绿灯原则"进行处理。即未进行梁原位标注的梁跨为红色，表示还没有做好计算准备；正在输入标注信息的梁跨为黄色，表示正在输入钢筋信息，要加以注意，保证输入信息的准确性；已经完成原位标注的梁跨为绿色，表示已经满足了计算所需要的钢筋输入，可以进行汇总计算得出结果了。

梁的 CAD 导图，在 GTJ2018 中不同于之前，具体操作如下：

第一步：在图纸管理中找到要识别楼层的梁图纸，并切换到该图纸。查看图纸的轴网与已建立的轴网是否吻合。如图 4-8-1 所示，发现首层梁图与轴网不吻合，需要利用"图纸管理"中"定位"的功能将 CAD 图纸定位到已建立的工程轴网上，如图 4-8-2 所示。

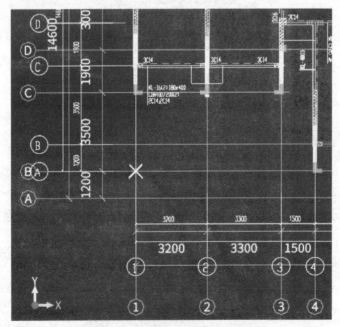

微课：梁识图分析

图 4-8-1　首层梁图与轴网不吻合

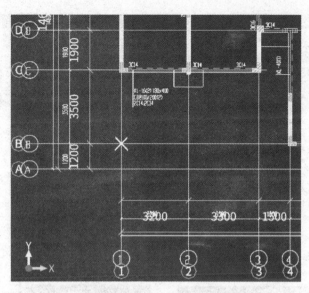

图 4-8-2　定位 CAD 图纸

第二步：单击"建模"选项卡中"识别梁"功能组中的"识别梁"按钮（图 4-8-3），软件会弹出如图 4-8-4 所示的窗口。

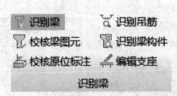

图 4-8-3　选择"识别梁"

图 4-8-4　"识别梁"窗口

微课：识别梁

第三步：单击"提取边线"选项，单击鼠标左键（光标变成回字形），在图纸中选择梁边线，单击鼠标右键确认，则选择的 CAD 图元自动消失，并存放在"已提取的 CAD 图层"中。

第四步：单击"自动提取标注"选项，用鼠标左键点选取梁的集中标注、原位标注（须细致检查，全部选上，漏选之后将来错误太多），单击鼠标右键确认，则 CAD 图中的集中标注、原位标注自动消失，并存放在"已提取的 CAD 图层"中。

第五步：单击"自动识别梁"选项，软件会弹出"识别梁选项"对话框（图 4-8-5），此对话框主要检查每道梁是否"缺少箍筋信息"、是否"缺少截面"信息，之后，单击"继续"按钮。

第六步：单击"继续"按钮之后，软件就会自动识别梁，如图 4-8-6 所示，并弹出校核成功提示。如果有错误，软件会弹出校核错误的窗口，双击错误，锁定错误图元，进行"编辑支座""钢筋信息"等的修改，也可以利用"点选识别"进行补绘梁图元。

第七步：单击"自动识别原位标注"选项，软件会将原位标注识别完成，如图 4-8-7 所示。需要注意的是，梁识别原位标注之后，识别成功的原位标注变色显示，未识别的原位标注保持粉色，可以利用"点选识别""手动输入"等方法进行修改。

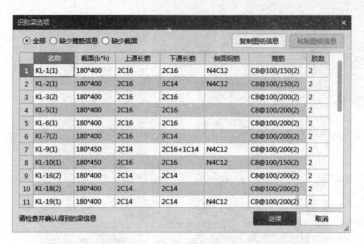

图 4-8-5 "识别梁选项"对话框

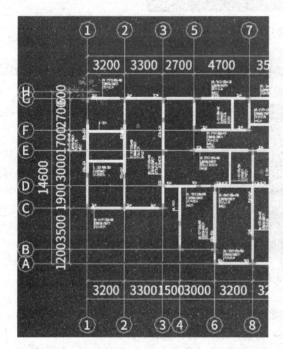

图 4-8-6 自动识别梁

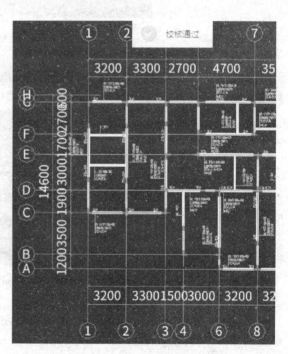

图 4-8-7 自动识别原位标注

任务二 识别吊筋

从某小区 3#楼工程"2.75 m标高处梁配筋图"中可以发现,该工程的首层梁中主梁、次梁相交处均设置了次梁加筋,在该张图纸的文字说明中备注了次梁加筋的信息——6Φ0@50加密箍筋()为主梁箍筋直径,具体操作步骤如下:

第一步:单击"建模"选项卡的"识别梁"功能组中的"识别吊筋"按钮,弹出"识别吊筋"窗口。

第二步：在"识别吊筋"窗口中单击"提取钢筋和标注"按钮，在 CAD 图纸依次点选(如无标注则不选)，单击鼠标右键确定，完成提取。

第三步：单击"自动识别"，软件会弹出如图 4-8-8 所示的对话框。在此对话框中输入相应的吊筋信息(如果没有，则清空数据)、次梁加筋信息。输入完成后单击"确定"按钮，软件会提示"识别吊筋(次梁加筋)完成"，单击"确定"按钮，即识别吊筋完成，如图 4-8-9 和图 4-8-10 所示。

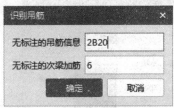

图 4-8-8 "识别吊筋"对话框

图 4-8-9 识别吊筋完成提示

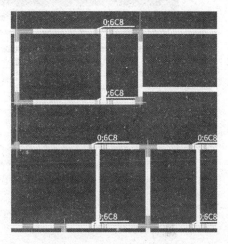

图 4-8-10 识别吊筋完成

任务三 识别连梁

识别连梁的操作步骤与"识别梁"完全一致，在左侧"导航树"中选择"连梁"构件类型。与框架梁不同的是，往往设计图纸会列出当前层的相关连梁表，此时，就可以使用软件提供的"识别连梁表"功能对 CAD 图纸中的连梁表进行识别。具体操作步骤如下：

第一步：在图纸管理中添加有连梁表的 CAD 图纸(如果已经导入了 CAD 图，则此步骤可以省略)。

第二步：在"建模"选项卡的"识别连梁"功能组中，单击"识别连梁表"按钮，然后框选连梁表，单击鼠标右键确定。如图 4-8-11 所示，在弹出的"识别连梁表"对话框中，核实连梁信息，并从下拉菜单中对应好行、列关系，将无用的行与列删除。

微课：梁导图总结

图 4-8-11 "识别连梁表"对话框

第三步：单击"识别"按钮，结果发现软件提示有问题，如图 4-8-12 所示。此时，需要将侧面纵筋一列中的"同墙水平筋"修改为具体数值，如本工程修改为"C8-200"即可，如图 4-8-13 所示。单击"识别"按钮，即可以将"选择对应列"窗口中的连梁信息识别到软件中并给出提示。同时，构件列表即可以生成边梁构件，如图 4-8-14 所示。

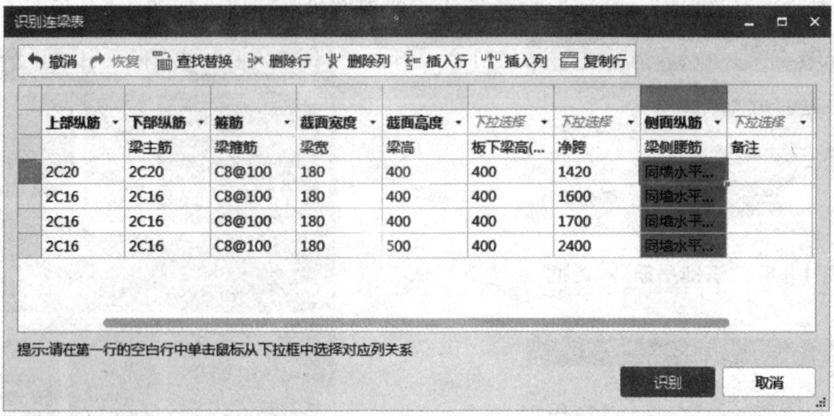

图 4-8-12　软件提示有问题

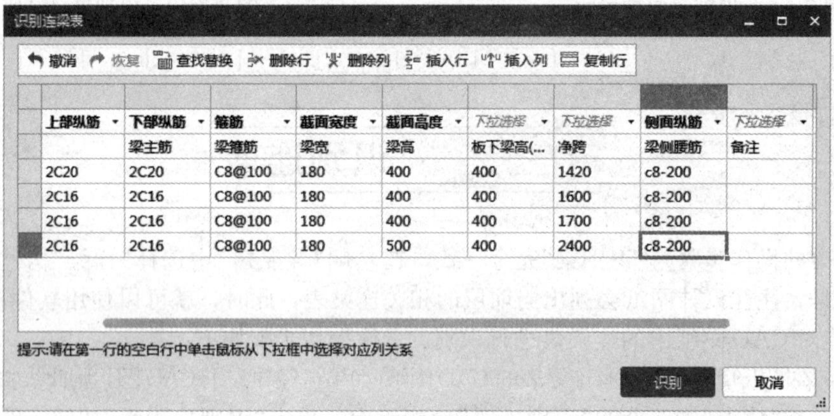

图 4-8-13　修改数值

图 4-8-14　构件识别完成提示

第四步：最后"识别梁"，操作与之前介绍过的一致，在此不再赘述。

项目九　板

在 BIM 土建计量平台 GTJ2018 中，板相关构件可分为板、板钢筋、板负筋三类。板属于面式构件，其兼顾点式构件和线式构件的绘制方法。板在布置时主要利用墙、梁围成的封闭空间进行点式布置，板筋的方式有其自身的特点，在本项目中会对以上内容逐一进行介绍。

实操解析

任务一　板的定义

第一步：在左侧"导航树"中选择"现浇板"构件，在"构件列表"中单击"新建"下拉菜单中的"新建现浇板"，如图 4-9-1 所示。

第二步：在"属性列表"完成板的属性编辑，如图 4-9-2 所示。

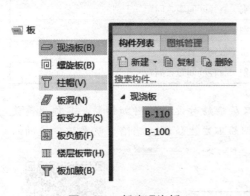

图 4-9-1　新建现浇板

图 4-9-2　板的属性编辑

微课：板识图分析

微课：板计算
设置修改

板的属性编辑应注意以下问题：

（1）名称：建议板命名时将板的厚度附加上，方便后续操作。

（2）类别：选项为有梁板、无梁板、平板、拱板等。属性中的类别可以不用调整；主要是构件做法须套合适的子目。

（3）是否是楼板：主要与计算超高模板判断有关，若是，则表示构件可以向下找到该构件作为超高计算判断依据，否则超高计算判断与该板无关。

（4）顶标高：板顶的标高，可以根据实际情况进行调整。为斜板时，这里的标高值取初始设置的标高。

（5）马凳筋类型：可以选择编辑马凳筋类型。马凳筋信息在参数图中一同编辑，决定马凳筋的计算方法，如图 4-9-3 所示。

（6）拉筋：板厚方向布置拉筋时，输入拉筋信息，输入格式：级别＋直径＋间距＊间距或者数量＋级别＋直径。马凳筋与拉筋输入方式见表 4-9-1。

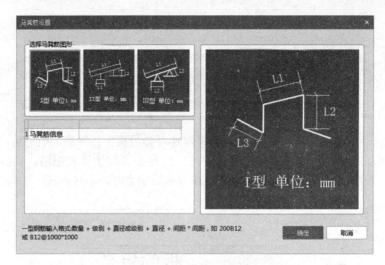

图 4-9-3　马凳筋设置

表 4-9-1　马凳筋与拉筋输入方式

钢筋类型	输入格式	说明
马凳筋钢筋信息	格式 1：200Φ12	数量＋级别＋直径，Ⅰ型、Ⅱ型、Ⅲ型
	格式 2：Φ8@800×800	级别＋直径@间距×间距，Ⅰ型
	格式 3：Φ12@1000	级别＋直径@间距，Ⅱ型、Ⅲ型
拉筋钢筋信息	格式 1：400Φ8	数量＋级别＋直径
	格式 2：Φ8@800×800	级别＋直径@间距×间距

提示：混凝土板中的拉筋是指受力钢筋是上、下双层钢筋时设置的附加钢筋，其作用是使两层钢筋相互拉结，保障在浇筑混凝土的前、后两层钢筋不发生位移、塌陷，就像墙、梁的拉筋，按间距、规格设置拉筋。

任务二　板的绘制

微课：识别板、快速绘制板

板的绘制在前面的模块中已做过详细介绍，在此不再赘述。

任务三　板受力筋定义与绘制

在 GTJ2018 算量平台中，板受力筋与板负筋可以采用 CAD 识别的方法快速进行布置。具体方法如下（以 3#工程的首层顶板即标高为 2.75 m 处的板为例讲解）：

第一步：分析图纸 2.75 m 板配筋图。图纸只呈现出①轴～⑭轴之间板筋的布置信息，⑮轴～㉘轴未标注。经分析得知，⑮轴～㉘轴的板的配筋与①轴～⑭轴之间板筋是一致的，所以，绘制完成①轴～⑭轴之间的板筋，利用"镜像"的功能将钢筋复制即可。还要特别注意此部分的文字说明，如图 4-9-4 所示。

第二步：定位 CAD 图纸。在"图纸管理"中找到 2.75 m 标高处的板，切换到该图纸。首先，核实图纸与已建立的轴网是否吻合。如果不吻合，则利用"定位"的功能，将 CAD 图纸与已建立的轴网调整到重合。

第三步：在"建模"选项卡的"识别板受力筋"功能组中单击"识别受力筋"按钮，如图 4-9-5 所示。按照弹出的对话框，依次进行操作即可，如图 4-9-6 所示。

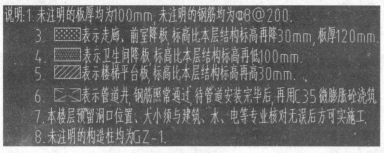

说明:1.未注明的板厚均为100mm，未注明的钢筋均为Φ8@200.
　　3. ▨ 表示走廊、前室降板，标高比本层结构标高再降30mm，板厚120mm.
　　4. ▤ 表示卫生间降板，标高比本层结构标高再低100mm.
　　5. ▨ 表示楼梯平台板，标高比本层结构标高再高30mm.
　　6. ▷◁ 表示管道井，钢筋照常通过，待管道安装完毕后，再用C35微膨胀砼浇筑
　　7.本楼层预留洞口位置、大小须与建筑、水、电等专业核对无误后方可实施.
　　8.未注明的构造柱均为GZ-1.

微课：板负筋
分布筋(一)

图 4-9-4　文字说明

图 4-9-5　选择"识别受力筋"

图 4-9-6　"识别受力筋"窗口

(1)单击"提取板筋线"选项，点选或框选需要提取的板钢筋线 CAD 图元，然后单击鼠标右键确认选择，则选择的 CAD 图元自动消失，并存放在"已提取的 CAD 图层"中。

(2)单击"提取板筋标注"选项，点选或框选需要提取的板钢筋标注 CAD 图元，然后单击鼠标右键确认选择，则选择的 CAD 图元自动消失，并存放在"已提取的 CAD 图层"中。

(3)单击"自动识别板筋"选项，平台会自动弹出"识别板筋选项"对话框，按照图纸文字说明中，修改"无标注的负筋信息""无标注的板受力筋信息"等为"C8@200"。钢筋伸出长度无须修改，因为长度平台会自动按原位标注识别，单击"确定"按钮，如图 4-9-7 所示。

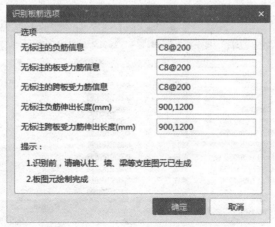

图 4-9-7　"识别板筋选项"对话框

（4）上一步操作完成之后，平台会自动弹出"自动识别板筋"对话框（图4-9-8）。此界面需要校核钢筋信息。对于没有钢筋名称、钢筋信息、钢筋类别的钢筋均需要修改完善。单击对应行后面的 ⊕ 按钮，软件会自动锁定图纸所在的钢筋。结合图纸，完善所有的信息，最终结果如图4-9-9所示，单击"确定"按钮即可以进入下一环节。

微课：点选识别
受力筋和负筋

<table>
<tr><th colspan="2">自动识别板筋</th><th>×</th></tr>
</table>

	名称	钢筋信息	钢筋类别	
1	FJ-C8@150	C8@150	负筋	⊕
2	FJ-C8@180	C8@180	负筋	⊕
3	FJ-C8@300	C8@300	负筋	⊕
4	S	请输入钢筋信息	负筋	⊕
5	无标注FJ-C8@200	C8@200	负筋	⊕
6	KBSLJ-C8@150	C8@150	跨板受力筋	⊕
7	SLJ-C8@150	C8@150	底筋	⊕
8	无标注SLJ-C8@200	C8@200	底筋	⊕
9	SLJ-C8@150	C8@150	面筋	⊕
10	无标注SLJ-C8@200	C8@200	面筋	⊕
11		C8@100	下拉选择	⊕

确定　取消

图4-9-8　"自动识别板筋"对话框

	名称	钢筋信息	钢筋类别	
1	FJ-C8@150	C8@150	负筋	⊕
2	FJ-C8@180	C8@180	负筋	⊕
3	FJ-C8@300	C8@300	负筋	⊕
4	5_C8@200	C8@200	负筋	⊕
5	无标注FJ-C8@200	C8@200	负筋	⊕
6	KBSLJ-C8@150	C8@150	跨板受力筋	⊕
7	SLJ-C8@150	C8@150	底筋	⊕
8	无标注SLJ-C8@200	C8@200	底筋	⊕
9	SLJ-C8@150	C8@150	面筋	⊕
10	无标注SLJ-C8@200	C8@200	面筋	⊕
11	FJ-C8@100	C8@100	负筋	⊕

确定　取消

图4-9-9　完善信息

（5）打开"校核板筋图元"对话框（图4-9-10）。双击存在的问题，软件会自动锁定到对应的图元，依次修改完善。如"**FJ-C8@150　　首层　　布筋范围重叠**"错误，软件锁定到布筋范围重叠的钢筋处（图4-9-11），此时查看CAD图纸，准确判断该钢筋的布筋范围（图4-9-12），然后切换到软件，通过拖拽该布筋范围的角点，调整布筋范围至准确位置，再次刷新，错误即可以消除（图4-9-13）。

提示：布筋范围重叠，有时是同类钢筋范围重叠，有时是不同类钢筋布筋范围重叠。例如，跨板受力筋与负筋的布筋范围可能重叠，如果负筋的布筋范围核实之后没有错误，但是软件依然提示布筋范围重叠，则可以切换到跨板受力筋界面。另外，有时图纸的设计就是布筋范围重叠，这样的重叠提示，无须修改，忽略即可。

校核板筋图元　　×

◉负筋　○底筋　○面筋　☑布筋重叠　☑未标注钢筋信息　☑未标注伸出长度

名称	楼层	问题描述
FJ-C8@150	首层	布筋范围重叠
FJ-C8@150	首层	布筋范围重叠
FJ-C8@300	首层	布筋范围重叠
FJ-C8@300	首层	布筋范围重叠
无标注FJ-C8@200	首层	布筋范围重叠
无标注FJ-C8@200	首层	布筋范围重叠
无标注FJ-C8@200	首层	布筋范围重叠
无标注FJ-C8@200	首层	布筋范围重叠
无标注FJ-C8@200	首层	布筋范围重叠
无标注FJ-C8@200	首层	布筋范围重叠

☑显示板筋布筋范围　　　　刷新

图4-9-10　"校核板筋图元"对话框

图 4-9-11　锁定错误处

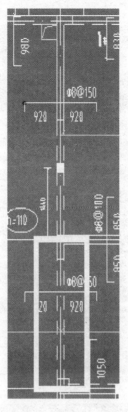

图 4-9-12　判断布筋范围

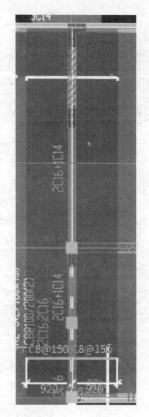

图 4-9-13　调整位置

任务四　设置升降板

在一般工程中，卫生间或者有高差的楼板工程中需要进行"设置升降板"，通过该功能可以快速处理对应部位的钢筋和其他工程量的变化。

在3#工程的首层板中，多处出现存在高差的楼板（图 4-9-14 和图 4-9-15）。现以最左侧卫生间区域的楼板为例，讲解如何设置升降板。

第一步：在左侧"导航树"中，选择"板"构件，在"建模"选项卡的"现浇板二次编辑"功能组中单击"设置升降板"按钮（图 4-9-16）。然后，单击鼠标左键选择需要设置升降板的两块板图元，单击鼠标右键确定。软件会弹出"升降板参数定义"对话框，按照工程实际情况填写，如图 4-9-17 所示，单击"确定"按钮，即可以完成升降板的设置。图 4-9-18 所示为升降板设置之前，图 4-9-19 所示为升降板设置之后。

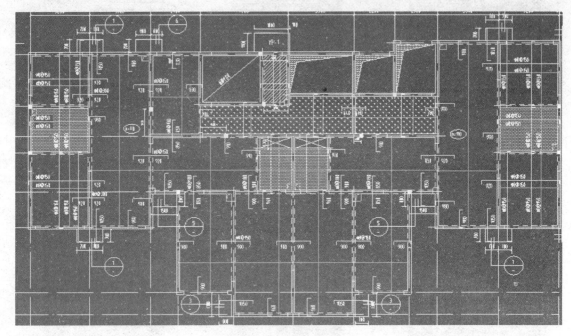

图 4-9-14　存在高差的楼板

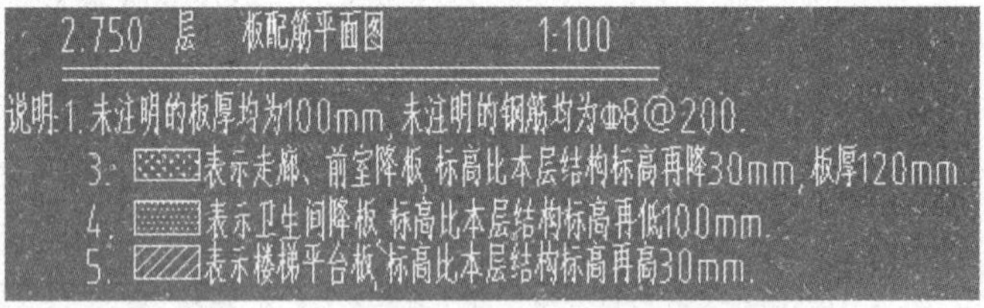

2.750 层　板配筋平面图　1:100
说明:1. 未注明的板厚均为100mm, 未注明的钢筋均为Φ8@200.
3. 表示走廊、前室降板 标高比本层结构标高再降30mm, 板厚120mm
4. 表示卫生间降板 标高比本层结构标高再低100mm.
5. 表示楼梯平台板 标高比本层结构标高再高30mm.

图 4-9-15　高差说明

三点变斜
设置升降板
板延伸至墙梁边
设置拱板
取消升降板
按梁分割板
查改标高
查看板内钢筋
现浇板二次编辑

图 4-9-16　选择“设置升降板”

升降板参数定义
90 mm
90°
90 mm
说明：红色线为所绘制板图元的交线处。
确定
取消

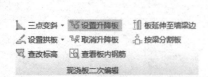

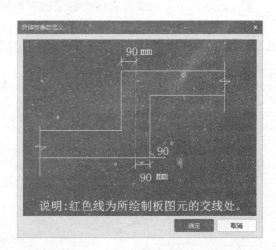

图 4-9-17　“升降板参数定义”对话框

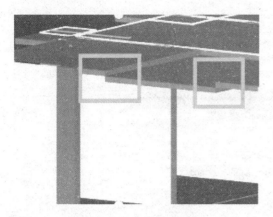

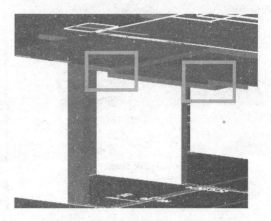

图 4-9-18　升降板设置前　　　　　　　　图 4-9-19　升降板设置后

专业小贴士

在实际工程中，板中需要计算的钢筋主要包括板面筋、底筋、温度筋、负筋及其分布筋、马凳筋、拉筋及洞口加筋。在此补充洞口加筋(图 4-9-20)的相关内容。

1. 洞口加筋的计算

(1)板短跨向加筋：

长度：根据加筋是底部还是顶部，按照底筋和面筋的计算方法进行计算；

根数：直接取输入的钢筋根数。

(2)板长跨向加筋：

长度：洞口宽度$+2\times L_{aE}$；

根数：直接取输入的钢筋根数。

当板洞与板边相切时，板长跨向加筋伸入支座内按底部或顶部筋计算。

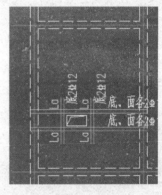

图 4-9-20　洞口加筋

(3)斜加筋：

长度：$2\times L_{aE}$；

根数：直接取输入的钢筋根数。

(4)圆形板洞的圆形加筋：

长度：$3.14\times$(洞口直径$+2\times$保护层厚度)$+2\times L_{aE}$；

根数：直接取输入的钢筋根数。

2. 洞口加筋的软件操作

在"导航树"中板构件中双击"板洞"，在定义界面将板洞的尺寸与钢筋信息输入(图 4-9-21)，然后点画到准确位置即可。在点绘洞口时，可以利用 F4 键切换板洞的插入点，辅助更快地绘制板洞。

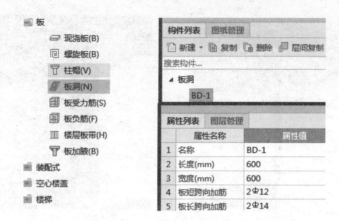

图 4-9-21　输入板洞信息

（1）设置升降板时，有高差的周围的板均需要进行设置，不要遗漏。另外，当两板之间有梁且高差没有错过梁高时，设置与不设置升降板实际上是不影响钢筋工程量与土建工程量的。当两板高差超过梁高时，必须要设置升降板，否则所有的工程量计算都会受影响。

（2）局部降板位置的模板问题。当降板边是有梁时，可以按梁模板计算；当降板边是剪力墙时，可以按墙模板计算；当仅仅是板降低时，降板边没有梁或剪力墙，这样的降板边模板可以按板模板计算。

（3）什么情况才是局部降板？四周都有梁的是局部降板吗？

解答：四周都有梁的是板整体降板，如图 4-9-22 左边框选的区域；图 4-9-22 右边框选的是局部降板，就是在这块板中的局部一起下沉。

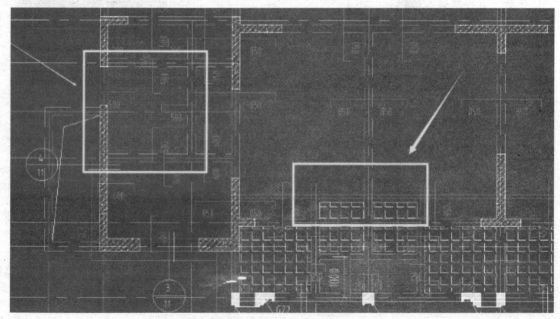

图 4-9-22　整体降板与局部降板

222

项目十　楼　梯

主体结构(柱、墙、梁、板)绘制完成后,下一步就可以处理楼梯了。楼梯的构造和配筋比较复杂,导致楼梯内的钢筋、混凝土、装饰、模板等工程量的计算也很复杂。在 BIM 土建计量平台 GTJ2018 中,分别利用参数图模型及表格输入等方式进行楼梯工程量的计算。

任务一　楼梯钢筋工程量的计算

分析图纸:以一层通往二层的楼梯为例,从平面图与剖面图中(图 4-10-1 和图 4-10-2)可以看出,该楼梯是双跑楼梯,第一跑的梯板是 BT1 型的,第二跑的梯板是 AT2 型的。TL、TZ、PTB 分别按照前面介绍过的梁、柱、板的定义与绘制方法建模、计算工程量即可。那么,楼梯中梯板的钢筋如何计算呢?GTJ2018 中提供了"表格输入"模块,这一模块是算量软件中的一个辅助工具模块。对于预算中的一些零星工程量、参数化的图集(楼梯、灌注桩等工程量),可以在表格输入中计算。

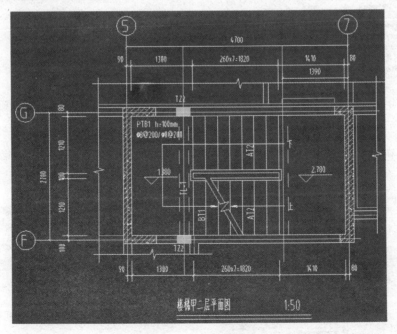

图 4-10-1　楼梯平面图

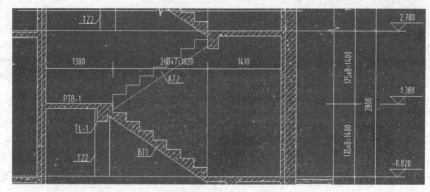

图 4-10-2　楼梯剖面图

GTJ2018 的表格输入模块，是全新设计的界面，可以更流畅和高效地帮助用户提高工作效率。

首先，了解界面构成。GTJ2018"表格输入"操作界面由构件管理、属性编辑、选择图集、图集编辑、编辑钢筋、功能区 6 个区域组成，如图 4-10-3 所示。

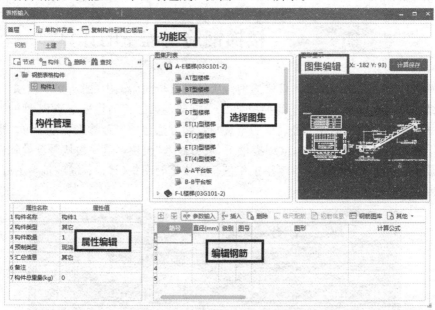

图 4-10-3　"表格输入"操作界面

第一步：在"工程量"选项卡中，单击"表格输入"按钮即可以打开表格输入模块，如图 4-10-4 所示。

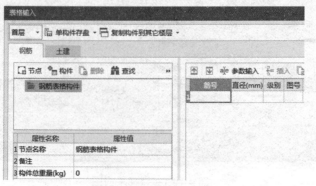

图 4-10-4　表格输入模块

第二步：单击"添加构件"按钮，将构件名称修改为楼梯BT1，如图4-10-5所示。

图 4-10-5　添加构件

第三步：单击"参数输入"按钮，显示出"图集列表"，如图4-10-6所示。

图 4-10-6　图集列表

第四步：打开"图集列表"，选中需要的图集。在图形显示区域显示出图集的参数。根据图纸标注，修改对应的参数数值。如图4-10-7所示，若在修改钢筋参数数值时发现参数图中给出的钢筋形式与实际工程不符，则无法进行进一步修改，需要计算之后，手动修改。

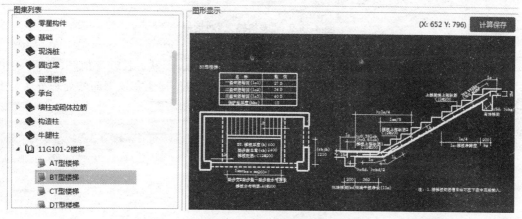

图 4-10-7　发现错误

第五步：修改完成选择的图集，单击右上角“计算保存”按钮，软件就能计算出结果，显示在编辑钢筋表中，如图 4-10-8 所示。此时，要针对实际工程的楼梯配筋详图手算钢筋，修改部分的工程量，完善梯板钢筋工程量。

	筋号	直径(mm)	级别	图号	图形	计算公式	公式描述	长度	根数	搭接	损耗(%)	单重(kg)	总重(kg)	钢筋
1	梯板下部纵筋	12	Φ	31	H 460 2293.1	1820*1.205+100+360+100		2753	7	0	0	2.445	17.115	直筋
2	上梯梁端上部纵筋	12	Φ	106	70 880 180 H	(2180/4+200-15)*1.205+70+180		1130	7	0	0	1.003	7.021	直筋
3	梯板分布钢筋	8	Φ	3	1180	1180+12.5*d		1280	24	0	0	0.506	12.144	直筋
4	下梯梁端上部纵筋2	12	Φ	103	198 355 564 70	364*1.205+480+100-2*15		989	7	0	0	0.878	6.146	直筋
5	下梯梁端上部纵筋1	12	Φ	31	198 355 965	360+480+480		1320	7	0	0	1.172	8.204	直筋

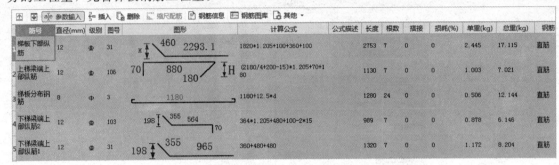

图 4-10-8　编辑钢筋表

采用这种方法，可以快速处理楼梯中的各种复杂钢筋。“表格输入”当然不仅只适用于楼梯，其他较为复杂的构件如灌注桩、牛腿柱、杯形基础等都可以通过这种方法进行钢筋工程量计算。

任务二　其他零星构件

有些零星构件，建模比较麻烦或者手算钢筋更简单，可以采用“表格输入”的方法汇总计算钢筋工程量(如图 4-10-9)。单击“节点”按钮，或者直接单击“构件”按钮，输入钢筋名称。(“节点”与“构件”的区别是主次的关系，节点跟新建文件夹有一样的功能，构件就是里面的文件)

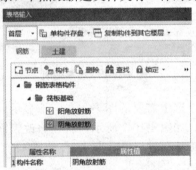

图 4-10-9　“表格输入”对话框

建完构件之后，在右侧的表格中输入钢筋的类型、直径、形状、长度等信息，如图 4-10-10 所示，汇总计算之后，钢筋量是一起汇总到工程项目中去的。其他零星钢筋的处理方法与上述一致。

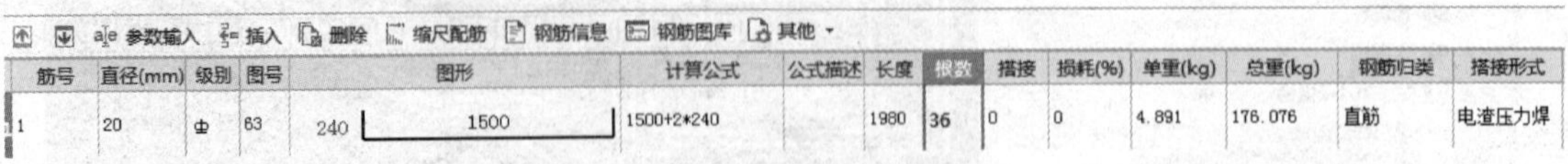

筋号	直径(mm)	级别	图号	图形	计算公式	公式描述	长度	根数	搭接	损耗(%)	单重(kg)	总重(kg)	钢筋归类	搭接形式
1	20	Φ	63	240 1500	1500+2*240		1980	36	0	0	4.891	176.076	直筋	电渣压力焊

图 4-10-10　输入钢筋信息

项目十一 基 础

基础部分包括的构件内容较多，墙、柱、连梁构件建模方式与普通楼层是一样的，在此不再赘述。3♯工程的基础类型为筏板基础，筏板基础建模方式与现浇板基本一致，但其中有一些内容还是较为特殊的，下面进行逐一分析。

任务一　　筏板基础的定义与绘制

分析图纸：从结施 GS－03 基础平面布置图（图 4-11-1）中，可以知道筏板的配筋是双网双向的，另外，还有局部加强筋、后浇带、集水坑等。并且从构造详图中发现筏板侧面是有配筋的。

第一步：定义筏板。筏板基础的属性特点在于其钢筋业务属性，马凳筋和拉筋部分与板是一致的，特殊地方在于其侧面钢筋与封边构造的处理，如图 4-11-2 和图 4-11-3 所示。

第二步：绘制筏板。一种方法是点画加偏移，与楼层板的绘制方法一致；另一种方法是直线绘制。参考 CAD 底图，将筏板描绘出来即可，如图 4-11-4 所示。

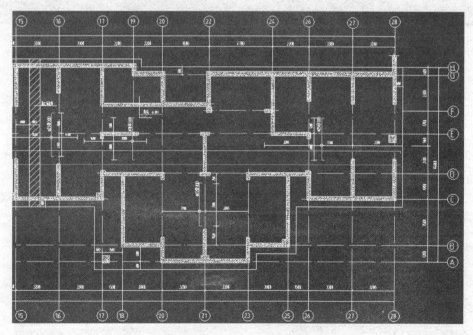

图 4-11-1　基础平面布置图

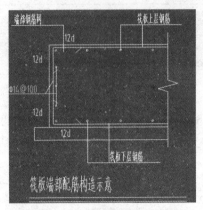

图 4-11-2　筏板端部配筋构造示意

图 4-11-3　定义筏板

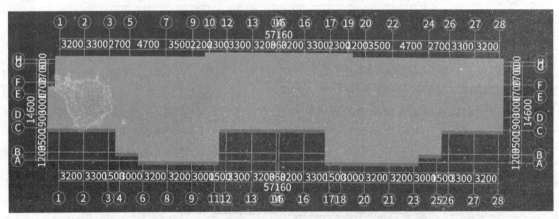

图 4-11-4　绘制筏板

任务二　筏板主筋的布置

　　第一步：首先，在左侧"导航树"中选择"筏板主筋"，然后在"建模"选项卡的"筏板主筋二次编辑"功能组中，单击"布置受力筋"按钮，如图 4-11-5 所示。

　　第二步：在绘图区域上方选择"单板"＋"XY 方向"，在弹出的智能布置窗口选择"双网双向布置"，输入"钢筋信息"，如图 4-11-6 所示。

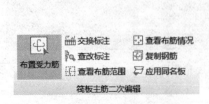

图 4-11-5　选择"布置受力筋"

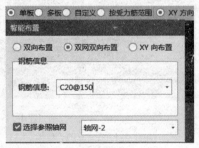

图 4-11-6　输入"钢筋信息"

第三步：单击鼠标左键选择要布置钢筋的板，即可以完成筏板主筋的布置，如图 4-11-7 所示。

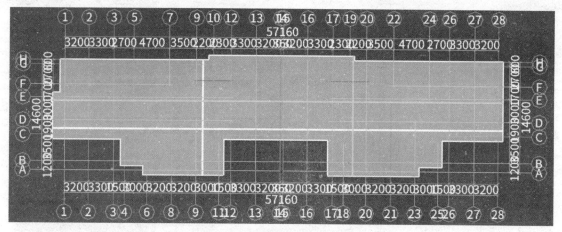

图 4-11-7　完成筏板主筋布置

任务三　筏板附加筋的布置

现以⑨轴、⑬轴与Ⓓ轴、Ⓕ轴区间的筏板附加筋为例进行讲解，如图 4-11-8 所示。

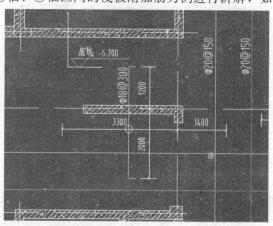

图 4-11-8　筏板附加筋

第一步：在左侧"导航树"里选择"筏板主筋"，在"构件列表"里新建一种筏板主筋，在"属性列表"中，将筏板主筋的信息输入完整，如图 4-11-9 所示。

第二步：切换到基础平面布置图，在"建模"选项卡的"筏板主筋二次编辑"功能组中，单击"布置受力筋"，然后选择"矩形"，在绘图区域上方选择"自定义"+"垂直"。之后，在图纸中选择相应的基准点，按住"Shift+鼠标左键"偏移，在弹出的窗口中输入准确偏移数值（图 4-11-10），捕捉第一个顶点；再按住"Shift+鼠标左键"偏移（图 4-11-10），捕捉第二个顶点，即可以确定负筋的布置区域。

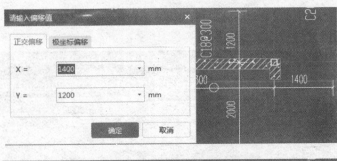

图 4-11-9　输入筏板主筋信息

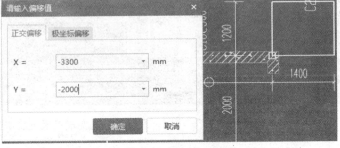

图 4-11-10　输入偏移值

第三步：确定布筋范围之后，单击鼠标左键即可以布置上附加钢筋了，如图 4-11-11 所示。

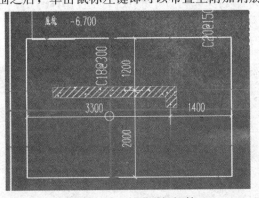

图 4-11-11　布置附加钢筋

微课：其余筏板附加
钢筋的绘制

第四步：按照上述方法可以将其他的筏板局部加强筋布置完成，如图 4-11-12 所示。

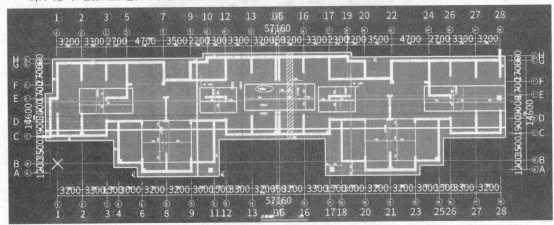

图 4-11-12　布置完成筏板局部加强筋

后浇带是临时设置的施工缝，在建筑施工中为了防止现浇钢筋混凝土结构由于自身收缩不均匀或沉降不均匀可能产生的有害裂缝，按照设计或施工规范要求，在基础底板、墙、梁相应位置留设的施工临时裂缝。后浇带将结构暂时划分为若干部分，经过构件内部收缩，在若干时间后再浇捣该施工缝混凝土，将结构连成整体。后浇带的浇筑时间宜选择气温较低时，可用浇筑水泥或水泥中掺微量铝粉的混凝土，其强度等级应比构件强度高一级，以防新、老混凝土之间出现裂缝，造成薄弱部位。

任务四　后浇带的钢筋计算

分析图纸：从结施 GS—03 基础平面图纸（图 4-11-13）中可以看到，基础中的后浇带可分为三部分，即基础底板后浇带、梁后浇带、墙后浇带，图纸均给出了构造详图。接下来讲解如何处理后浇带部分的钢筋。

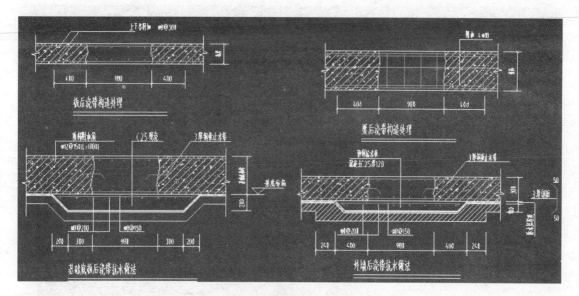

图 4-11-13　基础平面图

第一步：在"导航树""其它"里面选择"后浇带"构件，在"构件列表"中单击"新建"后浇带，在"属性列表"中修改后浇带的信息，如图 4-11-14 所示。

第二步：修改筏板后浇带信息。打开筏板后浇带，再单击"矩形后浇带"后面的按钮，即可以弹出"选择参数化图形"对话框（图 4-11-15）。结合本工程实际情况，选择第二种类型。然后单击右上角的"配筋形式"按钮。在"配筋形式"的窗口中选择类似的配筋形式，单击"确定"按钮，切换到"选择参数化图形"对话框，修改钢筋信息，完成筏板后浇带钢筋信息的录入（图 4-11-16）。

第三步：修改外墙后浇带。打开外墙后浇带，再单击"矩形后浇带"后面的按钮，即可以弹出"选择参数化图形"对话框，结合本工程实际情况，选择第二种类型。然后单击右上角的"配筋形式"。在"配筋形式"的窗口中选择类似的配筋形式，单击"确定"按钮，切换到"选择参数化图形"对话框，修改钢筋信息，完成外墙后浇带钢筋信息的录入(图 4-11-17)。

图 4-11-14　新建后浇带

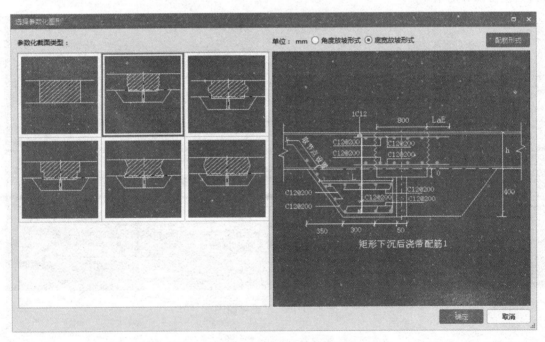

图 4-11-15　知形下沉后浇带配筋 1

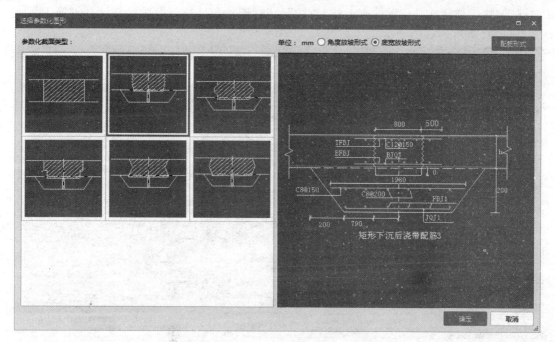

图 4-11-16　矩形下沉后浇带配筋 3

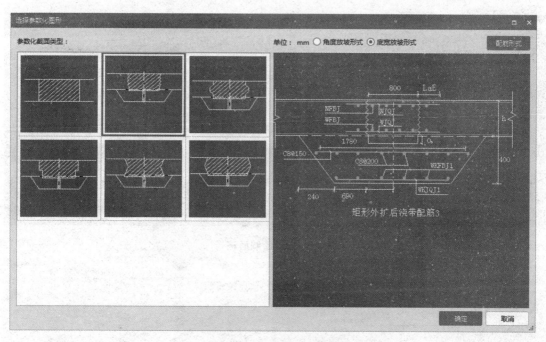

图 4-11-17　外墙后浇带钢筋

第四步：修改梁后浇带。打开梁后浇带，再单击"矩形后浇带"后面的按钮，即可以弹出"选择参数化图形"对话框。结合本工程实际情况，选择第一种类型，然后，在预览界面修改钢筋信息，单击"确定"按钮，即可以完成梁后浇带钢筋信息的录入(图 4-11-18)。

第五步：绘制后浇带。后浇带的绘制与其他线性构件的绘制方法一致。按住"Shift＋鼠标左键”偏移，捕捉准确位置的点，按“直线”绘制(图 4-11-19)。最后汇总计算钢筋工程量，如图 4-11-20 所示。

图 4-11-18　梁后浇带钢筋

图 4-11-19　绘制后浇带

编辑钢筋

单构件钢筋总重(kg)：269.606

	筋号	直径(mm)	级别	图号	图形	计算公式	公式描述	长度	根数	搭接	损耗(%)	单重(kg)	总重(kg)	钢筋归类	搭接形式	钢筋类型
1	FB-1顶部加强筋.1	12	Φ	1	1800	800+500+500	净长+设定锚固+…	1800	69	0	0	1.598	110.262	直筋	绑扎	普通钢筋
2	FB-1下沉加强筋2.1	8	Φ	1	1980	1980	水平长度	1980	73	0	0	0.782	57.086	直筋	绑扎	普通钢筋
3	FB-1下沉分布筋2.1	8	Φ	64	120 11020 120	15*d+11020+15*d	设定弯折+水平…	11260	14	392	0	4.603	64.442	直筋	绑扎	普通钢筋
4	JLQ-1外侧分布筋.1	12	Φ	1	465	465+37*d	净长+锚固	909	8	0	0	0.807	6.456	直筋	绑扎	普通钢筋
5	JLQ-1内侧分布筋.1	12	Φ	1	465	465+37*d	净长+锚固	909	8	0	0	0.807	6.456	直筋	绑扎	普通钢筋
6	JLQ-1内侧加强筋.1	12	Φ	1	1688	800+37*d+37*d	净长+锚固+锚固	1688	2	0	0	1.499	2.998	直筋	绑扎	普通钢筋
7	JLQ-1外侧加强筋.1	12	Φ	1	1688	800+37*d+37*d	净长+锚固+锚固	1688	2	0	0	1.499	2.998	直筋	绑扎	普通钢筋

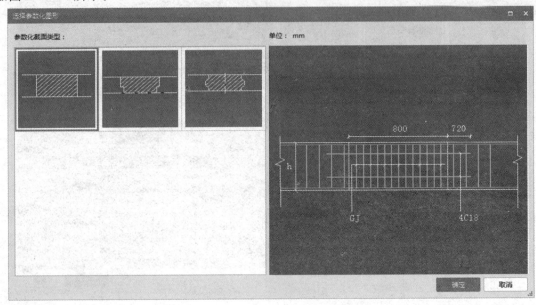

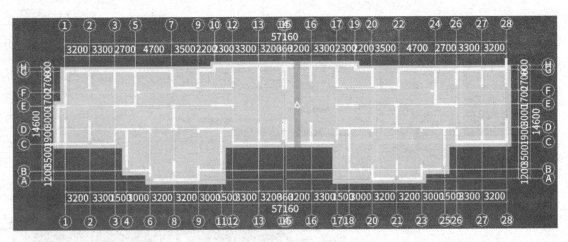

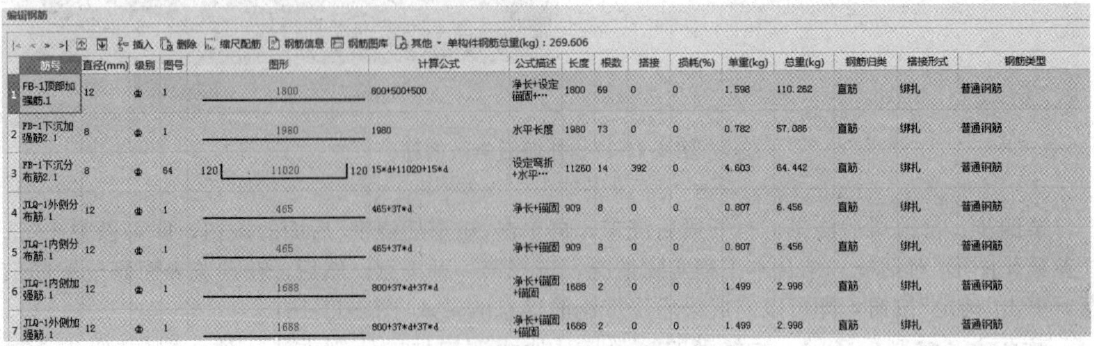

图 4-11-20　汇总计算钢筋工程量

任务五　　其他钢筋的计算

3♯工程的基础平面图中有一项说明——筏板的阴、阳角附加放射筋（图4-11-21）。接下来讲解此类钢筋在软件中如何处理。

第一步：在"工程量"选项卡中选择"表格输入"，在"钢筋表格构件"中选择"添加构件"，分别修改名称为"筏板阳角放射筋""筏板阴角放射筋"。然后在右侧的表格中依次输入"筋号""直径""级别""图号"等信息，如图4-11-21所示。

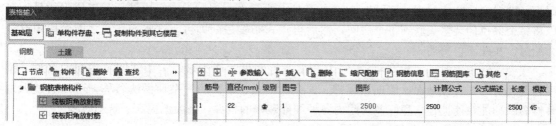

图4-11-21　输入筏板的阴、阳角附加放射筋信息

说明："图号"一栏，软件内置了很多形状的钢筋，可以根据工程实际情况选择；"根数"一栏，需要结合图纸计算出来，手动输入。

第二步：选择"工程量"选项卡中的"汇总计算"，即可以计算并查看工程量，如图4-11-22所示。

楼层名称：基础层（表格输入）					685.698
其他	685.698	筏板阴角放射筋	1		335.25
		筏板阴角放射筋	1		350.448
			合计		685.698

图4-11-22　计算并查看工程量

项目十二 装 修

　　工程中的装修，尤其是室内装修构成较为复杂，包括地面、墙面、天棚、踢脚、墙裙等各种构件类型，且与结构建筑主体扣减关系比较麻烦，相互之间也需要考虑计算影响。在这种情况下，针对室内装修处理，GTJ2018给出了对应的解决方法——房间构件。利用依附构件，可以将每个部位的装修关联到每个房间，然后再点式布置房间即可。这些操作在之前模块中已经介绍过，在此不再赘述。

　　在做实际工程时，通常CAD图纸上会带有房间做法明细表，表中注明了房间的名称、位置，以及房间内各种地面、墙面、踢脚、天棚、吊顶、墙裙的一系列做法名称。可以通过识别装修表的功能快速地建立房间及房间内各种细部装修的构件，极大地提高了绘图效率。

实操解析

　　工程的装修表格里附加有装修的详细做法，识别装修表之后，会使修改变得很麻烦，所以，建议按照前面介绍的方法操作即可。现以图4-12-1所示的某工程装修表为例进行演示。

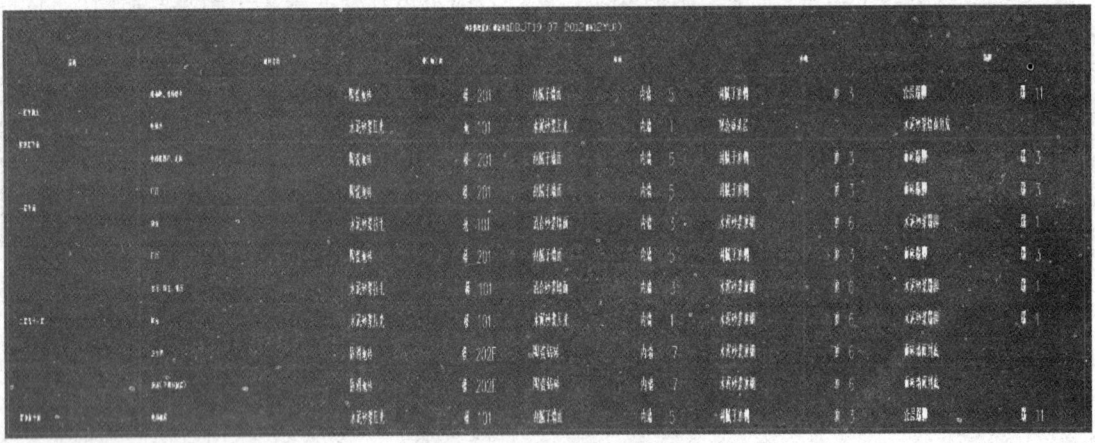

图4-12-1　某工程装修表

任务一　房间装修的布置

　　第一步：首先，在"导航树"中切换到装修中的"房间"构件，在"图纸管理"选项卡中找到装修表所在的图纸。然后，在"建模"选项卡的"识别房间"功能组中单击"按房间识别装修表"按钮，框选所需要的装修表，单击鼠标右键确认，即可以弹出"按房间识别装修表"对话框。最后，匹配好对应的行与列，如图4-12-2所示。

第二步：单击"按房间识别装修表"对话框右下角的"识别"按钮，软件会弹出提示识别结果，如图 4-12-3 所示。此时还要切换到踢脚的属性编辑界面修改踢脚高度，切换到墙裙界面修改墙裙高度，切换到吊顶界面修改吊顶的距地高度，才能完成装修构件的定义，如图 4-12-4 所示。

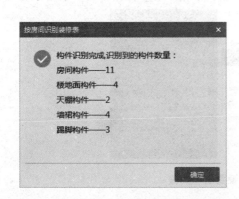

图 4-12-2 "按房间识别装修表"对话框

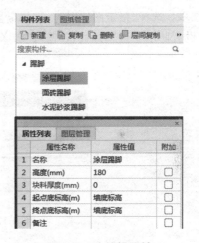

图 4-12-3 提示识别结果　　　　图 4-12-4 编辑属性

第三步：按照图纸，点画布置上房间，即可以完成室内装修布置，如图 4-12-5 所示。

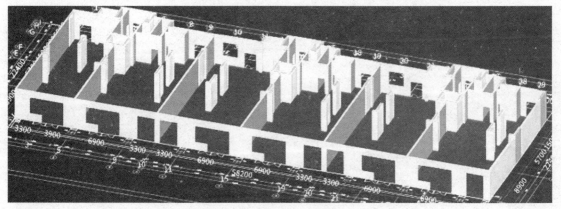

图 4-12-5 完成室内装修布置

楼地面工程量的计算中往往会包含防水工程量的计算。防水除水平防水外，还需要在与其相交的墙体、栏板底边缘上翻一定高度来做立面防水。下面讲解设置防水上翻的操作。

第一步：在"导航树"中切换到"楼地面"构件，在"建模"选项卡的"楼地面二次编辑"功能组中单击"设置防水卷边"按钮，在快捷工具条处可以选择生成方式，即"指定图元"或"指定边"，如图 4-12-6 所示。

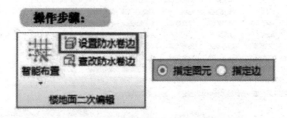

图 4-12-6　设置防水卷边生成方式

第二步：选择"指定图元"后，选择需要生成立面防水的楼地面图元，单击鼠标右键确认后会弹出"设置防水卷边"对话框，输入"防水高度"后，单击"确定"按钮即可，如图 4-12-7 所示。

图 4-12-7　设置防水高度

说明：选择"指定边"时，点选需要设置防水的楼地面边线，被选中的边线显示为绿色，可以设置部分地面边线（而非全部）的防水上翻。

项目十三　其他构件

至此，工程的主体部分已经完成，剩下的工作就是完成其中的各种零星部分。这部分内容基本都包含在软件"导航树"的"其它"一栏中。在这里选择有代表性的几种构件进行分析。

 实操解析

任务一　垫层的定义与绘制

第一步：在"导航树"中的"基础"里找到"垫层"构件，在"构件列表"中单击"新建面式垫层"，在"属性列表"中填写垫层信息（厚度、材质），如图 4-13-1 所示。

说明：一般来说，独立基础、桩承台等适用于点式垫层；条形基础、基础梁适用于线式垫层；筏板基础适用于面式垫层。

微课：垫层

第二步：首先，在"图纸管理"选项卡中找到"基础平面布置图"，在"建模"选项卡中的"垫层二次编辑"功能组中选择"智能布置"，在"智能布置"下拉菜单中选择"筏板"。然后，单击鼠标左键选择筏板基础，单击鼠标右键确认。最后，在弹出的"设置出边距离"窗口中输入出边距离为 100 mm，单击"确定"按钮即可以布置垫层，如图 4-13-2 所示。

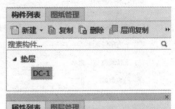

图 4-13-1　填写垫层信息

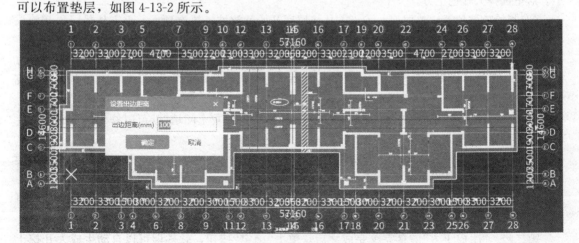

图 4-13-2　布置垫层

任务二　土方的定义与绘制

在完成了基础和垫层的绘制后，再来处理土方。之所以按照这个顺序来做，主要是因为在有了基础和垫层的三维模型之后，土方不需要单独进行定义、新建和绘制，而是可以直接按照给定的各种参数数值自动生成，处理效率非常高。下面以面式垫层自动生成大开挖土方及大开挖灰土回填构件为例，讲解如何自动生成土方。

第一步：在"垫层二次编辑"功能组中单击"生成土方"按钮，即可以弹出"生成土方"对话框，结合工程实际情况，完善相关信息，如图 4-13-3 所示。

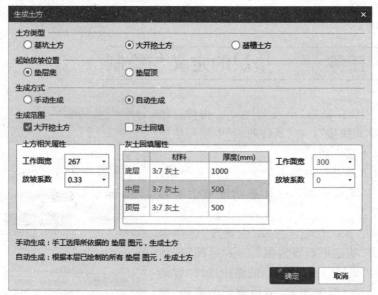

微课：土方

图 4-13-3　"生成土方"对话框

（1）土方类型：包含基坑土方、大开挖土方、基槽土方，根据工程要求选择合适的土方类型。这里选择大开挖土方。

（2）起始放坡位置：垫层底——土方从垫层底开始就放坡；垫层顶——土方从垫层顶开始放坡，此时，垫层和基础会分别生成土方图元，垫层处的土方不放坡，基础处的土方会放坡。

（3）生成方式：软件提供"手动生成""自动生成"，默认为"手动生成"。需要选择要生成土方的垫层构件图元；选择"自动生成"时，单击"确定"按钮后，绘制的所有面式垫层都会自动生成土方构件。

（4）生成范围：包括"大开挖土方"和"灰土回填"，选择"灰土回填"就可以修改灰土回填属性值了。

（5）土方相关属性：要生成土方构件需要输入此项内容，工作面宽是指距离基础构件最下层单元边的距离。

（6）灰土回填属性：要生成灰土回填就需要输入此项内容，可以选择各层的材质并输入厚度，也可以设置工作面宽或放坡系数。

第二步："生成土方"信息完善完成之后，单击"确定"按钮，软件即可以自动生成大开挖土方，如图 4-13-4 所示。

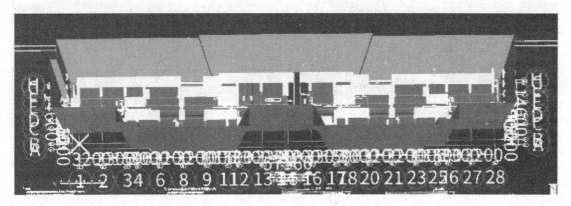

图 4-13-4 自动生成大开挖土方

🔊 知识拓展

(1)对于基坑,如果独立基础或桩承台的最底层单元为矩形独立基础单元,则生成的基坑为矩形基坑;如果独立基础或桩承台的最底层单元为异形独立基础单元或参数化独立基础单元,则生成的基坑为异形基坑。对于大开挖,如果筏板基础绘制的为矩形,则生成的大开挖为矩形;如果绘制的为异形,则生成的大开挖即异形。

(2)对于同一基础构件图元多次生成土方构件时,如果基础构件图元属性未做任何修改,只修改生成界面中土方的相关属性,则不生成新的土方构件,只保留第一次生成的结果。

(3)当筏板基础设置了边板,用筏板基础自动生成土方时,软件会按筏板及边坡底面分别布置大开挖土方或大开挖灰土回填。

(4)当筏板基础设置了边坡,又布置了面状垫层,用垫层自动生成土方时,软件会按照随筏板边坡的垫层底面布置大开挖土方或者大开挖灰土回填。

任务三 散水的定义与绘制

散水构件是按照外墙外边线布置的,同样要根据外墙尺寸形状进行布置。根据之前所学内容,可以利用智能布置功能,按照外墙布置散水和保温层。

第一步:在"导航树"中的"其它"里找到"散水",在"构件列表"里新建散水构件。

第二步:在"建模"选项卡下的"散水二次编辑"功能组中选择"智能布置"(按外墙外边线),然后框选所有的外墙体,软件会弹出"设置散水宽度"对话框(图 4-13-5),按工程实际情况输入即可(本工程的散水宽度信息可以从建筑设计说明中的散水构造做法中查到)。

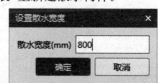

图 4-13-5 "设置散水宽度"对话框

第三步:单击"确定"按钮,即可以布置上散水。然后将多余布置的位置进行切割删除即可以完成散水的快速布置,如图 4-13-6 所示。

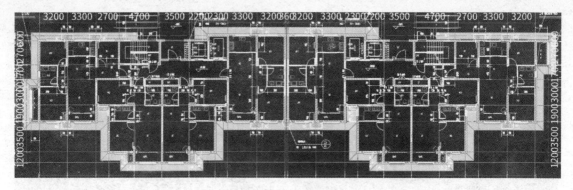

图 4-13-6　布置散水

　　说明：外墙往往不是封闭的，需要借助虚墙辅助。在软件中切换到"墙"构件，定义一道"虚墙"，"虚墙"的厚度与外墙厚度一致，在没有封闭的位置补绘一道外墙，即可以形成封闭空间。

模块五

云计价

丰富的云应用＋大数据体验，带来计价行业的全新升级。在此依然以广联达的云计价产品为例进行介绍。云计价平台支持概算、预算、结算、审核业务，计价业务更全面、更专业，各业务阶段数据能够实现零损耗流转。

项目一　造价基础知识

目前，我国工程造价计价方法主要有工程量清单计价法和定额计价法两种。

清单计价是指招标人公开提供工程量清单，投标人自主报价或招标人编制标底及双方签订合同价款，工程竣工结算等活动，是由投标人完成由招标人提供的工程量清单所需要的全部费用，包括分部分项工程费、措施项目费、其他项目费、规费和税金。

定额计价是指根据招标文件，按照各国家住房城乡建设主管部门发布的建设工程预算定额的《工程量计算规则》，同时，参照省级住房城乡建设主管部门发布的人工工日单价、机械台班单价、材料，以及设备价格信息与同期市场价格，直接计算出直接工程费，再按规定的计算方法计算间接费、利润、税金，汇总确定建筑安装工程造价。

想做好造价，首先要了解计价的基本知识（以下摘自 2016 年 11 月颁布的《山东省建设工程费用项目组成及计算规则》文件）。

1. 建设工程费用项目组成

（1）建设工程费按费用构成要素划分，由人工费、材料费（设备费）、施工机具使用费、企业管理费、利润、规费和税金组成，如图 5-1-1 所示。

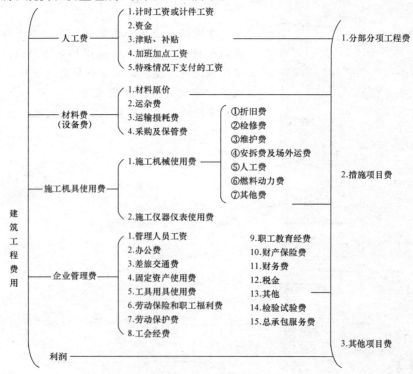

图 5-1-1　建设工程费用项目组成

（按费用构成要素划分）

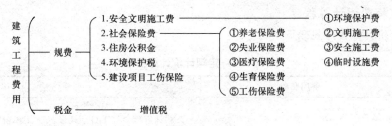

图 5-1-1　建设工程费用项目组成(续)

(按费用构成要素划分)

(2)建设工程费按工程造价形成划分,由分部分项工程费、措施项目费、其他项目费、规费、税金组成,如图 5-1-2 所示。

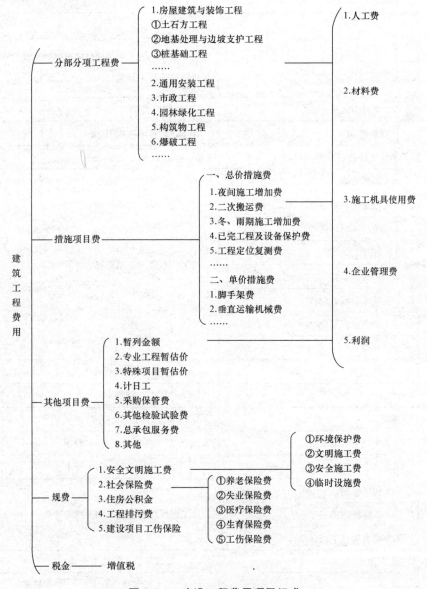

图 5-1-2　建设工程费用项目组成

(按工程造价形成划分)

2. 建设工程费用计算程序

(1)定额计价计算程序见表 5-1-1。

表 5-1-1　定额计价计算程序

序号	费用名称	计算方法
一	分部分项工程费	$\sum\{[定额\sum(工日消耗量×人工单价)+\sum(材料消耗量×材料单价)+\sum(机械台班消耗量×台班单价)]×分部分项工程量\}$
	计费基础 JD1	详三、计算基础说明(略)
二	措施项目费	2.1+2.2
	2.1 单价措施费	$\sum\{[定额\sum(工日消耗量×人工单价)+\sum(材料消耗量×材料单价)+\sum(机械台班消耗量×台班单价)]×单价措施项目工程量\}$
	2.2 总价措施费	JD1×相应费率
	计费基础 JD2	详三、计算基础说明(略)
三	其他项目费	3.1+3.3+…+3.8
	3.1 暂列金额	
	3.2 专业工程暂估价	
	3.3 特殊项目暂估价	
	3.4 计日工	按第一章第二节相应规定计算(略)
	3.5 采购保管费	
	3.6 其他检验试验费	
	3.7 总承包服务费	
	3.8 其他	
四	企业管理费	(JD1+JD2)×管理费费率
五	利润	(JD1+JD2)×利润率
六	规费	4.1+4.2+4.3+4.4+4.5
	4.1 安全文明施工费	(一+二+三+四+五)×费率
	4.2 社会保险费	(一+二+三+四+五)×费率
	4.3 住房公积金	
	4.4 工程排污费	按工程所在地设区市相关规定计算
	4.5 建设项目工伤保险	
七	设备费	$\sum(设备单价×设备工程量)$
八	税金	(一+二+三+四+五+六+七)×税率
九	工程费用合计	一+二+三+四+五+六+七+八

（3）工程量清单计价计算程序见表5-1-2。

表 5-1-2　工程量清单计价计算程序

序号	费用名称	计算方法
一	分部分项工程费	$\sum(J_i \times$ 分部分项工程量$)$
	分部分项工程综合单价	$J_i=1.1+1.2+1.3+1.4+1.5$
	1.1 人工费	每计量单位 $\sum$（工日消耗量×人工单价）
	1.2 材料费	每计量单位 $\sum$（材料消耗量×材料单价）
	1.3 施工机械使用费	每计量单位 $\sum$（机械台班消耗量×台班单价）
	1.4 企业管理费	JQ1×管理费费率
	1.5 利润	JQ1×利润率
	计费基础 JQ1	详三、计算基础说明（略）
二	措施项目费	2.1+2.2
	2.1 单价措施费	$\sum\{[$每计量单位 $\sum$（工日消耗量×人工单价）$+\sum$（材料消耗量×材料单价）$+\sum$（机械台班消耗量×台班单价）$+$JQ2×（管理费费率＋利润率）$]\times$单价措施项目工程量$\}$
	计费基础 JQ2	详三、计算基础说明（略）
	2.2 总价措施费	$\sum[($JQ1×分部分项工程量$)\times$措施费费率＋（JQ1×分部分项工程量）×省发措施费费率×H×（管理费费率＋利润率）$]$
三	其他项目费	3.1+3.3+…+3.8
	3.1 暂列金额	
	3.2 专业工程暂估价	
	3.3 特殊项目暂估价	
	3.4 计日工	按第一章第二节相应规定计算（略）
	3.5 采购保管费	
	3.6 其他检验试验费	
	3.7 总承包服务费	
	3.8 其他	
四	规费	4.1+4.2+4.3+4.4+4.5
	4.1 安全文明施工费	（一＋二＋三）×费率
	4.2 社会保险费	（一＋二＋三）×费率
	4.3 住房公积金	按工程所在地设区市相关规定计算

项目二　云计价平台概述

广联达云计价平台 GCCP5.0 是一个集成多种应用功能的平台，是为计价客户群提供概算、预算、竣工结算阶段的数据编审、积累、分析和挖掘再利用的平台，包含个人模式和协作模式。可以贯穿工程全生命周期，实现各阶段数据零损耗流转，极大提高了工作效率，更有手机端，可以实时查阅，轻松便捷。

实操解析

广联达云计价平台的主界面主要划分成一级导航区、文件管理区和辅助功能区三个区域，如图 5-2-1 所示。

图 5-2-1　云计价平台主界面

（1）一级导航区：包含工作模式的转换，可分为个人模式和协作模式；包含账号信息和消息中心；右上角包含反馈和帮助。

（2）文件管理区：包含新建文件：可以新建概算文件，招标投标文件，结算文件，审核文件；最近文件：显示最近编辑过的预算书文件，直接双击文件名可以打开文件；云文件：是一个在线云存储空间，可分为"企业空间"和"我的空间"，打开该空间的文件可以直接编辑保存；本地文件：提供用户存放及打开文件的路径，系统默认工作目录是 C：/Documents and Settings/Administrator/桌面。

云计价平台中的工程文件如需查看造价不用打开文件，可以单击"预览"按钮即可快速查看相关费用，如图 5-2-2 所示。

图 5-2-2　查看相关费用

(3)辅助功能区：包含工作空间和微社区。其中，工作空间包含工具和日程管理，如图 5-2-3 和图 5-2-4 所示。

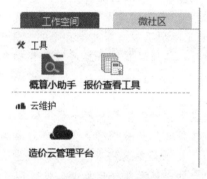

图 5-2-3　工作空间

图 5-2-4　微社区

项目三 概算业务

▶▶知识链接

1. 概算的定义

工程概算书是在初步设计或扩大初步设计阶段，由设计单位根据初步设计或扩大初步设计图纸，概算定额、概算指标，工程量计算规则，材料、设备的预算单价及建设主管部门颁发的有关费用定额或取费标准等资料，预先计算工程从筹建至竣工验收交付使用全过程建设费用的经济文件，即计算建设项目总费用。在具体计算费用时也有不同的分级与分类。

2. 概算的分级与分类

概算通常可分为单位工程概算、单项工程综合概算、建设工程总概算三级。

(1)单位工程概算往往包括多个专业的建设内容，需要编制所有相关专业的工程概算。

(2)单项工程综合概算是确定单项工程所需建设费用的文件，由各单位工程概算汇编而成。当不编制建设项目总概算时，单项工程综合概算除应包括各单位工程概算外，还应列出工程建设其他费用概算。

(3)建设工程总概算是确定整个建设工程从立项到竣工验收所需建设费用的文件。其由各单项工程综合概算、工程建设其他费用概算及预备费用概算汇总编制而成。

一份完整的工程概算书应该包含三部分内容：第一部分是编制说明，需要详细描述工程概况、编制依据、编制方法、其他必要说明事项、三材用量表等信息；第二部分是概算表，包含了概算中的各项费用合计；第三部分是单位工程概算书，如图 5-3-1 所示。

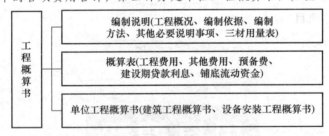

图 5-3-1 工程概算书组成

3. 工程概算书编制参考依据

(1)国家发布的有关法律、法规、规章、规程等；

(2)批准的可行性研究报告及投资估算、设计图纸等有关资料；

(3)有关部门颁布的现行概算定额、概算指标、费用定额等和建设项目设计概算编制办法；

(4)有关部门发布的人工、设备材料价格、造价指数等；

(5)有关的合同、协议等；

(6)其他的有关资料。

4. 工程概算书的作用

(1)国家确定和控制基本建设总投资的依据;

(2)确定工程投资的最高限额;

(3)工程承包、招标的依据;

(4)核定贷款额度的依据;

(5)考核分析设计方案经济合理性的依据。

工程概算书对于工程的总投资控制具有指导性的作用,是国家确定和控制基本建设总投资的依据,同时用于确定工程投资的最高限额,是工程承包、招标、核定贷款额度、考核分析设计方案经济合理性的依据。

实操解析

了解概算基础知识后,开始学习这些概算业务在软件中如何操作,这一部分内容将按照概算文件的费用组成情况分为六个任务进行讲解,分别是新建工程、编制建安工程费、编制设备购置费、编制建设其他费、概算调整及概算小助手的操作。

任务一　新建工程

第一步:在云计价平台界面单击"新建"按钮,选择"新建概算项目"选项;按默认的山东地区即可,如图5-3-2所示。

第二步:在弹出的"新建工程"对话框中单击"新建项目",在"新建项目"对话框中根据平台提示,填写相关信息,如图5-3-3所示。

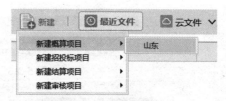

图5-3-2　新建概算项目

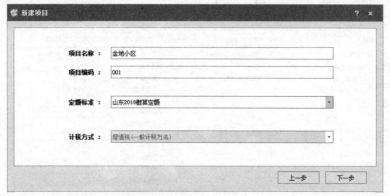

图5-3-3　"新建项目"对话框

第三步:单击"下一步"按钮之后,在弹出的"新建项目"窗口,单击"新建单项工程",输入工程相关信息,如图5-3-4所示。

第四步:完善单项工程信息之后,单击"确定"按钮,这时,软件会按照输入的信息自动建立三级管理模式(图 5-3-5),并且对建立好的单项和单位工程可以再次进行修改,然后单击"完成"按钮。进入到概算的项目管理界面,选中单项或单位工程,单击鼠标右键同样可以对三级项目架构进行修改,即可以完成工程的新建,如图 5-3-6 所示。

图 5-3-4 "新建单项工程"对话框

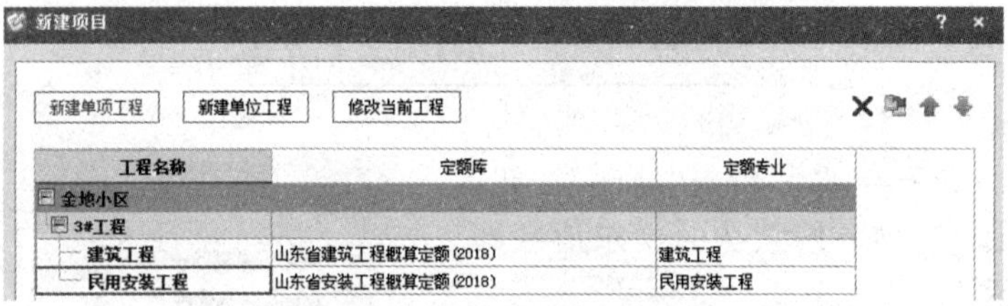

图 5-3-5 建立三级管理模式

图 5-3-6 概算项目管理界面

在项目的概算汇总界面可以清晰地看到工程总费用的组成,全面包含了概算费用中的所有费用项,除以前用 GBQ4.0 软件可以处理的工程费用外,对于概算中的设备购置费、建设其他费等都可以直接在软件中进行处理,省去后期用 Excel 自己汇总的工作量,如图 5-3-7 所示。

新建·↑↓
金地小区
　3#工程
　　建筑工程
　　民用安装工程

| | 项目信息 | 取费设置 | 人材机汇总 | 建设其他费 | 概算汇总 | 调整概算 |

序号		费用代码	名称	计算基数	费用说明	费率(%)	建筑工程费	安装工程费	市政工程费	设备购置费	其他费用
1	一	Z_A	工程费用(小计)				0	0	0		
2	1	DWGC_1	3#工程				0	0	0	0	
3	1.1	DWGC_1_1	建筑工程				0				
4	1.2	DWGC_1_2	民用安装工程				0	0	0	0	
5	二	Z_B	工程建设其他费用(小计)	A+B+C+D+E	建设用地费用+技术咨询费+项目配套建设费+与生产经营相关其他费用						0
6	1	Z_B_1	建设用地费用	A	建设用地费用						0
7	2	Z_B_2	技术咨询费	B	技术咨询费						0
8	3	Z_B_3	项目配套建设费	C	项目配套建设费						0
9	4	Z_B_4	项目建设管理费	D	项目建设管理费						0
10	5	Z_B_5	与生产经营相关其他费用	E	与生产经营相关其他费用						0
11		Z_B2	(一)+(二)合计	Z_A+Z_B	工程费用(小计)+工程建设其他费用(小计)						0
12	三	Z_C	预备费用(小计)	Z_C1+Z_C2	基本预备费+价差预备费						
13	1	Z_C1	基本预备费								
14	2	Z_C2	价差预备费								
15	四	Z_D	固定资产投资方向调节税								
16	五	Z_E	建设期贷款利息								
17	六	Z_F	铺底流动资金								
18	七	Z_G	建设项目概算总投资(总计)	Z_A+Z_B+Z_C+Z_D+Z_E+Z_F	工程费用(小计)+工程建设其他费用(小计)+预备费用(小计)+固定资产投资方向调节税+建设期贷款利息+铺底流动资金						

图 5-3-7　项目概算汇总界面

任务二　编制建安工程费

第一步：切换到需要进行费用编制的单位工程，选择"预算书"，可以通过"查询"功能录入定额子目(图 5-3-8)。单击"查询"→"查询定额"，打开"查询"窗口，在窗口中利用条件或章节查询，找到需要的定额子目，单击右上角的"插入"按钮，完成定额的录入，如图 5-3-9 所示。

图 5-3-8　查询定额

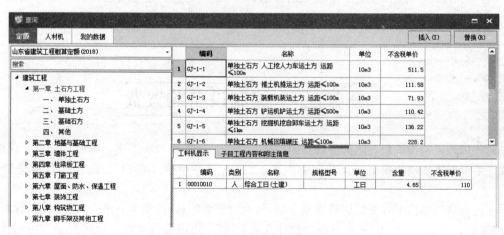

图 5-3-9　完成定额录入

253

还可以选中一条定额行，单击鼠标右键选择"插入子目"，手动输入定额编码来完成定额子目的编辑。

第二步：对定额进行换算，乘系数换算、人材机换算、标准换算等，具体操作方法可以参见招标投标部分的投标部分的换算内容，在此不再赘述，如图5-3-10所示。

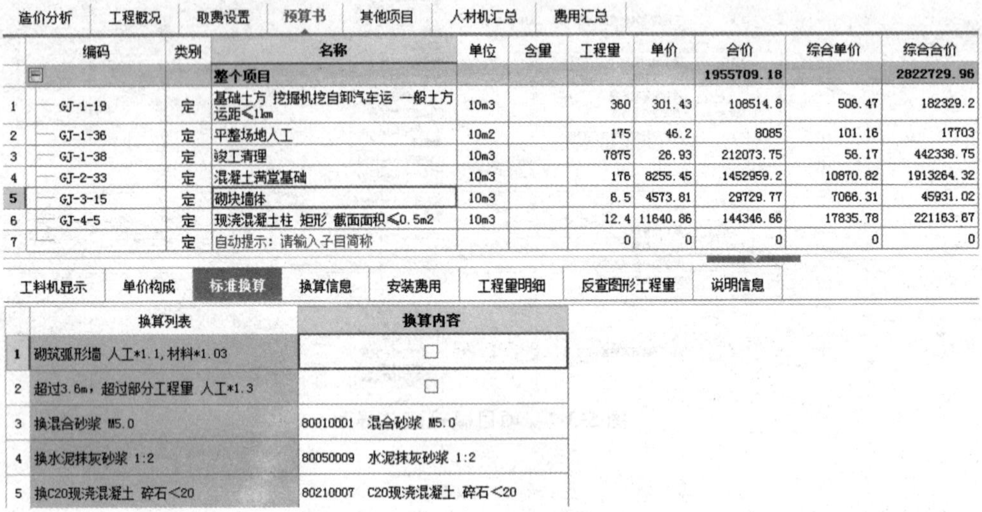

图5-3-10 标准换算

第三步：所有的定额编制完成之后，可以直接切换到"项目"界面，在"人材机汇总"选项卡下对人材机的价格进行统一调整。可以批量载价，也可以手动输入市场价信息，完成以上操作之后，建安工程费就编制完成了，如图5-3-11所示。

图5-3-11 批量载价

任务三 编制设备购置费

对于国外采购设备费，除需要计算国内运杂费外，还需要考虑汇率、国际运输费、保险费、关税、手续费等烦琐的费用项。平台中内置了"进口设备单价计算器"，能帮助计算进口设备单价。

在左侧项目结构中将光标切换到整个项目，在"概算汇总"选项卡下单击"进口设备材料计算表"按钮(图5-3-12)。单击"进口设备单价计算表"按钮，可以看到软件已经内置了常用的计算模板，按照计算要求输入相关数据就可以计算出"设备购置费"，如图5-3-13所示。

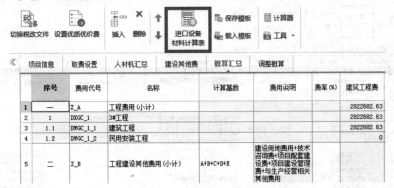

	序号	费用代号	名称	计算基数	费用说明	费率(%)	建筑工程费
1	一	Z_A	工程费用（小计）				2822682.63
2	1	DXGC_1	3#工程				2822682.63
3	1.1	DWGC_1_1	建筑工程				2822682.63
4	1.2	DWGC_1_2	民用安装工程				0
5	二	Z_B	工程建设其他费用（小计）	A+B+C+D+E	建设用地费用+技术咨询费+项目配套建设费+项目建设管理费+与生产经营相关其他费用		

图 5-3-12　进口设备单价计算器

进口设备材料计算表

插入　删除　设置汇率

序号	设备材料规格名称	计量单位	数量	单价（美元）	外币金额（美元）					折合人民币（元）	人民币金额（元）					合计（元）
					货价	运输费	保险费	其他费用	合计		关税	增值税	银行财务费	外贸手续费	国内运杂费	合计	
1	机床	台	2	12000	24000				24000	0					0	

图 5-3-13　计算"设备购置费"

任务四　编制建设其他费

切换到"建设其他费"选项卡，可以看到软件将工程建设其他费中包含的所有费用项都清晰地罗列出来，在计算时可以详细对照，防止丢项漏项。针对简单的费用计算，可以直接输入单价和数量，平台会计算出具体金额，如图5-3-14所示。

	序号	费用代号	费用名称	计算基数	基数说明	费率(%)	金额	是否合计	备注
1			工程建设其他费用						
2	一	A	建设用地费用	A1 + A2 + A3	土地使用权出让金+土地使用补偿费+拆除迁建费		0		按照国家、省、市有关规定计算
3	1	A1	土地使用权出让金						
4	2	A2	土地使用补偿费						
5	3	A3	拆除迁建费						
6	二	B	技术咨询费	B1+B2+B3+B4+B5+B6+B7+B8+B9+B10	项目论证费用+环境影响评价费+节能评估审查费+劳动安全卫生评价费+研究试验费+专利及专有技术使用费+勘察设计费+引进技术咨询费+特种设备检验检测费+其他技术咨询费		0		
7	1	B1	项目论证费用						项目论证费应依据跟期研究会同列列，…
8	2	B2	环境影响评价费						按照国家环境保护总局《关于规范环境影响…
9	3	B3	节能评估审查费						山东省政府办公厅《关于切实做好固定资产…
10	4	B4	劳动安全卫生评价费	XMKJ+SBGZF	建筑安装工程费+设备购置费	0	0		按劳动安全卫生评价委托合同列列，或依…
11	5	B5	研究试验费						研究试验费按照研究试验的内容和要求技术…
12	6	B6	专利及专有技术使用费						
13	7	B7	勘察设计费						依据按国家计委、建设部发布《工程勘…
14	8	B8	引进技术咨询费						
15	9	B9	特种设备检验检测费			0	0		按照省政府有关部门的规定标准计算。没有…
16	10	B10	其他技术咨询费						按照有关规定双方合同约定计算
17	三	C	项目配套建设费						
18	四	D	项目建设管理费	D1+D2+D3+D4+D5+D6	建设单位管理费+项目建设管理代理费+工程造价咨询服务费+建设工程监理费+工程保险费+场地准备及临时设施费		0		

图 5-3-14　建设其他费

对于建设其他费繁多的费用项，如果以前有做好的 Excel 模板，平台可以通过"导入 Excel 文件"直接导入，如图5-3-15所示。

另外，可以对平台中现有费用模板进行修改调整，再单击"保存模板"按钮，在下个工程可以单击"载入模板"按钮直接调用，如图 5-3-16 所示。

图 5-3-15 导入 Excel 文件

图 5-3-16 保存模板与载入模板

任务五 概算调整

通过前面四个任务的讲解，基本已经可以做出一份完整的概算文件了。但是，概算编制规范规定，对原设计范围的重大变更，由原设计单位核实编制调整概算，所调整的内容逐项与原概算对比并分析主要原因，所以，接下来讲解概算调整的内容。

在平台中设置了单独的"调整概算"选项卡。在各费用项中输入调整后的数值，软件会自动计算出差额，如图 5-3-17 所示。

	序号	名称	原批准概算						调整概算						差额	费用类别
			建筑工程费	安装工程费	市政工程费	设备购置费	其他费用	合计	建筑工程费	安装工程费	市政工程费	设备购置费	其他费用	合计		
1	一	工程费用（小计）	2822682.63	0	0	0		2822682.63	3000000					3000000	177317.37	建安费
2	1	3#工程	2822682.63	0	0	0		2822682.63						0	-2822682.63	主要工程建安费
3	1.1	建筑工程	2822682.63	0	0			2822682.63						0	-2822682.63	主要工程建安费
4	1.2	民用安装工程	0	0	0	0		0						0	0	主要工程建安费
5	二	工程建设其他费用（小计）					0	0						0	0	其他费用
6	1	建设用地费					0	0						0	0	其他费用
7	2	技术咨询费					0	0						0	0	其他费用
8	3	项目配套建设费					0	0						0	0	其他费用
9	4	项目建设管理费					0	0						0	0	其他费用
10	5	与生产经营相关其他费用					0	0						0	0	其他费用
11		（一）*（二）合计					28226...	2822682.63						0	-2822682.63	其他费用
12	三	预备费用（小计）					0	0						0	0	专项费用
13	1	基本预备费					0	0						0	0	专项费用
14	2	价差预备费					0	0						0	0	专项费用
15	四	固定资产投资方向调节税					0	0						0	0	普通费用行
16	五	建设期贷款利息					0	0						0	0	专项费用
17	六	铺底流动资金					0	0						0	0	专项费用
18	七	建设项目概算总投资（…						2822682.63						0	-2822682.63	总金额

图 5-3-17　调整概算

任务六　概算小助手

针对概算业务，有的用户做得比较少，对于概算定额及相应的费用文件都不是很了解，特别是做外地工程时，对外地的概算文件编制依据就更不清楚了。这类文件在网上也不易查询，这时可以借助云计价平台的概算小助手查找想要的费用文件。在广联达云计价平台界面右侧的"工作空间"，单击"概算小助手"按钮选择相应选项，就可以查到一些内部资料，如图 5-3-18 所示。

图 5-3-18　概算小助手

在"概算小助手"中，"地区"选择"山东"，下方就会按照时间顺序显示出当地概算相关费用文件，单击"简介"按钮即可以查看具体内容，如图 5-3-19 所示。

图 5-3-19　概算相关费用文件

项目四　招标业务

知识链接

工程量清单是载明建设工程的分部分项工程项目、措施项目、其他项目的名称和相应数量，以及规费、税金项目等内容的明细清单。工程量清单计价的基本原理就是以招标人提供的工程量清单为平台，投标人根据自身的技术、财务、管理能力进行投标报价，招标人根据具体的评标细则进行优选。这种计价方式是市场定价体系的具体表现形式。工程量清单的计价过程如图 5-4-1 所示。

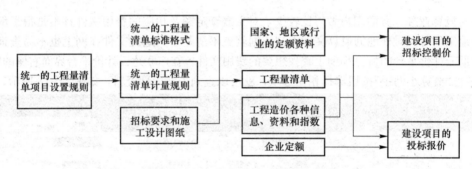

图 5-4-1　工程量清单的计价过程

使用工程量清单招标的流程包括招标申请、工程量清单编制、招标文件编制、招标控制价编制、发布招标公告、投标人资格审查、向投标人发放招标文件、踏勘现场、召开投标预备会、投标人编制投标文件并提交、开标、评标、中标、签订合同。虽然整个招标投标的流程比较长，但是从招标人的角度看，对于造价的控制主要体现在以下几个方面：

(1)工程清单的特征描述要尽量涵盖所有内容。工程量清单的特征描述是一个清单子目的最重要的组成部分，也是形成综合单价的重要元素。所谓"项目特征"，就是构成分部分项工程量清单项、措施项目自身价值的本质特征，便于准确报价。

(2)工程量清单子目应考虑全面。工程量清单是编制招标控制价、投标报价、计算工程量、支付工程款、调整合同价款、办理竣工结算及工程索赔等的依据之一。因此，在编制工程量清单阶段，就应该对项目推进过程中可能会发生的变更内容进行通盘考虑。

(3)设计阶段前完成较为详细的勘察工作。对于一个工程来说，勘察设计工作是非常重要的。按照规定，勘察设计必须在设计阶段前完成。首先，地质等条件不同，意味着设计方案也不同；其次，事先勘探出工程范围内的各类情况，对于工程量清单编制的准确性有很大帮助。

使用工程量清单招标是业主确定工程造价的一个重要阶段。其能提供一个平等的竞争条件，能满足市场经济条件下竞争的需要，有利于提高工程计价效率，也有利于工程款的拨付和工程造价的最终结算，还有利于业主对投资的控制。因此，招标投标阶段的造价控制对整个工程造价控制非常必要。在工程量清单计价模式下，应从工程量清单的编制、评标方法的优化等方面综合进行控制，为建设全过程造价管理做好阶段性控制。

实操解析

招标业务部分主要分为七大块内容，包括新建招标项目、编制分部分项工程量清单、编制措施项目清单、编制其他项目清单、导入 Excel 文件编制工程量清单、查看报表、生成电子标书。

任务一　　新建招标项目

第一步：在云计价平台界面单击"新建"按钮，选择"新建招投标项目"，在弹出的对话框中，选择"清单计价"选项(图 5-4-2)。在此界面单击"新建招标项目"，在打开的"新建招标项目"的窗口中，按照工程实际情况录入相应信息，如图 5-4-3 所示。

图 5-4-2　选择"新建招标项目"

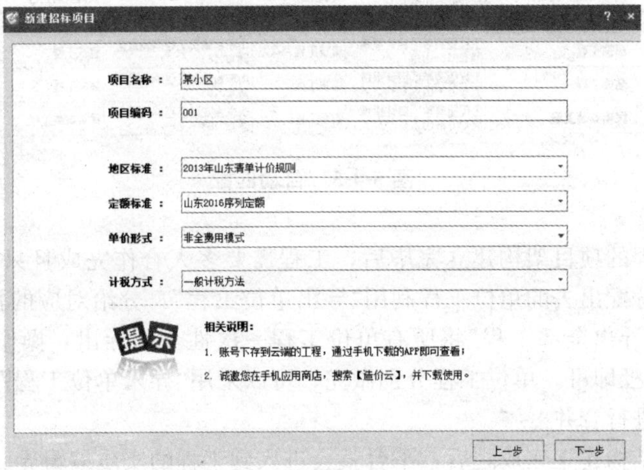

图 5-4-3　录入"新建招标项目"信息

第二步：单击"下一步"按钮，软件会进入"新建招标项目"界面。在云计价 GCCP5.0 中，软件可以将招标项目下的所有单项工程及单位工程一次性快速建立。假设某住宅小区项目下有1#楼和2#楼两个单项工程，每个单项工程下有建筑和安装两个专业。在打开的窗口中按实际情况填写即可(图 5-4-4)。平台会根据选择的单项工程的数量，以及勾选的单位工程的专业，自动将项目下面的单项工程及单位工程建立起来，软件自动匹配每个单位工程的清单库、清单专业、定额库、定额专业(图 5-4-5)。

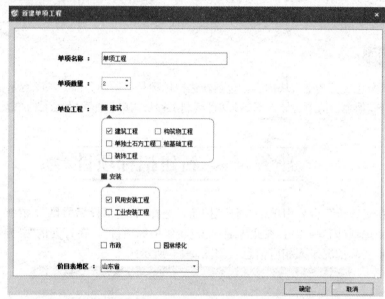

图 5-4-4　填写"新建单项工程"信息

图 5-4-5　自动匹配

第三步：当工程的项目架构建立完毕后，工程需要多人合作完成且只负责单位工程清单的编制，可以将需要分配出去的单位工程利用"导出单位工程"，分给对应的预算人员，如图 5-4-6所示。也可以使用"导出全部工程"将所有单位工程一次性全部导出，操作方法同"导出单位工程"，选择好存放路径即可。单位工程分别做完，可以采用"导入单位工程"，将各单位工程导入指定项目工程中，进行合并。

在项目的三级结构建立完成之后，平台就会进入到工程的实质编辑界面，如图 5-4-7 所示。

图 5-4-6 选择"导出单位工程"

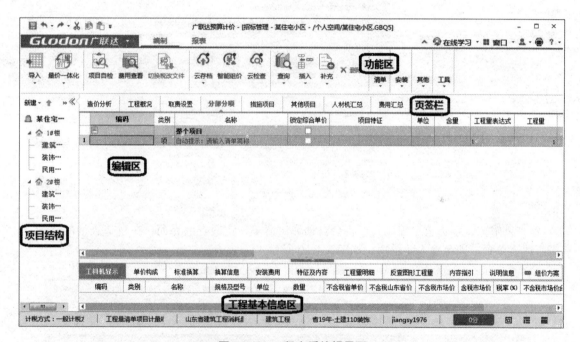

图 5-4-7 工程实质编辑界面

任务二　编制分部分项工程量清单

第一步：首先切换到"编制"界面，在左侧的项目管理中单击需要编辑的单位工程（以 1# 楼的建筑工程为例），平台会进入单位工程编辑界面，且自动切换到"分部分项"操作界面。

第二步：输入工程量清单项，输入方法有直接输入、查询输入、补充清单项三种。

（1）直接输入。在清单编码列输入清单编码前 9 位，后三位顺序码自动生成，如 010101001，按 Enter 键，即可以输入"平整场地"清单项（图 5-4-8）。

图 5-4-8　直接输入

提示：输入完清单后按 Enter 键，平台会自动切换到"工程量"列，输入工程量后再次按 Enter 键，平台会新增加定额子目空行，在编制工程量清单时可以设置为新增加清单空行。

在"Glodon 广联达"下拉菜单中单击"选项"按钮，选择"系统选项"→"直接输入选项"，去掉勾选的"输入清单工程量回车跳转到子目行"，单击"确定"按钮，平台就不会再切换到定额子目输入行，如图 5-4-9 所示。

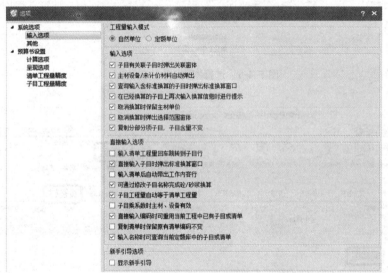

图 5-4-9　输入选项

(2)查询输入。双击清单编码行，将会自动弹出清单、定额查询界面，在章节查询的界面下双击所选清单项，即可输入清单项，如图 5-4-10 所示。

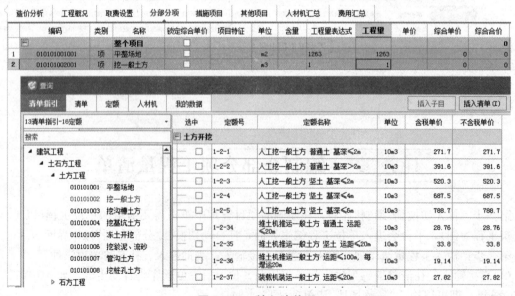

图 5-4-10　输入清单项

(3)补充清单项。在《建设工程工程量清单计价规范》(GB 50500—2013)中对补充清单有新的规定，如图 5-4-11 所示。

> 3.2.8 编制工程量清单出现附录中未包括的项目，编制人应作补充，并报省级或行业工程造价管理机构备案，省级或行业工程造价管理机构应汇总报住房和城乡建设部标准定额研究所。
> 补充项目的编码由附录的顺序码与B和三位阿拉伯数字组成，并应从×B001起顺序编制，同一招标工程的项目不得重码。工程量清单中需附有补充项目的名称、项目特征、计量单位、工程量计算规则工程内容。

图 5-4-11　《建设工程工程量清单计价规范》(GN 50500—2013)对补充清单的规定

了解《建设工程工程量清单计价规范》(GB 50500—2013)中的要求后，下面来看软件中对于补充清单的操作。单击功能区"补充"按钮，选择清单，在弹出的"补充清单"对话框中，建筑专业编码默认为 AB001，输入补充清单的名称、项目特征、单位、计算规则和工程内容，单击"确定"按钮即可以补充一条清单项，如图 5-4-12 所示。

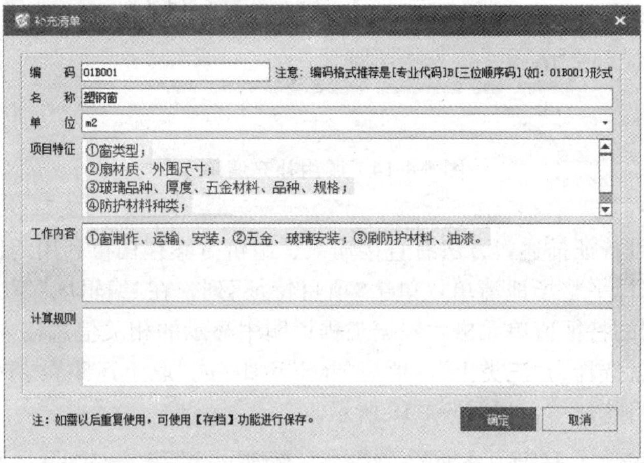

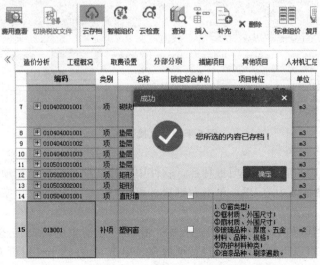

图 5-4-12　补充清单

做工程以后很可能会再次用到补充清单，可以利用"云存档"将其保存(图 5-4-13)，后续用的时候可以随时调用过来。在"查询"下拉菜单中选择"查询我的数据"，平台会弹出"查询"窗口，这时在"清单"下的"其他"一项中，就可以看到之前保存过的清单项，单击左上角的"插入"按钮即可以调用(图 5-4-14)。

图 5-4-13　存档补充清单

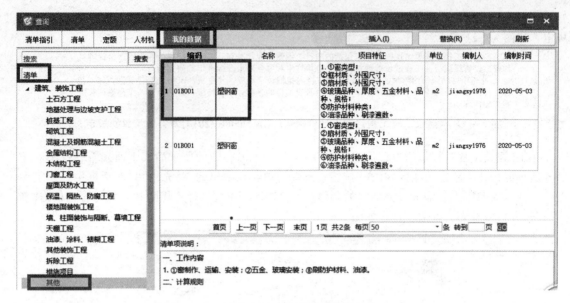

图 5-4-14　调用补充清单

第三步：进行项目特征描述，方法有直接输入、组价方案存档再利用两种。

（1）直接输入。选择平整场地清单，单击"项目特征"列，在"编辑区"下方切换到"特征及内容"栏，单击土壤类别的特征值单元格，根据工程说明中显示的相关信息输入即可。例如，工程说明为三类土，此时就选择为"三类土"，填写"弃土运距"或"取土运距"，平台会将项目特征值显示到对应清单的项目特征里，如图 5-4-15 所示。

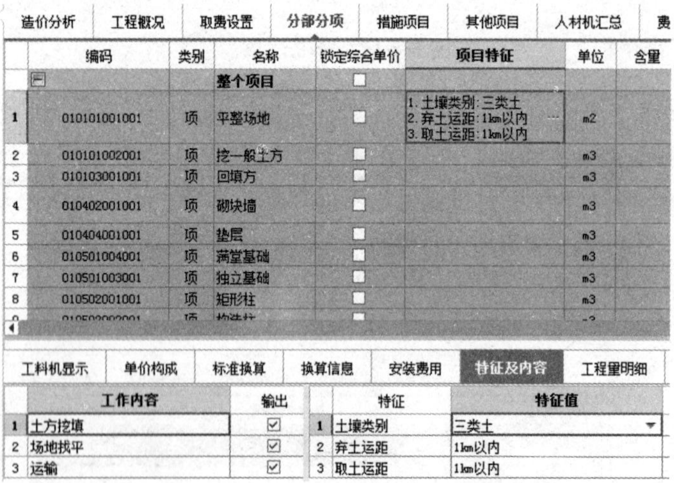

图 5-4-15　直接输入

按照实际情况描述各清单项的项目特征，软件中的特征项是按规则列项的，当不能满足实际工程要求时，在"特征及内容"里，单击右键鼠标可以"插入"空行，列出实际需要的项，填写特征值，如图 5-4-16 所示。

（2）组价方案存档再利用。做工程的过程中，相同专业清单的特征描述或有相同或相似，为了提高工作效率，可以将描述好的项目特征保存，单击"云存档"→"组价方案"，即可以保存成功（图 5-4-17）。在本工程或下个工程再遇到时单击"项目特征方案"调用即可。

图 5-4-16　插入特征项

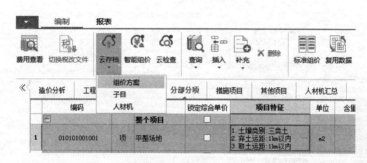

图 5-4-17　组价方案

📖 **专业小贴士**

工程量清单项目特征描述的重要意义

（1）项目特征是区分清单项目的依据。没有项目特征的准确描述，对于相同或相似的清单项目名称，就无从区分。

（2）项目特征是确定综合单价的前提。由于工程量清单项目的特征决定了工程实体的实质内容，因此清单项目特征描述得准确与否，必然关系到综合单价的确定。

（3）项目特征是履行合同义务的基础。项目特征描述不清楚甚至漏项、错误，从而引起在施工过程中的更改，都会引起分歧，导致纠纷、索赔。

第四步：输入工程量，输入方法有直接输入、工程量表达式输入、工程量明细输入、提取图形工程量四种。

（1）直接输入。例如，平整场地清单项，在工程量列输入工程量即可。

（2）工程量表达式输入。例如，选择砌块墙清单项，在工程量表达式列输入 3.1 * 2.85 * 0.2＋2.6 * 2.9 * 0.2，如图 5-4-18 所示。

（3）工程量明细输入。例如，选择"矩形柱"清单项，用鼠标选中工程量表达式单元格，然后单击下方的"工程量明细"，在"工程量明细"下方输入相应的工程量计算明细，如图 5-4-19 所示。

"工程量明细"相当于是由多个简单计算公式组合而成的，并可以在内容说明列进行备注，最终结果会汇总在此条清单的工程量。此功能对于处理装修清单工程量更为清楚，在图形算量里，装修部分基本都是按房间来进行处理的，以装修里的楼地面为例，各房间的楼地面工程量

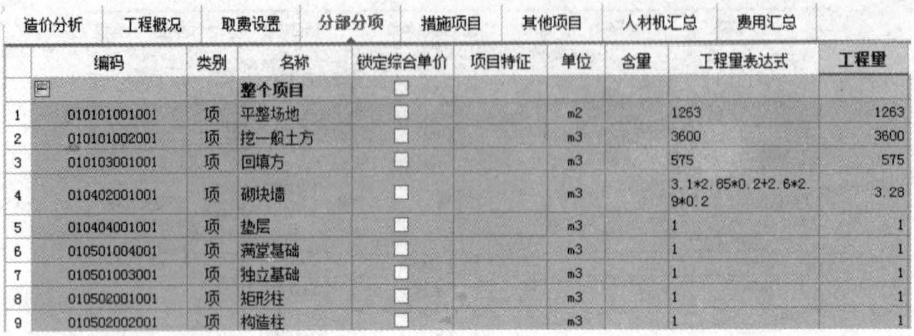

	编码	类别	名称	锁定综合单价	项目特征	单位	含量	工程量表达式	工程量
			整个项目						
1	010101001001	项	平整场地			m2		1263	1263
2	010101002001	项	挖一般土方			m3		3600	3600
3	010103001001	项	回填方			m3		575	575
4	010402001001	项	砌块墙			m3		3.1*2.85*0.2+2.6*2.9*0.2	3.28
5	010404001001	项	垫层			m3		1	1
6	010501004001	项	满堂基础			m3		1	1
7	010501003001	项	独立基础			m3		1	1
8	010502001001	项	矩形柱			m3		1	1
9	010502002001	项	构造柱			m3		1	1

图 5-4-18　工程量表达式输入

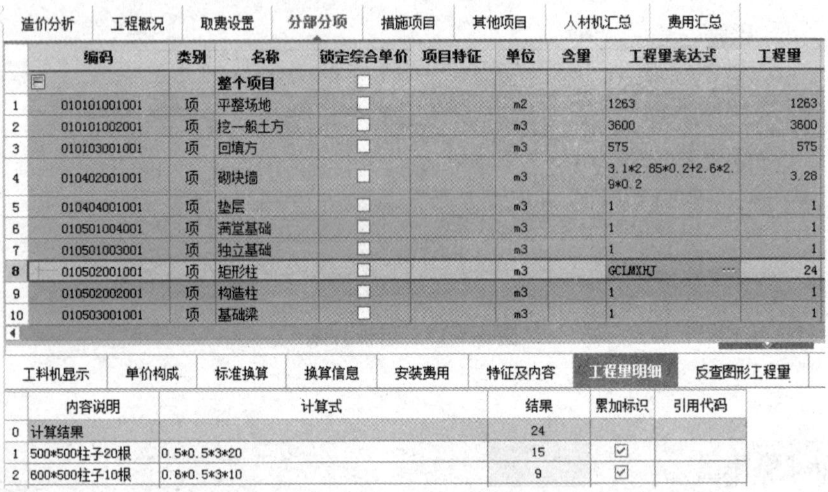

	编码	类别	名称	锁定综合单价	项目特征	单位	含量	工程量表达式	工程量
			整个项目						
1	010101001001	项	平整场地			m2		1263	1263
2	010101002001	项	挖一般土方			m3		3600	3600
3	010103001001	项	回填方			m3		575	575
4	010402001001	项	砌块墙			m3		3.1*2.85*0.2+2.6*2.9*0.2	3.28
5	010404001001	项	垫层			m3		1	1
6	010501004001	项	满堂基础			m3		1	1
7	010501003001	项	独立基础			m3		1	1
8	010502001001	项	矩形柱			m3		GCLMXHJ	24
9	010502002001	项	构造柱			m3		1	1
10	010503001001	项	基础梁			m3		1	1

	内容说明	计算式	结果	累加标识	引用代码
0	计算结果		24		
1	500*500柱子20根	0.5*0.5*3*20	15	☑	
2	600*500柱子10根	0.6*0.5*3*10	9	☑	

图 5-4-19　工程量明细输入

最后都要汇总在一条楼地面的清单里，使用工程量明细功能可以快捷地完成工程量的输入，并且在需要进行查看时，过程也是清晰可见的。

(4)提取图形工程量。在实际工作中，清单的工程量绝大多数是通过计量平台计算而来的，但提量时要将多个部位的工程量累加在一起，先汇总完毕之后才能输入计价平台里。GCCP5.0软件提供了“量价一体化”功能(图 5-4-20)，实现了计量平台与计价平台的关联。计量平台无须套做法，云计价平台可以快速提取图形工程量，大大提高了工作效率。

①单击“量价一体化”→“导入算量文件”，找到算量文件所在的位置，单击“打开”，就可以将算量文件导入进来了。

②在弹出的窗口选择一个单项工程，单击“确定”按钮。然后弹出“切换规则库”提示窗口(可以根据实际情况选择)。此时，选择“系统规则库”(图 5-4-21)，单击“确定”按钮即可。

③平台会弹出“提取图形工程量”窗口。这个窗口里的内容就是计量平台里计算好的量(图 5-4-22)。此时将光标切换到计价平台中的某条清单项，如垫层这条清单项，“提取图形工程量”的窗口会自动匹配到垫层这个构件的工程量界面，勾选工程量列，单击“应用”按钮，则计量平台的数据就被应用到清单项里了，如图 5-4-23 所示。

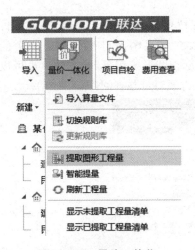

图 5-4-20　量价一体化

图 5-4-21　选择"系统规则库"

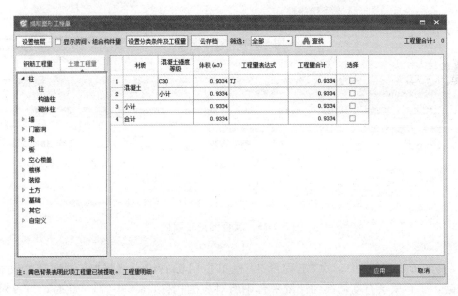

图 5-4-22　"提取图形工程量"窗口

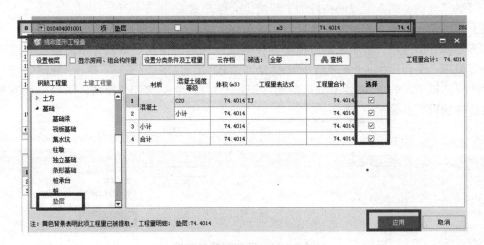

图 5-4-23　平台数据应用到清单项

④如果想提高工程效率，可以采用"量价一体化"下拉菜单中的"智能提量"来匹配计量平台中的所有工程量。单击"智能提量"（图5-4-24），依然选择"按系统规则库提量"，很短的时间平台就会提取成功。并且这样提取的优势在于可以利用"反查图形工程量"的方法，也可以追溯到工程量来源于哪一层、哪个构件、详细计算式，这样更方便对量与查阅（图5-4-25）。

图5-4-24 智能提量

		名称	工程量代码	单位	工程量	工程量表达式
	1	基础层				
	2	DC-1	TJ	m3	74.4014	
	3	体积(m3)	TJ	m3	74.4014	
	4	◇	TJ	m3	74.4014	77.3762〈原始体积〉-2.9748〈扣后浇带〉

图5-4-25 反查图形工程量

在"反查图形工程量"中，在"工程量"一栏单击鼠标右键，选择"定位到算量文件"选项（图5-4-26），平台就会自动切换到计量平台中所对应的构件（图5-4-27）。此时，可以对构件进行完善、修改，重新汇总计算。然后，切换到云计价平台，在"量价一体化"的下拉菜单中选择"刷新工程量"选项，则匹配好的构件的工程量也会修改完成（图5-4-28）。

以上四种输入清单工程量的方法可以根据工程实际情况灵活使用。

第五步：分部整理。清单编制过程中存在删减或添加的情况，编制完毕后需要将清单按照章节进行整理，平台提供了"整理清单"→"分部整理"功能（图5-4-29）。单击"分部整理"按钮，在弹出的对话框中，勾选"需要章分部标题"（图5-4-30），单击"确定"按钮，平台会快速自动地对所有清单项进行准确整理（图5-4-31）。

		名称	工程量代码	单位	工程量	
	1	基础层				
	2	DC-1	TJ	m3	74.4014	
	3	体积(m3)	TJ	m3	74.4014	
	4	◇	TJ	m3	74.4014	77.3762〈原始体积〉

显示楼层
显示构件工程量
显示图元工程量
定位到算量文件

图5-4-26 定位到算量文件

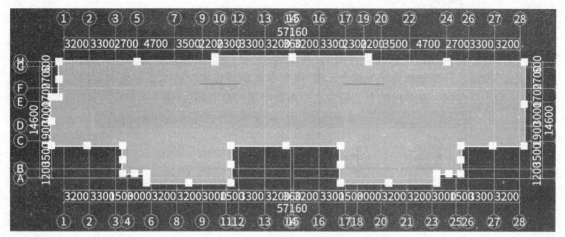

图 5-4-27 切换到对应的构件

图 5-4-29 整理清单

图 5-4-28 选择"刷新工程量"

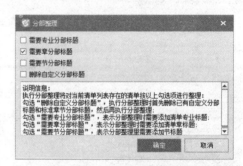

图 5-4-30 "分部整理"对话框

| | 造价分析 | 工程概况 | 取费设置 | 分部分项 | 措施项目 | 其他项目 | 人材机汇总 | 费用汇总 | | |

	编码	类别	名称	锁定综合单价	项目特征	单位	含量	工程量表达式
☐			整个项目	☐				
B1	☐ A.1	部	土石方工程	☐				
1	010101001001	项	平整场地	☐	1.土壤类别:三类土 2.弃土运距:1km以内 3.取土运距:1km以内	m2		1263
2	010101002001	项	挖一般土方	☐	1.土壤类别:三类土 2.挖土深度:2m 以内 3.弃土运距:1000m	m3		3600
3	010103001001	项	回填方	☐	1.密实度要求:碾压 2.填方材料品种:素土	m3		575
B1	☐ A.4	部	砌筑工程	☐				
4	010402001001	项	砌块墙	☐	1.砌块品种、规格、强度等级:混凝土空心砌块390×190×190 2.墙体类型:内墙 3.砂浆强度等级:水泥砂浆M2.5	m3		3.1*2.85*0.2+2.6*2.9*0.2
5	010404001001	项	垫层	☐	1.垫层材料种类、配合比、厚度:现浇砼…	m3		1
B1	☐ A.5	部	混凝土及钢筋混凝土工程	☐				

图 5-4-31 自动整理

如果在章节整理时需要将补充清单整理到某一章节下，就需要在补充清单行的"指定专业章节位置"列选择对应章节。当"指定专业章节位置"列没有显示时，可以在编辑区任意位置单击鼠标右键选中"页面显示列设置"。在弹出界面的"其他选项"中，勾选"指定专业章节位置"（图5-4-32），单击"确定"按钮，分部分项清单中就会出现"指定专业章节位置"（将水平滑块向后拉），单击单元格中的三个小点按钮，在弹出的对话框中选中需要归属的章节即可（图5-4-33）。

图 5-4-32　勾选"指定专业章节位置"

	编码	类别	名称	综合单价	综合合价	取费基础	单价构成文件	管理费单价	利润单价	取费专业	取费方式	指定专业章节位置
11	010503002001	项	矩形梁	0	0	建筑工程		0	0	建筑工程		105030000
12	010503004001	项	圈梁	0	0	建筑工程		0	0	建筑工程		105030000
13	010504001001	项	直形墙	0	0							105040000
14	010505001001	项	有梁板	0	0							105050000
15	010505003001	项	平板	0	0							105050000
B1	A.9	部	屋面及防水工程		0							
16	010902001001	项	屋面卷材防水	0	0							109020000
17	010902002001	项	屋面涂膜防水	0	0							109020000
18	010902004001	项	屋面排水管	0	0							109020000
19	010902008001	项	屋面变形缝	0	0							109020000
20	010903001001	项	墙面卷材防水	0	0							109030000
B1	A.11	部	楼地面装饰工程		0							
21	011101001001	项	水泥砂浆楼地面	0	0							111010000
22	011102003001	项	块料楼地面	0	0							111020000
B1		部	补充分部		0							
23	01B001	补项	竣工清理	0	0							101000000 ...

图 5-4-33　指定专业章节

　　如果要取消分部整理，单击"分部整理"按钮，勾选"删除自定义分部标题"，再单击"确定"按钮，所有的分部行即可取消（图5-4-34）。

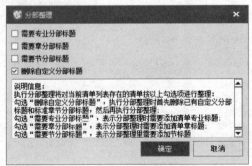

图 5-4-34　勾选"删除自定义分部标题"

任务三　编制措施项目清单

云计价平台已经将措施项目按照《建设工程工程量清单计价规范》（GB 50500—2013）中要求内置，并可分为总价措施项目和单价措施项目，如图 5-4-35 所示。

造价分析	工程概况	取费设置	分部分项	措施项目	其他项目	人材机汇总	费用汇总	

	序号	类别	名称	单位	项目特征	工程量	计算基数	费率(%)	综合单价
			措施项目						0
	1		总价措施项目						0
1	011707002001		夜间施工费	项		1	SRGF	2.55	0
2	011707004001		二次搬运费	项		1	SRGF	2.18	0
3	011707005001		冬雨季施工增加费	项		1	SRGF	2.91	0
4	011707007001		已完工程及设备保护费	项		1	SZJF	0.15	0
	2		单价措施项目						0
5			自动提示：请输入清单简称			1			0
		定	自动提示：请输入子目简称			0			0

图 5-4-35　措施项目

如果平台中内置的措施项目不能完全满足当前工程的实际情况，可以根据具体情况对措施项目进行添加编辑。选择一条清单项，单击鼠标右键并选择"插入"，即可以插入一空白行，然后将增加的措施项按照实际需求输入即可。

任务四　编制其他项目清单

云计价平台中已经按照清单规范将"其他项目"的内容内置（图 5-4-36），只需要根据需要编辑即可。如暂列金额，光标切换到暂列金额中的"计算基数"列，单击后面的下拉菜单（图 5-4-37），选择合适的取费基数，然后在"费率"列输入相应的费率，平台会自动计算出相应金额。也可以一次性输入金额数（图 5-4-38）。

造价分析	工程概况	取费设置	分部分项	措施项目	其他项目	人材机汇总	费用汇总

其他项目
- 暂列金额
- 特殊项目暂估价
- 专业工程暂估价
- 计日工费用
- 采购保管费
- 其他检验试验费
- 总承包服务费
- 签证与索赔计价表
- 其他

	序号	名称	计算基数	费率(%)	金额	费用类别	不计入合价	备注
1		其他项目			0			
2	1	暂列金额	暂列金额		0	暂列金额	☐	
3	2	专业工程暂估价	专业工程暂估价		0	专业工程暂估价	☑	
4	3	特殊项目暂估价	特殊项目暂估价		0	特殊项目暂估价	☐	
5	4	计日工	计日工		0	计日工	☐	
6	5	采购保管费	采购保管费		0	采购保管费	☐	
7	6	其他检验试验费	其他检验试验费		0	其他检验试验费	☐	
8	7	总承包服务费	总承包服务费		0	总承包服务费	☐	
9	8	其他	其他		0	其他	☐	

图 5-4-36　其他项目

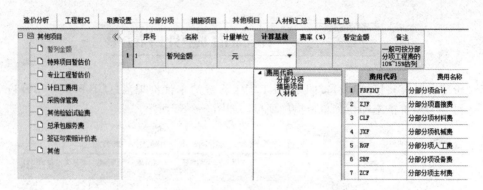

图 5-4-37　选择取费基数

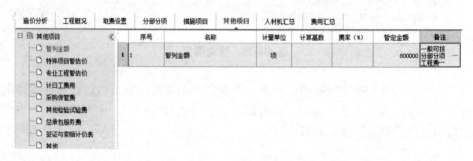

图 5-4-38　输入金额数

任务五　导入 Excel 文件编制工程量清单

前面任务介绍了手动输入工程量清单，本任务介绍利用导入 Excel 文件快速编制工程量清单。具体操作方法如下：

第一步：在单位工程主界面，单击"导入"→"导入Excel 文件"（图 5-4-39），在弹出的对话框中，找到 Excel 文件所在位置，单击"打开"按钮。

第二步：在弹出的"导入 Excel 招标文件"窗口中匹配好对应的列与行，尤其"项目编码""名称""项目特征"

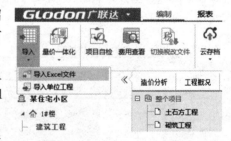

图 5-4-39　导入 Excel 文件

"计量单位""工程数量"五项内容，一定要准确无误地匹配好。平台提示的无效行，一般情况下与清单无关，可以忽略，如图 5-4-40 所示。

说明：在右上角的地方有个"清空导入"复选框，如果勾选，则将这份 Excel 导入后，之前的内容会全部消失；如果不勾选，则就是在原有的基础上导入这份 Excel。

第三步：单击"导入"按钮，就会将 Excel 文件导入到平台之中，同时会有错误提醒（图 5-4-41）。对于平台的错误提醒，一定要关注，手动修改。

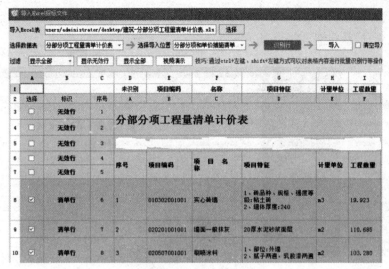

图 5-4-40　提示无效行

Excel导入日志：

- 检查的错误中导入的项（名称、单位为空，工程量为空或为0的项导入，导入后请进您的工程中手动修改）

工程中行号	编码	错误原因
所属清单行: 30	补001001001004	不能识别子目[补001001001004],以补充子目导入到工程中
所属清单行: 32	补002001001001	不能识别子目[补002001001001],以补充子目导入到工程中

图 5-4-41　错误提醒

任务六　查看报表

所有单位工程内容编辑完成后，查看本单位工程的报表，需要将界面切换至"报表"界面，在项目结构中选择某单位工程，选择"分部分项工程量清单"，即可以呈现"分部分项工程量清单与计价表"，如图 5-4-42 所示。

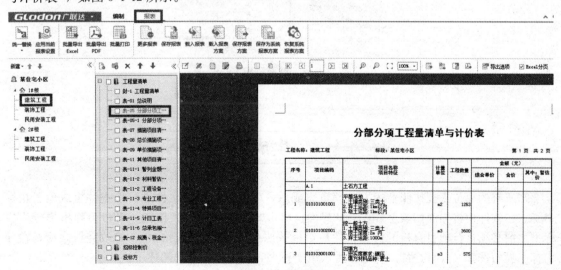

图 5-4-42　报表

单张报表可以导出为 Excel，单击右上角的"导出 Excel 文件"，在弹出的对话框中选择保存路径后，单击"保存"按钮即可（图 5-4-43）。

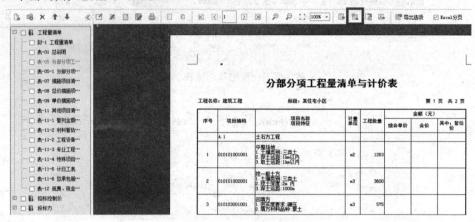

图 5-4-43　导出 Excel 文件

也可以将所有报表批量导出为 Excel，单击"批量导出 Excel"按钮，将需要导出的报表勾选上，单击"导出选择表"按钮，即可以将选中的报表导出到指定的文件夹下（图 5-4-44）。

图 5-4-44　批量导出 Excel

任务七　生成电子标书

当所有的单位工程按照上述方法编辑完成后，就可以对项目文件进行检查并生成电子招标书了。在软件中将界面切换至"电子标"界面，单击"生成电子标书"按钮，平台会弹出提醒生成标书之前必须进行项目自检的窗口，然后可以按照提示对项目进行自检。修改完毕之后，在导出标书界面选择"导出位置"，即可以生成电子标书，在此就不详细阐述了。

项目五 投标业务

任务一　新建投标项目、导入分部分项工程量清单

新建投标项目与新建招标项目的基本操作流程差不多，特别强调的是"地区标准"和"定额标准"这两项一定要选择准确，否则会影响到后期的造价。

如果拿到电子标书，可以直接将电子标书导入到投标项目中。这样，工程的项目结构、清单项就全部导入到了新建的投标项目中，然后直接组价就可以了。如果拿到的是 Excel 表，也可以在新建投标项目结束之后，切换到单位工程界面，单击"导入"→"导入 Excel 表"，这样也可以导入清单项。

如果项目比较大，需多人协作，那么建议直接"新建单位工程"，在多人协作完成单位工程之后，再"新建项目"，将多个单位工程导入，合并即可。

任务二　分部分项清单组价

1. 定额输入

投标方组价是在招标方所列的清单项下进行定额子目组价，具体套哪条子目或者哪几条子目是投标方根据工程情况，以及招标方清单项目特征的描述等考虑组价的。接下来介绍平台中输入定额子目的方法。

(1)直接输入。用鼠标左键单击清单下面的空白的子目行，在"编码"列手动输入定额子目编号，广联达云计价平台会弹出一个标准换算窗口(图 5-5-1)，根据工程实际情况勾选，单击"确定"按钮即可以完成定额子目的输入。

补充：如果输入定额子目时不想弹出标准换算窗口，则单击"Glodon 广联达"→"选项"，在

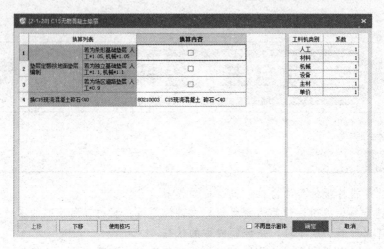

图 5-5-1　标准换算窗口

弹出的窗口中去掉勾选"直接输入子目时弹出标准换算窗口"一项（图 5-5-2），再单击"确定"按钮即可。

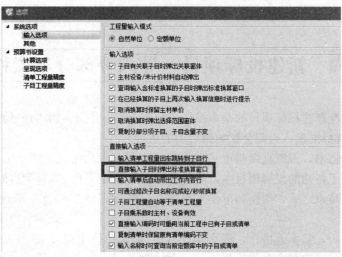

图 5-5-2　去掉勾选"直接输入子目时弹出标准换算窗口"

（2）智能筛选。用鼠标左键单击清单下面的空白的子目行，空白行中会出现"…"，单击此按钮，软件会智能筛选出合适的定额子目（图 5-5-3），根据工程实际情况选择一项即可。

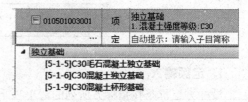

图 5-5-3　智能筛选出合适定额子目

（3）查询定额库。选中要组价的清单项，单击鼠标右键与选择"查询"→"查询清单指引"，然后，在此界面找到对应的清单项，广联达云计价平台会自动匹配定额子目，勾选插入即可，如图 5-5-4 所示。

（4）补充子目。当工程中出现一些新项目或新材料时，在定额库中没有对应项，这时就需要补充定额或材料。选中要补充定额的清单项，单击"补充"→"子目"，在弹出的对话框中输入编码、专业章节、名称、单位、子目工程量表达式等（图 5-5-5）。

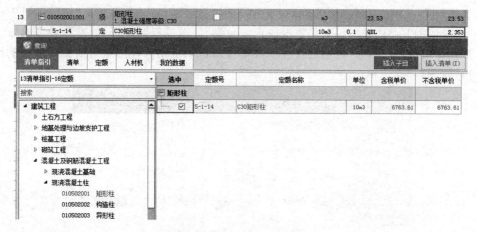

图 5-5-4　查询清单指引

图 5-5-5　补充子目

（5）快速组价。一个项目中会存在多条清单都套取相同定额子目的情况，为了提高效率，减少重复性工作，可以选中子目套取好的清单项单击鼠标右键，并选择"存档"→"组价方案"，将组价方案存档，或者直接单击功能区的"存档"→"组价方案"。存档的组价方案，本工程或下个工程遇到清单编码和特征关键字能与存档信息匹配上的会在下方"组价方案"中显示出来，可以双击调用，如图 5-5-6 所示。

图 5-5-6　组价方案

(6)智能组价。为了提高组价的效率,软件提供"智能组价"功能。单击"智能组价"→"组价范围"→"组价依据"(存档数据、工程数据或企业数据),再选择匹配形式(准确或准确+近似),然后单击"立即组价"按钮,广联达云计价平台就可以自动根据选择的组价依据对所有的清单项匹配组价,如图5-5-7所示。

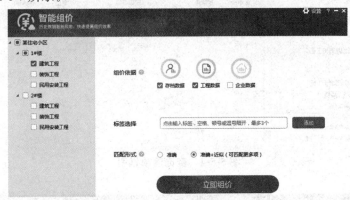

图 5-5-7　智能组价

组价完成后,平台会提示匹配结果(图5-5-8)。单击"查看组价结果"按钮,平台会将匹配结果以标记的形式展示出来,可以进行核实修改,如图5-5-9所示。

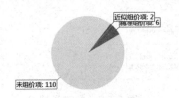

图 5-5-8　提示匹配结果

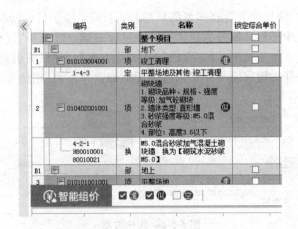

图 5-5-9　查看组价结果

2. 工程量输入

清单量招标方已经按照清单规则计算并给出，子目工程量按照定额计算规则计算。一般来说，清单计算规则和定额的保持一致，但部分计算规则不同，如土方、踢脚线等。当输入的定额计算规则和清单一致时，定额的工程量表达式会显示"QDL"，意思是清单工程量等于定额工程量，当规则不一致或单位不相同时，定额工程量需要手动输入，如图 5-5-10 所示。

	编码	类别	名称	锁定综合单价	项目特征	单位	含量	工程量表达式	工程量
			整个项目						
B1		部	地下						
1	010101002001	项	挖一般土（石）方 1.土石方类别:投标人依据现场情况综合考虑 2.挖土深度:根据图纸		1.土石方类别:投标人依据现场情况综合考虑 2.挖土深度:根据图纸	m3		5797.06	5797.06
	1-2-39	定	挖掘机挖一般土方 普通土			10m3	0	0	0
2	010103001001	项	基础回填土方 1.填方来源、运距:自行考虑		1.填方来源、运距:自行考虑	m3		1004.83	1004.83
	1-4-13	定	机械夯填槽坑			10m3	0.1	QDL	100.483

图 5-5-10　工程量输入规则

3. 换算

按照定额估价中的子目组价后，根据工程情况有时需要在原有基础上进行换算，广联达云计价平台中提供了以下几种换算方法，可以根据工程选择。

（1）标准换算。标准换算平台提供了两种方法：一种方法是输入子目的同时做换算。在输入含标准换算子目时，标准换算信息会直接弹出，选择要换算的信息即可。这种方法运用的前提是在"Glodon 广联达"的"选项"中"系统选项"→"输入选项"中设置过"自动弹出标准换算窗口"。前面介绍过，在此不再赘述。另一种方法是选中要换算的子目，单击"标准换算"按钮，选择对应的换算信息双击鼠标左键即可，如图 5-5-11 所示。

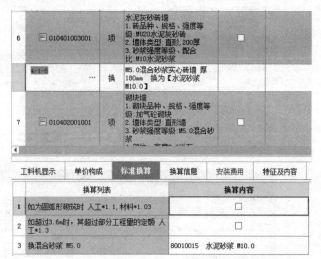

图 5-5-11　标准换算

（2）系数换算。例如，选基础垫层清单项下的定额子目，单击子目编码列，使其处于编辑状态，在子目编码后面输入＊1.1，软件就会将这条子目的人材机含量均乘以 1.1 的系数。当需要换算的子目人材机所乘的系数不一样时，就需要分别输入对应的系数，R 代表人工，C 代表材料，J 代表机械，中间用","隔开，如图 5-5-12 所示。

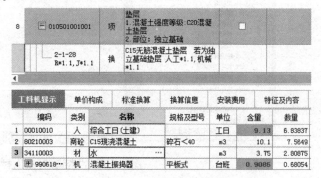

图 5-5-12　系数换算

（3）换算材料。换算材料可以"批量换算"。例如，要将工程中的"塑料薄膜"换成"聚乙稀薄膜"，首先，选中所有的清单项，单击"其他"→"批量换算"，平台会弹出"批量换算"对话框（图 5-5-13）。然后，选中"塑料薄膜"一项，单击左上角的"替换人材机"，在"查询/替换人材机"窗口换成选择"聚乙稀薄膜"，单击右上角"替换"按钮（图 5-5-14、图 5-5-15），再单击"确定"按钮，即可以将选中清单项中所有的"塑料薄膜"换成"聚乙稀薄膜"。

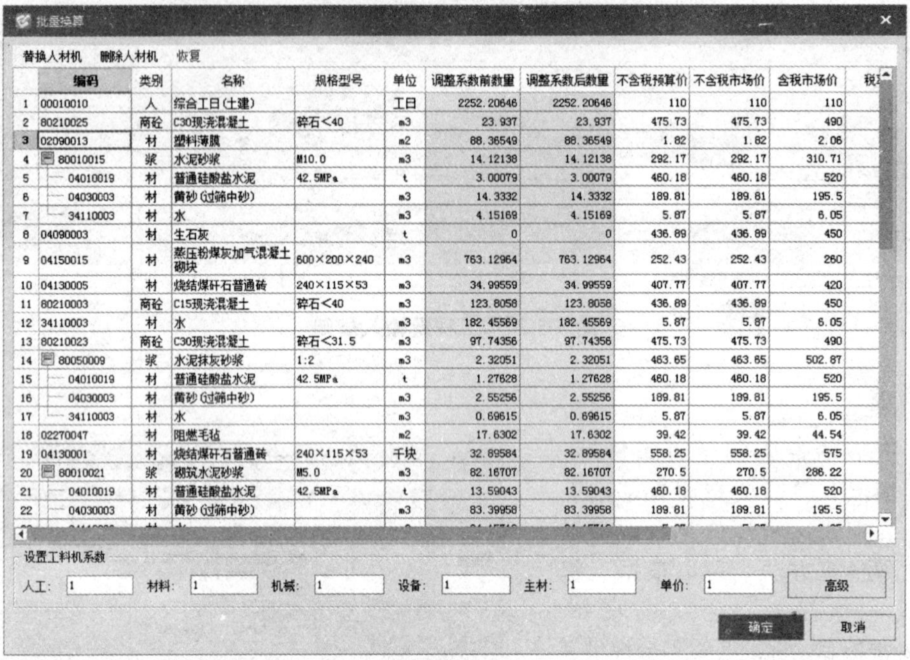

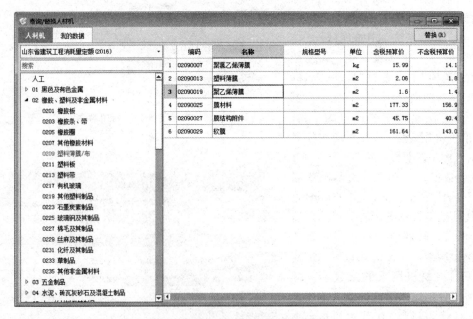

图 5-5-13 "批量换算"对话框

图 5-5-14 "查询/替换人材机"窗口

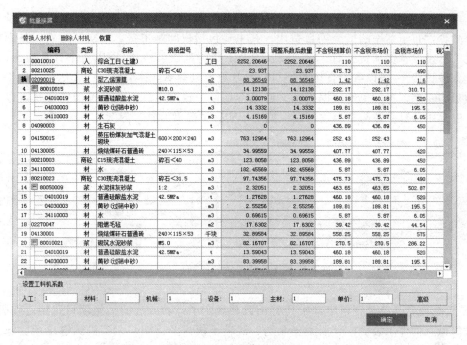

图 5-5-15　批量换算完成

换算材料也可以"整体换算"。例如，16 定额中的混凝土都是商品混凝土。如果要将工程中的"商品混凝土"换成"现浇混凝土"，可以进行以下操作：首先，选中一条混凝土清单项，单击鼠标右键，在弹出的功能区中选择"商品砼转现浇砼"（图 5-5-16），此时，会弹出"选择范围"对话框（图 5-5-17），可以勾选"整个项目""场外集中搅拌""25 m³/h"，单击"确定"按钮，即可以完成整个项目的主材换算。

图 5-5-16　商品砼转现浇砼

图 5-5-17　"选择范围"对话框

任务三　　措施项目组价

措施项目费用是指为完成工程项目施工，发生于该工程施工准备和施工过程中的技术、生活、安全、环境保护等方面的项目费用，由总价措施项目和单价措施项目两个方面费用组成。

（1）总价措施费是指住房城乡建设主管部门根据建筑市场状况和多数企业经营管理情况、技术水平等测算发布了费率的措施项目费用。其主要包括夜间施工费、二次搬运费、冬雨期施工费、已完工程及设备保护费。前三项一般以省人工费为基数（SRGF）乘以费率计算得出，"已完工程及设备保护费"一般以省价直接费（SZJF）为基数乘以费率计算得出。广联达云计价平台内置了费用项目与费率，投标单位根据招标文件保持条目一致即可。因为总价措施费是可以竞争性费用，所以其中计算基数与费率均可以根据工程实际情况做调整，如图 5-5-18 所示。

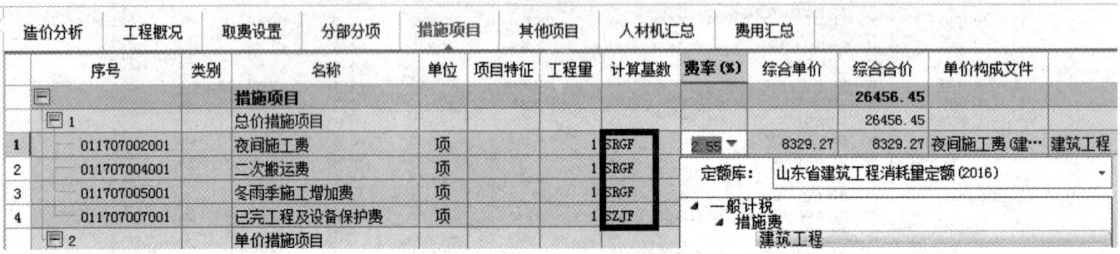

造价分析	工程概况	取费设置	分部分项	措施项目	其他项目	人材机汇总	费用汇总				
序号	类别		名称	单位	项目特征	工程量	计算基数	费率（%）	综合单价	综合合价	单价构成文件
			措施项目							26456.45	
	1		总价措施项目							26456.45	
1	011707002001		夜间施工费	项		1	SRGF	2.55 ▼	8329.27	8329.27	夜间施工费（建… 建筑工程
2	011707004001		二次搬运费	项		1	SRGF		定额库：	山东省建筑工程消耗量定额 (2016)	▼
3	011707005001		冬雨季施工增加费	项		1	SRGF		▲ 一般计税		
4	011707007001		已完工程及设备保护费	项		1	SZJF		▲ 措施费		
	2		单价措施项目						建筑工程		

图 5-5-18　计算基数

（2）单价措施费是指消耗量定额中列有子目并规定了计算方法的措施项目费用。如脚手架、垂直运输机械、构件吊装机械、混凝土泵送、混凝土模板及支架、大型机械进出场、施工降排水等。计价平台中单价措施项目的处理方式同分部分项清单，正常编制与组价即可，在此不再赘述。

任务四　其他项目组价

其他项目费用一般包括暂列金额、专业工程暂估价、特殊项目暂估价、计日工费用、采购保管费、其他检验试验费、总承包服务费、其他等。

（1）暂列金额是指建设单位在工程量清单中暂定并包括在工程合同价款中的一笔款项，用于施工合同签订时尚未确定或不可预见的材料、设备、服务的采购，施工中可能发生的工程变更、合同约定调整因素出现时工程价款的调整，以及发生的索赔、现场签证等费用。暂列金额一般可以按分部分项工程费的 10%～15% 估列。

一种方法是切换到"其他项目"界面，单击"暂列金额"按钮，广联达云计价平台会切换到暂列金额的编辑页面。平台默认是以"分部分项合计（FBFXHJ）"为计算基数，手动输入费率，广联达云计价平台会自动计算出暂列金额，如图 5-5-19 所示。

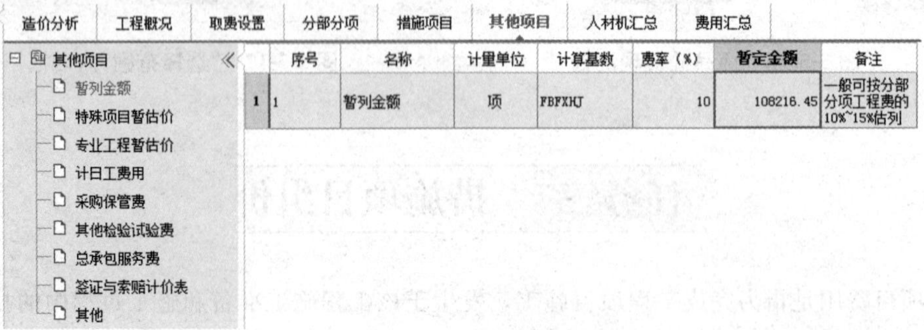

造价分析	工程概况	取费设置	分部分项	措施项目	其他项目	人材机汇总	费用汇总

其他项目	«	序号	名称	计量单位	计算基数	费率（%）	暂定金额	备注
暂列金额								
特殊项目暂估价		1 1	暂列金额	项	FBFXHJ	10	108216.45	一般可按分部分项工程费的10%~15%估列
专业工程暂估价								
计日工费用								
采购保管费								
其他检验试验费								
总承包服务费								
签证与索赔计价表								
其他								

图 5-5-19　暂列金额

另一种方法是清空原有条目，在空白处单击鼠标右键，选择"插入费用行"，手动添加暂列金额的明细与数额，平台也会自动累计到"暂列金额"的费用中，如图 5-5-20 和图 5-5-21 所示。

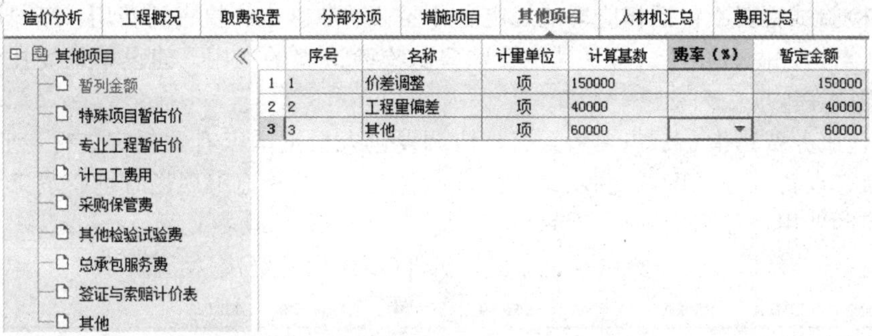

| 造价分析 | 工程概况 | 取费设置 | 分部分项 | 措施项目 | 其他项目 | 人材机汇总 | 费用汇总 |

	序号	名称	计量单位	计算基数	费率（%）	暂定金额
1	1	价差调整	项	150000		150000
2	2	工程量偏差	项	40000		40000
3	3	其他	项	60000	▼	60000

其他项目：暂列金额、特殊项目暂估价、专业工程暂估价、计日工费用、采购保管费、其他检验试验费、总承包服务费、签证与索赔计价表、其他

图 5-5-20 添加暂列金额的明细与数额

| 造价分析 | 工程概况 | 取费设置 | 分部分项 | 措施项目 | 其他项目 | 人材机汇总 | 费用汇总 |

	序号	名称	计算基数	费率(%)	金额	费用类别	不计入合价
1		其他项目			250000		
2	1	暂列金额	暂列金额		250000	暂列金额	☐
3	2	专业工程暂估价	专业工程暂估价		0	专业工程暂估价	☑
4	3	特殊项目暂估价	特殊项目暂估价		0	特殊项目暂估价	☐
5	4	计日工	计日工		0	计日工	☐
6	5	采购保管费	采购保管费		0	采购保管费	☐
7	6	其他检验试验费	其他检验试验费		0	其他检验试验费	☐
8	7	总承包服务费	总承包服务费		0	总承包服务费	☐
9	8	其他	其他		0	其他	☐

其他项目：暂列金额、特殊项目暂估价、专业工程暂估价、计日工费用、采购保管费、其他检验试验费、总承包服务费

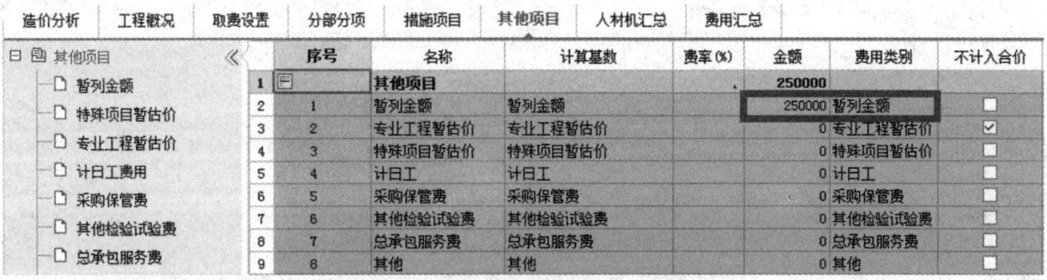

图 5-5-21 累计到"暂列金额"

（2）专业工程暂估价是指建设单位根据国家相应规定、预计需要由专业承包人另行组织施工、实施单独分包（总承包人仅对其进行总承包服务），但暂时不能确定准确价格的专业工程价款。专业工程暂估价应区分不同专业，按有关计价规定估价，并仅作为计取总承包服务费的基础，不计入总承包人的工程总造价。其在广联达云计价平台中的操作方法同暂列金额，如图 5-5-22 所示。

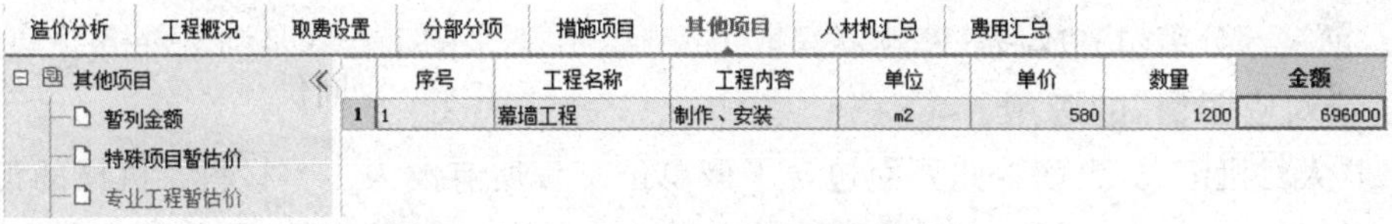

| 造价分析 | 工程概况 | 取费设置 | 分部分项 | 措施项目 | 其他项目 | 人材机汇总 | 费用汇总 |

	序号	工程名称	工程内容	单位	单价	数量	金额
1	1	幕墙工程	制作、安装	m2	580	1200	696000

其他项目：暂列金额、特殊项目暂估价、专业工程暂估价

图 5-5-22 专业工程暂估价

（3）特殊项目暂估价是指未来工程中肯定发生、其他费用项目均未包括，但由于材料、设备或技术工艺的特殊性，没有可以参考的计价依据，事先难以准确确定其价格，对造价影响较大的项目费用。平台中的操作方法同暂列金额。

（4）计日工是指在施工过程中，承包人完成建设单位提出的工程合同范围以外的、突发性的零星项目或工作，按合同中约定的单价计价的一种方式。计日工不仅指人工，零星项目或工作使用的材料、机械，均应计列于本项之下，如图 5-5-23 所示。

| 造价分析 | 工程概况 | 取费设置 | 分部分项 | 措施项目 | 其他项目 | 人材机汇总 | 费用汇总 |

	序号	名称	单位	数量	单价	合价	综合单价	综合合价	取费文件
1		计日工费用						0	
2	一	人工						0	人工模板
3							0	0	人工模板
4	二	材料						0	材料模板
5							0	0	材料模板
6	三	机械						0	机械模板
7								0	机械模板

其他项目：暂列金额、特殊项目暂估价、专业工程暂估价、计日工费用、采购保管费、其他检验试验费

图 5-5-23 计日工费用

(5)采购保管费是指采购、供应和保管材料、设备过程中所需要的各项费用。其包括采购费、仓储费、工地保管费和仓储损耗。平台中的操作方法同暂列金额。

(6)其他检验试验费不包括相应规范规定之外要求增加鉴定、检查的费用，新结构、新材料的试验费用，对构件做破坏性试验及其他特殊要求检验试验的费用。建设单位委托检测机构进行检测的费用，在该项中列支。

(7)总承包服务费是指总承包人为配合、协调发包人根据国家有关规定进行专业工程发包、自行采购材料、设备等进行现场接收、管理(非指保管)，以及施工现场管理、竣工资料汇总整理等服务所需的费用，如图 5-5-24 所示。

总承包服务费＝专业工程暂估价(不含设备费)×相应费率

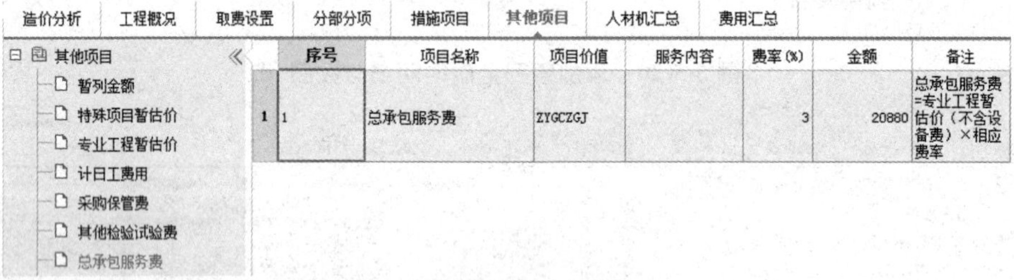

	序号	项目名称	项目价值	服务内容	费率(%)	金额	备注
1	1	总承包服务费	ZYGCZGJ		3	20880	总承包服务费=专业工程暂估价(不含设备费)×相应费率

图 5-5-24　总承包服务费

(8)其他：包括工期奖惩、质量奖惩等前面不涵盖的内容均可以计列于本项之下。

任务五　人材机汇总

清单计价的工程造价是由分部分项合计、措施项目合计、其他项目合计、规费、税金五部分组成的。前三部分编辑完成后，基本就完成了编制，接下来的工作就是调整价格了。

1.“显示对应子目”的应用

切换到“人材机汇总”界面，此界面包含了该单位工程所有的人工、材料、机械的汇总。如果对哪一种材料的数量有疑问，可以单击该材料行，然后在功能区选择“显示对应子目”，平台会自动搜索到该材料是由哪几项汇总得来的(图 5-5-25)。在弹出的窗口中可以双击有疑问的清单项或定额子目，平台会自动定位到该条清单项或定额子目所在位置，然后可以根据实际情况进行修改。

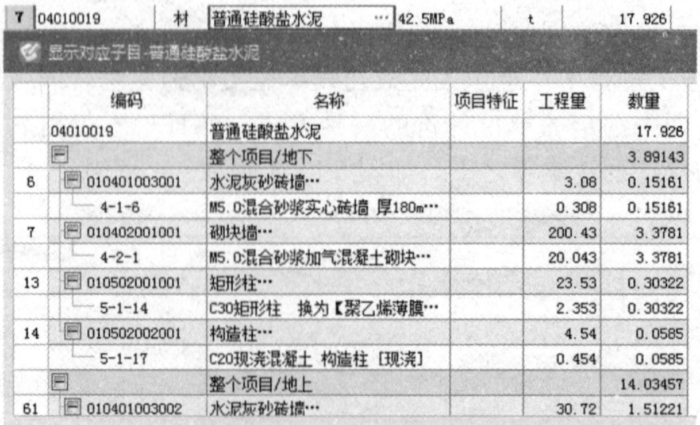

	编码	名称	项目特征	工程量	数量
	04010019	普通硅酸盐水泥			17.926
		整个项目/地下			3.89143
6	010401003001	水泥灰砂砖墙…		3.08	0.15161
	4-1-6	M5.0混合砂浆实心砖墙 厚180m…		0.308	0.15161
7	010402001001	砌块墙…		200.43	3.3781
	4-2-1	M5.0混合砂浆加气混凝土砌块…		20.043	3.3781
13	010502001001	矩形柱…		23.53	0.30322
	5-1-14	C30矩形柱　换为【聚乙烯薄膜…		2.353	0.30322
14	010502002001	构造柱…		4.54	0.0585
	5-1-17	C20现浇混凝土 构造柱 [现浇]		0.454	0.0585
		整个项目/地上			14.03457
61	010401003002	水泥灰砂砖墙…		30.72	1.51221

图 5-5-25　显示对应子目

2. 修改"甲供材料"

如果某种材料是"甲供材料"，而"甲供材料"是不计取税金的，所以，需要将材料的供货方式准确录入（注意：甲供材料的费用是汇总到工程造价里面的）。在"人材机汇总"界面，找到"甲供材料"的材料，在对应的"供货方式"列中选择"甲供材料"即可。也可以进行批量设置。在功能区中选择"其他"→"批量修改"，在弹出的对话框中，将设置项选为"供货方式"，将设置值选为"甲供材料"，然后在下方勾选所需要的材料即可以完成批量设置，如图 5-5-26 所示。

	选择	编码	名称	类别	供货方式	市场价锁定	输出标记
1		00010010	综合工日(土建)	人工费	自行采购		☑
2		02090013	塑料薄膜	材料费	自行采购		☑
3		02090019	聚乙烯薄膜	材料费	自行采购		☑
4		02270047	阻燃毛毡	材料费	自行采购		☑
5		03150055	支撑钢管及扣件	材料费	自行采购		☑
6		03150139	圆钉	材料费	自行采购		☑
7	☑	04010019	普通硅酸盐水泥	材料费	甲供材料		☑
8		04030003	黄砂(过筛中砂)	材料费	自行采购		☑
9	☑	04130001	烧结煤矸石普通砖	材料费	自行采购		☑
10		04130005	烧结粉煤灰普通砖	材料费	自行采购		☑
11		04150015	蒸压粉煤灰加气混凝土砌块	材料费	自行采购		☑
12		09000015	银成材	材料费	自行采购		☑
13		14350025	隔离剂	材料费	自行采购		☑
14		34050003	草板纸	材料费	自行采购		☑
15		34110003	水	材料费	自行采购		☑
16		35010021	组合钢模板	材料费	自行采购		☑
17		35020013	零星卡具	材料费	自行采购		☑

图 5-5-26 修改"甲供材料"

3. 载入"市场价"

价格在调整时，可以采用"批量载价"的功能快速完成材料价格的调整。在功能区选择"载价"→"批量载价"，在弹出的"批量载价"的窗口中有"信息价""市场价""专业测定价"三项内容（图 5-5-27），如果三项都勾选，平台会按照从左向右的顺序载入价格，即如果有的材料价格"信息价"中没有，平台会按照"市场价"计算；如果"市场价"中没有，会按照"专业测定价"计算；如果仅勾选"信息价"，也可以增加备选地区价格。单击"确定"按钮，即可以完成批量载入"市场价"。

图 5-5-27 批量载价

4. 暂估材料的设置

暂估价是招标方提供范围和暂估价格给投标方报价时使用的，对于暂估价首先是招标方如何利用软件来设置，其次是投标人如何使用招标方提供的暂估材料。

首先，针对招标方来说，需要向投标方提供暂估材料表，如图 5-5-28 所示。

材料、设备暂估单价明细

工程名称：建筑		专业：土建工程		第 1 页 共 1 页
序号	材料设备编码	名称、规格、型号	计量单位	暂估单价/元
1	C00713	砾石 10～30 mm	m³	55
2	C01172	水泥 32.5	kg	0.35

图 5-5-28　材料、设备暂估单价明细

其次，针对投标方来说，当投标人进行投标报价时，只要招标方给了暂估材料及价格，就需要按照所给的内容应用。在"人材机汇总"界面，在左侧切换到"暂估材料表"，在功能区选择"从人材机汇总中选择"，在弹出的窗口中根据招标方提供的"材料、设备暂估单价明细表"选择材料并勾选，被勾选的材料，会自动归类到"暂估材料表"中，即可以完成暂估材料的设置。

任务六　费率调整与费用汇总

在费用汇总之前，通常先对费率做适当调整。在二级导航栏切换到"取费设置"，在此界面可以对"工程类别""管理费""利润""总价措施费"的费率进行修改，如图 5-5-29 所示。

| 造价分析 | 工程概况 | 取费设置 | 分部分项 | 措施项目 | 其他项目 | 人材机汇总 | 费用汇总 |

| 费用条件 | | | 费率 | 恢复到系统默认 | 查询费率信息 | | | | | |

	名称	内容				总价措施费				
			取费专业	工程类别	管理费(%)	利润(%)	夜间施工费	二次搬运费	冬雨季施工增加费	已完工程及设备保护费
1	城市名称	济南	1 建筑工程	III类工程	25.6	15	2.55	2.18	2.91	0.15
2	取费时间	19年4月至今	2 构筑物工程	III类工程	20.8	11.6	2.55	2.18	2.91	0.15
			3 民用安装工程	通用类别	55	32	2.5	2.1	2.8	1.2

图 5-5-29　取费设置

在修改的过程中可以调用"费用查看"对话框，适时查阅因修改费率引起的造价的变化，如图 5-5-30 所示。

切换到"费用汇总"界面，可以查看整个单位工程的总造价，如图 5-5-31 所示。

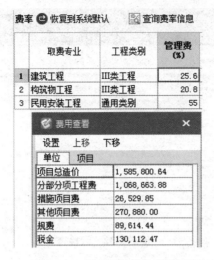

费率 🔄 恢复到系统默认　🔍 查询费率信息

	取费专业	工程类别	管理费(%)
1	建筑工程	III类工程	25.6
2	构筑物工程	III类工程	20.8
3	民用安装工程	通用类别	55

费用查看　✕

设置　上移　下移

单位　项目

项目总造价	1,585,800.64
分部分项工程费	1,068,663.88
措施项目费	26,529.85
其他项目费	270,880.00
规费	89,614.44
税金	130,112.47

图 5-5-30　"费用查看"对话框

造价分析　工程概况　取费设置　分部分项　措施项目　其他项目　人材机汇总　费用汇总

	序号	费用代号	名称	计算基数	费率(%)	金额	备注
4	2.2	B2	总价措施项目	ZZCSF		26,458.45	Σ[(JQ1×分部分项工程量)×措施费费率+(JQ1×分部分项工程量)×省发措施费费率×H×(管理费费率+利润率)]
5	三	C	其他项目费	QTXMHJ		270,880.00	3.1+3.3+3.4+3.5+3.6+3.7+3.8
6	3.1	C1	暂列金额	暂列金额		250,000.00	
7	3.2	C2	专业工程暂估价	专业工程暂估价		696,000.00	
8	3.3	C3	特殊项目暂估价	特殊项目暂估价		0.00	
9	3.4	C4	计日工	计日工		0.00	
10	3.5	C5	采购保管费	采购保管费		0.00	
11	3.6	C6	其他检验试验费	其他检验试验费		0.00	
12	3.7	C7	总承包服务费	总承包服务费		20,880.00	
13	3.8	C8	其他	其他		0.00	
14	四	D	规费	D1+D2+D3+D4+D5+D6		89,614.44	4.1+4.2+4.3+4.4+4.5+4.6
15	4.1	D1	安全文明施工费	D11+D12+D13+D14		61,063.50	4.1.1+4.1.2+4.1.3+4.1.4
16	4.1.1	D11	安全施工费	A+B+C-BQGF_HJ	2.34	31,966.13	(一+二+三)*费率
17	4.1.2	D12	环境保护费	A+B+C-BQGF_HJ	0.56	7,650.01	(一+二+三)*费率
18	4.1.3	D13	文明施工费	A+B+C-BQGF_HJ	0.65	8,879.48	(一+二+三)*费率
19	4.1.4	D14	临时设施费	A+B+C-BQGF_HJ	0.92	12,567.88	(一+二+三)*费率
20	4.2	D2	社会保险费	A+B+C-BQGF_HJ	1.52	20,764.32	(一+二+三)*费率
21	4.3	D3	住房公积金	A+B+C-BQGF_HJ	0.21	2,868.75	(一+二+三)*费率
22	4.4	D4	环境保护税	A+B+C-BQGF_HJ	0.27	3,688.40	(一+二+三)*费率
23	4.5	D5	建设项目工伤保险	A+B+C-BQGF_HJ	0.09	1,229.47	(一+二+三)*费率
24	4.6	D6	优质优价费	A+B+C-BQGF_HJ	0	0.00	(一+二+三)*费率
25	五	E	设备费	SBF		0.00	Σ(设备单价×设备工程量)
26	六	F	税金	A+B+C+D+E-BQSJ_HJ-JGCLF-JGZCF-JGSBF	9	130,112.47	(一+二+三+四+五-甲供材料、设备款)×税金
27	七	G	工程费用合计	A+B+C+D+E+F		1,585,800.64	一+二+三+四+五+六

图 5-5-31　"费用汇总"界面

任务七　生成投标文件

　　材料价格、费率调整完成后，就可以生成投标文件了。在生成投标文件之前，建议先进行"云检查"。通过"云检查"可以将有偏差项、无偏差项、未匹配项检查出来，也可以双击有偏差项进行查看、修改，如图 5-5-32 所示。

　　检查完成后，就可以生成投标文件了。普通的工程可以导出 Excel 投标文件。在一级导航栏里切换到"报表"界面，找到"投标方"，既可以打印或者导出 Excel 投标文件(图 5-5-33)，也可以单击鼠标右键选择"设计"，对导出的投标文件进行简单的页眉、页脚的设计(图 5-5-34)。

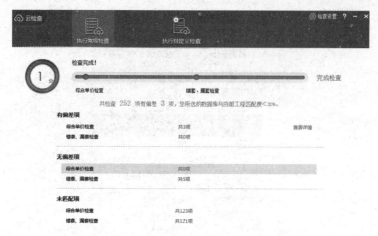

图 5-5-32　云检查

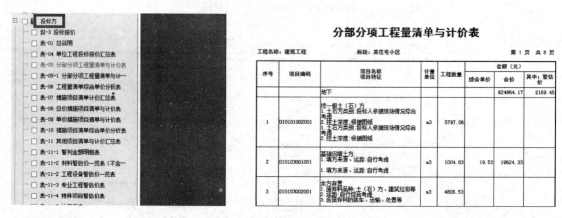

图 5-5-33　"投标方"报表

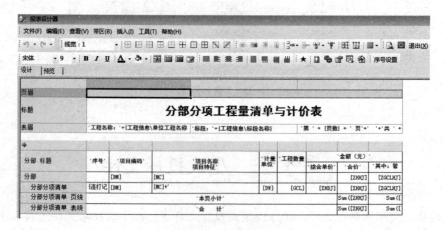

图 5-5-34　设计页眉、页脚

项目六　结算业务

对于施工单位来说，工程中标，与甲方签订施工合同后，工程就进入到实施阶段。工期长是工程项目的一大特点，为了使施工单位在工程建设中所耗用的资金能够及时回笼，保障工期连续进行，需要对工程价款进行中间结算，年终结算，工程竣工后还需要进行竣工结算。这就需要对每个进度期进行工程量和价的计算。在施工过程中涉及的造价有两个阶段，第一阶段是施工过程中涉及的分包采购合同、进度计量及总包和分包之间的结算；第二阶段是项目完成后的竣工结算，这一阶段主要对项目实施过程发生的一切费用进行清算，需要考虑施工所有实体工程量、材料及价差的调整。由此可见，结算最主要的工作就是过程的进度计量和最终的竣工结算。

云计价的结算部分就是根据上述主要工作划分为验工计价和竣工结算。

任务一　验工计价部分

1. 验工计价

验工计价部分，要学习的内容包括：分部分项工程量呈报，措施项目、其他项目设置，人材机调差，结果呈报。

在云计价平台验工计价部分中处理进度计量的方法是将合同文件直接转为验工计价文件，并且只需要输入每个进度期的量，价会自动计算，价差也会快速反应出来，这样，只需要一个验工计价就能满足进度计量的业务要求。验工计价业务流程如图 5-6-1 所示。

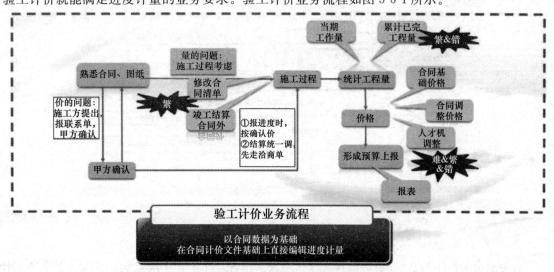

图 5-6-1　验工计价业务流程

2. 编制进度计量文件

广联达云平台提供三种方法将甲、乙双方签订的合同文件也就是预算文件转为验工计价文件。

第一种：在预算文件中直接将预算文件转换为验工计价文件；

第二种：在平台中将预算文件转为验工计价文件；

第三种：在平台中新建验工计价文件。现在以第三种方法为例进行介绍。

第一步，在平台中单击"新建"→"新建结算项目（山东）"。在弹出的对话框中选择"新建验工计价"，再单击"选择"按钮，选中要转换的文件或在弹出的对话框最近使用中双击需要的文件，这里需要注意能转的文件仅限招标投标的项目文件。如果要将单位工程预算文件转验工计价需要先新建一个项目将这个预算文件添加后再导入，如图 5-6-2 所示。

图 5-6-2　新建结算项目

第二步：选择"某住宅小区 3♯楼"的投标文件后，单击"新建"按钮，进入到"验工计价"界面。左侧为三级项目架构，编辑界面和报表清晰界定。

第三步：设置进度期。如果合同要求进度期按工程形象进度呈报，则在项目管理的编辑界面，单击"形象进度"按钮，在"形象进度"描述中按合同要求输入描述信息，并在功能区修改第 1 期的起止时间。然后，可以利用功能区中的"添加分期"添加第 2 期，继续描述即可，如图 5-6-3 所示。

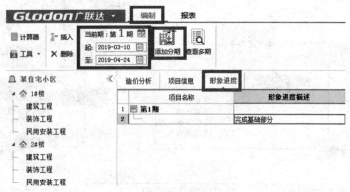

图 5-6-3　设置进度期

假设承包人应于每月 25 日向监理人报送工程量报告，在平台中应如何操作呢？首先，切换到 1♯楼的建筑工程，进入该单位工程界面，设置报量周期。软件默认有一期，需要修改时间为合同规定时间，第 1 进度期时间为 2019 年 3 月 25 至 2019 年 4 月 24 日，如图 5-6-4 所示。

单击"添加分期"按钮，软件会自动默认第 1 期的时间周期，这样，第 2 进度期就添加好了，第 3 进度期、第 4 进度期添加方法相同，只需单击"添加分期"按钮，就会按之前的时间周期自动生成。

图 5-6-4　添加分期

3. 分部分项工程量申报

进度期设置完毕后，即可以进行每个进度期工程量的申报。要考虑本期完成了哪些工作、工程量有多少、还有多少没完成、截至现在这项工作完成的累计工程量有多少以及是否超出合同工程量。假设本工程施工单位进场后第 1 个计量周期中实际完成工作为土石方工程中"挖基础土方"360 m³ 和"砌块墙"合同总量的 20%。

方法一：手动输入。首先确认工程的进度期在第 1 进度期，如果不是则切换分期为第 1 期。切换完毕后发现"第 1 期量"和"第 1 期比例"前带有小星号。在清单项中找到"挖一般土（石）方"清单项，在"第 1 期量"中输入"360 m³"，"第 1 期比例"随之变为"6.21"。在"砌块墙"清单项对应的"第 1 期比例"中输入"20%"，软件会以合同总量为基数自动计算"第 1 期量"为"40.09 m³"，如图 5-6-5 所示。

编码	类别	名称	单位	合同工程量	合同单价	★第1期量	第4期量	★第1期比例(%)
		整个项目						
	部	地下						
010101002001	项	挖一般土（石）方 1.土石方类别:投标人依据现场情况综合考虑 2.挖土深度:根据图纸	m3	5797.06	5.69	360.00	0.00	6.21
010103001001	项	基础回填土方 1.填料来源、运距:自行考虑	m3	1004.83	19.53	0.00	0.00	0
010103002001	项	余方弃置 1.废弃料品种:土（石）方、建筑垃圾等 2.运距:自行综合考虑 3.含废弃料的装车、运输、处置等	m3	4806.53	5.34	0.00	0.00	0
01B001	补项	钎探灌砂	m2	1132.85	45.31	0.00	0.00	0
010103004001	项	竣工清理	m3	4931.41	3.73	0.00	0.00	0
010401003001	项	水泥灰砂砖墙 1.砖品种、规格、强度等级:MU20水泥灰砂砖 2.墙体类型:直形,200厚 3.砂浆强度等级、配合比:M10水泥砂浆	m3	3.08	600.3	0.00	0.00	0
010402001001	项	砌块墙 1.砌块品种、规格、强度等级:加气砼砌块 2.墙体类型:直形墙 3.砂浆强度等级:M5.0混合砂浆 4.部位:高度3.6以下	m3	200.43	448.74	40.09	0.00	20

图 5-6-5　手动输入工程量

方法二：导入外部数据。平台提供了导入外部数据功能，利用"导入预算历史文件""导入验工计价历史文件"和"导入 Excel 文件"来实现。

如果总包方的预算员，用验工计价编制了本期上报量之后需要给建设单位或监理单位上报，上报后建设单位或监理单位可能对提交的工程文件进行审核修改，修改完毕后再返还给预算员，这时候就可以将审核完毕后的工程文件利用"导入验工计价历史文件"功能，将当期量更新到平台之上。接下来，以"导入预算历史文件"为例，讲解预算文件做的报量文件如何导入到验工计价中来。

第一步：单击"导入"→"导入预算历史文件"，在弹出的对话框中选择要导入的预算文件，再单击"打开"按钮，在弹出的单位工程选择窗口中选择要操作的"建筑工程"，单击"导入"按钮（图 5-6-6），此时，软件会根据清单项自动匹配到第 1 期对应的工程量上，这样，预算文件中的工程量就快速导入到验工计价中了（图 5-6-7）。此时，可以按照工程进展情况修改个别数据。

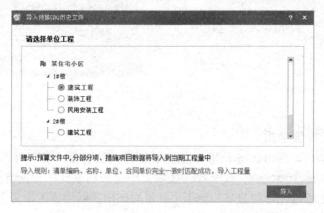

图 5-6-6　选择单位工程

	编码	类别	名称	单位	合同工程量	合同单价	★第1期量	第4期量	★第1期比例(%)
			整个项目						
B1		部	地下						
1	010101002001	项	挖一般土（石）方 1.土石方类别:投标人依据现场情况综合考虑 2.挖土深度:根据图纸	m3	5797.06	5.69	5797.06	0.00	100
2	010103001001	项	基础回填土方 1.填方来源、运距:自行考虑	m3	1004.83	19.53	1004.83	0.00	100
3	010103002001	项	余方弃置 1.废弃料品种:土（石）方、建筑垃圾等 2.运距:自行综合考虑 3.含废弃料的装车、运输、处置等	m3	4806.53	5.34	4806.53	0.00	100
4	01B001	补项	轩探凝砂	m2	1132.85	45.31	1132.85	0.00	100
5	010103004001	项	竣工清理	m3	4931.41	3.73	4931.41	0.00	100
6	010401003001	项	水泥灰砂砖墙 1.砖品种、规格、强度等级:MU20水泥灰砂砖 2.墙体类型:直形,200厚 3.砂浆强度等级、配合比:M10水泥砂浆	m3	3.08	600.3	3.08	0.00	100
7	010402001001	项	砌块墙 1.砌块品种、规格、强度等级:加气砼砌块 2.墙体类型:直形墙 3.砂浆强度等级、配合比:M5.0混合砂浆 4.部位:高度3.6以下	m3	200.43	448.74	200.43	0.00	100

图 5-6-7　导入预算文件中的工程量

第二步：提取未完成的工程量。很多情况下，像土方、基础这些工作，当工程进行到第 2 期就已经全部完成，可利用"提取未完工程量"把该清单项合同工程量剩余的量快速提取过来。

切换到第 2 进度期，找到"挖一般土（石）方"清单项在"第 2 期量"对应的单元格，单击鼠标右键选择"提取未完工程量"，提取过来的工程量就是合同工程量 5 797.06 减掉第 1 期工程量 360，剩余 5 437.06，并且累计完成量和合同工程量保持一致，累计完成比例自动显示 100，如图 5-6-8所示。

图 5-6-8　提取未完工程量

4. 措施项目、其他项目进度计量

措施项目在进度计量时除一些特殊子目如模板子目需要从分部分项中提取外，其他的费用项都会根据合同或者计量方式按比例、按实际发生、按百分率进行计量。

从分部分项界面切换到措施项目界面，发现每一条措施项目的计量方式都可以通过计量方式这一列或者计量方式功能键来更改，满足灵活的合同要求。对于涉及费用明细的项目，可以利用"编辑费用明细"功能来完成。

5. 人材机调差

进入到"人材机汇总"界面，选择要调差的周期，再单击"材料调差"，在平台上可以分为六步完成材料调差工作，并且操作顺序与平日手动调差的思路一致。

第一步：筛选要调差的材料。在筛选调差材料时分两种方式：一种是"从人材机汇总中选择"；另一种是"自动过滤调差材料"。单击"从人材机汇总中选择"按钮，可以在弹出的对话框中灵活地挑选需要调差的材料，如图 5-6-9 所示。

图 5-6-9　"从人材机汇总中选择"对话框

自动过滤调差材料有以下三种方式：

第一种是取合同计价文件中主要材料、工程设备。当工程中要调差的材料和设备为主材时，可以选择此项。

第二种是取合同中材料价值排在前××位。当要调差的材料是按其价值排在前多少位筛选的，可以用此选项快速完成。

第三种是取占合同中材料总值××％的所有材料。材料单价可能不贵,但用量大,总价值高。要调差的材料如果是按总价值筛选的,可以选择此项。

第二步:设置风险幅度范围。《建设工程工程量清单计价规范》(GB 50500—2013)(以下简称《13清单规范》)中指出,风险幅度范围有约定从约定,无约定按±5％,风险范围内的不参与调差,在这里给出风险范围,软件会自动计算。选择"风险幅度范围",可以对所有要调差的材料统一设置风险幅度,针对个别风险幅度不同的材料可以单击"风险幅度范围"单元格输入这一种材料的幅度范围,如图5-6-10所示。

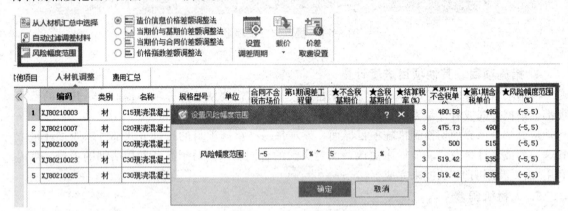

图 5-6-10　风险幅度范围

第三步:选择调差方法。软件将《13清单规范》中规定的价格指数调整、差额调整法和常用调差方法都做了内置,可以根据工程合同要求直接选择,在这里选择"当期价与合同价差额调整法",如图5-6-11所示。

图 5-6-11　选择调差方法

第四步:设置调差周期。主要考虑有些工程在进度报量过程中会要求每半年或一季度对材料统一调一次价,如果一个季度调一次价,刚开始做调差时就设置调差周期为1~3周期,如图5-6-12所示。

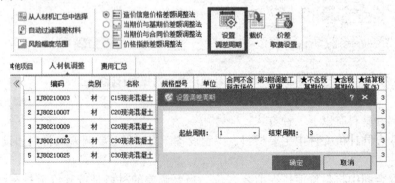

图 5-6-12　设置调差周期

第五步：确定材料价格。通过批量载价的功能可以快速确定材料价格。单击"载价"可以选择载入结算价还是基期价。在载价的过程中，可以对材料进行加权平均和量价加权处理，只需要在载价时对其勾选即可，如图5-6-13所示。

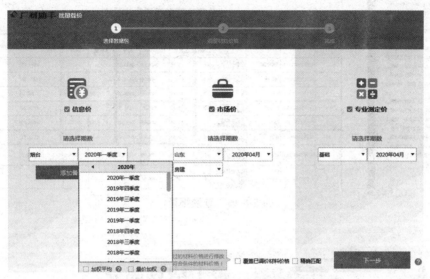

图 5-6-13　确定材料价格

第六步：价差取费。在"人材机调差"界面，看到价差默认计取规费和税金，如图5-6-14所示。也可以在"人材机调整"界面，利用"价差取费设置"对材料取费进行重新设置，如图5-6-15所示。

编码	类别	名称	规格型号	单位	★不含税基期价	★含税基期价	★结算税率(%)	★第3期不含税单价	★第3期含税单价	★风险幅度范围(%)	第3期单价涨/跌	第3期单位价差	第3期从	累计价差	★取费
XJ80210003	材	C15现浇混凝土	碎石<40	m3	480.58	495	3	480.58	495	(-5, 5)	0	0	0	0	计规费和税金
XJ80210007	材	C20现浇混凝土	碎石<20	m3	475.73	490	3	475.73	490	(-5, 5)	0	0	0	0	计规费和税金
XJ80210009	材	C20现浇混凝土	碎石<31.5	m3	500	515	3	500	515	(-5, 5)	0	0	0	0	计规费和税金
XJ80210023	材	C30现浇混凝土	碎石<31.5	m3	519.42	535	3	519.42	535	(-5, 5)	0	0	0	0	计规费和税金
XJ80210025	材	C30现浇混凝土	碎石<40	m3	519.42	535	3	519.42	535	(-5, 5)	0	0	0	0	计规费和税金

图 5-6-14　默认计取规费和税金

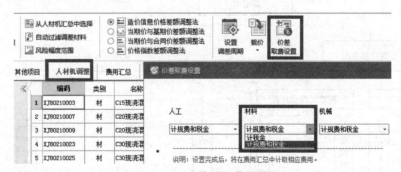

图 5-6-15　价差取费设置

在调差过程中还会遇到一种情况，一个项目的几栋楼同时开工，材料也同时购买，那么，其价格就一致，想快速对整个材料进行调整，需要回到项目界面单击"人材机调差"按钮，这时调差可以选择的"人材机"就是整个项目所有单位工程的。操作方法与分部分项的材料调差方法一致。

在进度报量过程中将每期要申报的量和价计算完毕后就可以进入报表界面查量报量了，如图5-6-16所示。

图 5-6-16　查量报量

任务二　竣工结算部分

竣工结算一般可分为分期计量和一次性结算。分期计量这种结算方式是依据《13 清单规范》应运而生的。《13 清单规范》明确指出，过程中甲、乙双方签字确认的量和价直接作为最终竣工结算的一部分，不得进行二次确认。结合广联达云计价平台来看就是验工计价文件中处理的整个工程各进度期的量、价、材料都是竣工结算的依据。广联达云计价平台强调的是平台化，在验工计价部分中看到合同文件能够直接转为验工计价的文件成为施工过程的依据，那么，验工计价文件也是可以转换为竣工结算文件的。一次性结算方式是较为熟悉的结算方式。一次性结算可分为合同内造价和合同外造价，如图 5-6-17 所示。

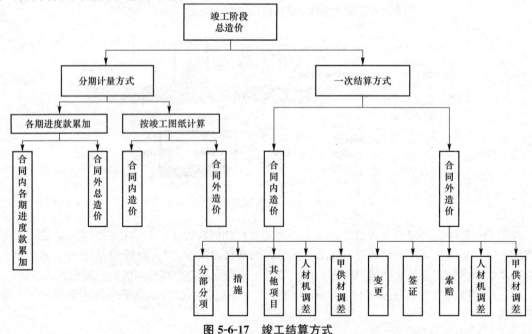

图 5-6-17　竣工结算方式

以合同数据为依据，快速结算的内容如图 5-6-18 所示。合同内计算造价时，如果工程采用的是固定单价合同，则需要用结算工程量乘以合同单价，过程中需要考虑结算工程量的变化是否超出风险幅度范围，对于超出部分的综合单价需要重新计算综合单价。除此之外，还需要考虑人材机价差的调整；对于合同外的费用涉及变更、签证等需要计算发生的量有多少，单价如何确认，采用原综合单价还是重新计算，并且依据文件要完备，否则只会导致结算延期。

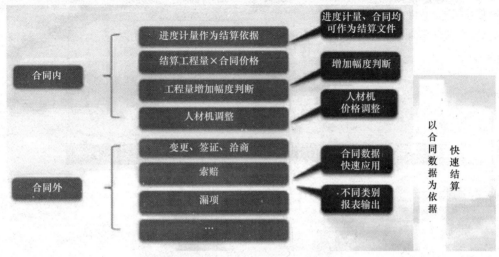

图 5-6-18 快速结算的内容

1. 新建结算工程

方法一：在广联云计价平台界面可以将验工计价文件直接转为结算文件，如果工程采用《13清单规范》模式下分期计量的结算方式，就可以快速将进度报量文件转换为竣工结算文件。在广联云计价平台界面选中验工计价工程，单击鼠标右键选择"转为结算计价"选项，如图 5-6-19 所示。

图 5-6-19 验工计价文件转为结算计价

方法二：当结算方式为一次性结算时，就需要重新对工程的量价进行核实，这时可以将合同文件转为结算文件。在广联云计价平台界面选中合同文件，单击鼠标右键选择"转为结算计价"选项，如图 5-6-20 所示。

方法三：在平台中单击"新建"→"新建结算项目"，在弹出的对话框中选择"新建结算计价"，再选择要转换的文件，文件可以是验工计价或预算文件，在此以一次结算方式为例，选择合同预算文件转为结算文件，如图 5-6-21 所示。

进入到竣工计价界面，最上面按结算工作流程可分为"编制""报表"，左侧导航栏合同内、合同外清晰划分，如图 5-6-22 所示。

图 5-6-20 合同文件转为结算计价

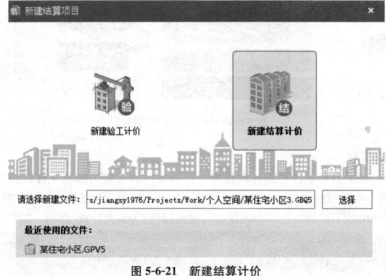

图 5-6-21 新建结算计价

图 5-6-22 竣工计价界面

2. 输入结算工程量

方法一：结算时如果采用竣工图复算法，可以单击"提取结算工程量"→"从算量文件提取"，将算量软件中计算的工程量提取过来，如图 5-6-23 所示。

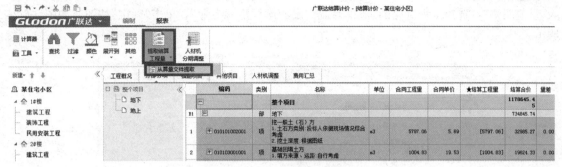

图 5-6-23　从算量文件提取

方法二：手动输入。例如，将"挖一般土（石）方"这条清单项的"结算工程量"改为"6020.00"，广联达云计价平台会自动显示"量差"和"量差比例"，如图 5-6-24 所示。

编码	类别	名称	单位	合同工程量	合同单价	★结算工程量	结算合价	量差	量差比例(%)
		整个项目					1179913.98		
B1	部	地下					736114.27		
1　010101002001	项	挖一般土（石）方 1.土石方类别:投标人依据现场情况综合考虑 2.挖土深度:根据图纸	m3	5797.06	5.69	6020.00	34253.8	222.94	3.85
2　010103001001	项	基础回填土方 1.填方来源、运距:自行考虑	m3	1004.83	19.53	[1004.83]	19624.33	0.00	0
3　010103002001	项	余方弃置 1.废弃料品种:土(石)方、建筑垃圾等 2.运距:自行综合考虑 3.含废弃料的装车、运输、处置等	m3	4806.53	5.34	[4806.53]	25666.87	0.00	0
4　01B001	补项	钎探灌砂	m2	1132.85	45.31	[1132.85]	51329.43	0.00	0
5　010103004001	项	竣工清理	m3	4931.41	3.73	[4931.41]	18394.16	0.00	0

图 5-6-24　自动显示量差和量差比例

广联达云计价平台根据《13 清单规范》规定的量差幅度 15% 会自动计算是否超出，若超出，结算工程量和量差比例就会红色显示提醒。如果合同规定的偏差幅度和《13 清单规范》规定的不一致，只需要在 GLODON 广联达下拉菜单中单击"选项"→"结算设置"，根据合同要求修改即可，如图 5-6-25 所示。

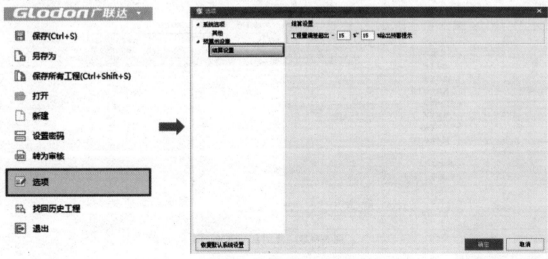

图 5-6-25　选择"结算设置"

3. 15%以上量差的处理

水泥灰砂砖墙、砌块墙、垫层这几条清单项量差比例超出 15%，这部分工程量可以放在合同外处理。选择合同外的"其他"，单击鼠标右键，选择"新建其他"选项，在"工程名称"单元格输入"量差调整"，选择工程对应的"清单专业""定额库""定额专业"，单击"确定"按钮，如图 5-6-26 所示。

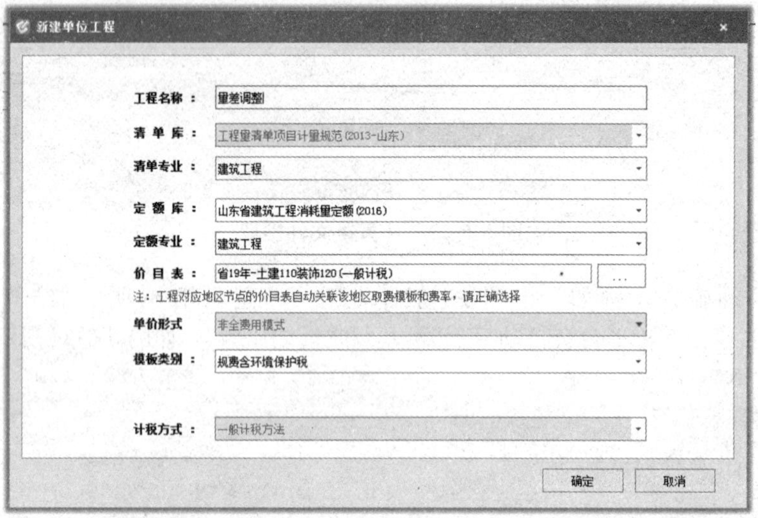

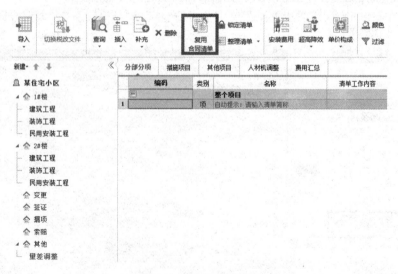

图 5-6-26　新建"量差调整"

进入到量差调整工程中，可以使用"复用合同清单"功能，也可以快速查到合同内量差超过 15%的清单项(图 5-6-27)。在弹出的对话框中对"量差范围超出±15%"进行勾选，这时，平台会自动过滤出合同清单量差超出±15%的清单项。想要进一步缩小范围，可以输入名称或关键字过滤，勾选需要复用的清单项，在"清单复用规则"位置处选择"只复制清单"，"工程量复用规则"处选择"量差幅度以外的工程量"，单击"确定复用"按钮，如图 5-6-28 所示。

图 5-6-27　复用合同清单

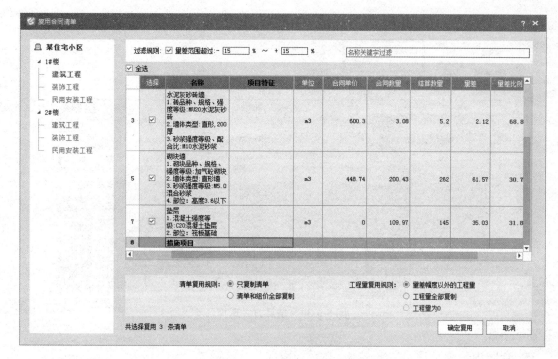

图 5-6-28　"复用合同清单"设置

弹出"是否将复用部分工程量在原清单中扣除"对话框，单击"是"按钮，则合同内的结算工程量会自动扣除超出部分；单击"否"按钮，则合同内结算工程量不变，将超出 15％部分的工程量提取过来。在此建议单击"是"按钮，将超出部分量差提取过来，再套定额重新确定综合单价。

再回到合同内查看这几条清单，结算工程量发生变化，超出部分的工程量在合同内自动做了扣除，如图 5-6-29 所示。

编码	类别	名称	单位	合同工程量	合同单价	★结算工程量	结算合价	量差	量差比例(%)
4	⊞ 01B001	补项	钎探灌砂	m2	1132.85	45.31	[1132.85]	51329.43	0.00	0
5	⊞ 010103004001	项	竣工清理	m3	4931.41	3.73	[4931.41]	18394.16	0.00	0
6	⊞ 010401003001	项	水泥灰砂砖墙 1.砖品种、规格、强度等级:MU20水泥灰砂砖 2.墙体类型:直形,200厚 3.砂浆强度等级、配合比:M10水泥砂浆	m3	3.08	600.3	3.54	2125.06	0.46	14.94
7	⊞ 010402001001	项	砌块墙 1.砌块品种、规格、强度等级:加气砼砌块 2.墙体类型:直形墙 3.砂浆强度等级:M5.0混合砂浆 4.部位:高度3.6以下	m3	200.43	448.74	230.49	103430.08	30.06	15
8	⊞ 010501001001	项	垫层 1.混凝土强度等级:C20混凝土垫层 2.部位:独立基础	m3	7.49	686.94	[7.49]	5145.18	0.00	0
9	010501001002	项	垫层 1.混凝土强度等级:C20混凝土垫层 2.部位:筏板基础	m3	109.97	0	126.47	0	16.50	15
10	⊞ 010501001003	项	垫层 1.材料种类及厚度:100厚中粗砂垫层 2.部位:基础垫层下	m3	105.79	672.8	[105.79]	71175.51	0.00	0

图 5-6-29　结算工程量变化

4. 措施项目

措施费用可分为总价包干和可调措施。总价包干顾名思义是结算价以合同价为准，是固定总价合同；而结算价格可以以实际情况进行修改，为可调措施，通常是固定单价合同。当工程中变更非常大时就有可能不再采用原文件要求。在平台中可以单击"结算方式"单元格进行调整，也可以在"结算方式"功能组中选择"可调措施"或"总价包干"直接切换，如图5-6-30所示。

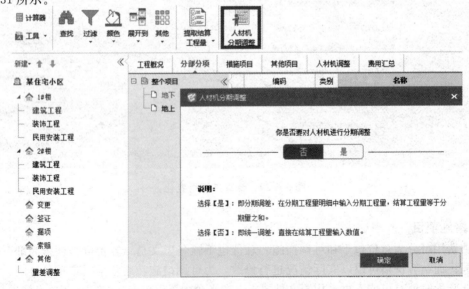

图5-6-30 结算方式选择

5. 合同内价差处理

竟工结算阶段价差调整主要为单位工程中人材机调差和项目级人材机调差，方法和验工计价一致，此处就不再赘述。工程中还会遇到一种情况，就是工程中施工方不需要向建设单位上报调差结果，但最终结算时又需要按分期实际发生的量和价调差，这种调差方式在平台中分两部分处理，首先需要在"分部分项"界面设置分期，然后在"人材机调整"界面调差。

（1）"分部分项"界面分期设置。

第一步：在"分部分项"界面单击"人材机分期设置"按钮，弹出对话框提醒是否对人材机分期调差，单击"是"按钮，就是采用分期调差，这样，在分期工程量明细中输入分期工程量，结算工程量等于分期量之和；单击"否"按钮，将采用统一调差，直接在结算工程量输入数值，如图5-6-31所示。

图5-6-31 人材机分期调整

第二步：选择分期方式。如果分期方式选择"是"选项，则在总分期数单元格输入要分期的期数，选择"按分期比例输入"选项，单击"确定"按钮，如图5-6-32所示。

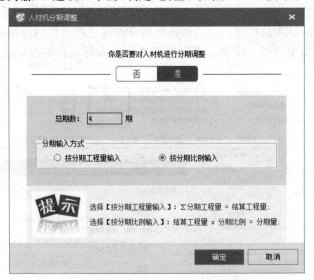

图5-6-32　选择分期方式

第三步：设置分期明细。在分部分项界面单击"分期工程量明细"按钮，定位要分期的清单行，看到第1期比例默认为100%，根据工程情况输入这4期的比例，输入完毕后，若其他清单项也执行此比例关系，则可以单击"分期比例应用到其他"按钮，当前分部或者分部分项所有清单项，如图5-6-33所示。

分部分项	措施项目	其他项目	人材机调整	费用汇总		
	编码	类别	名称	单位	合同工程量
4	⊞ 01B001	补项	钎探灌砂	m2	1132.85
5	⊞ 010103004001	项	竣工清理	m3	4931.41
6	⊞ 010401003001	项	水泥灰砂砖墙 1.砖品种、规格、强度等级:MU20水泥灰砂砖 2.墙体类型:直形,200厚 3.砂浆强度等级、配合比:M10水泥砂浆	m3	3.08
7	⊞ 010402001001	项	砌块墙 1.砌块品种、规格、强度等级:加气砼砌块 2.墙体类型:直形墙 3.砂浆强度等级、配合比:M5.0混合砂浆 4.部位:高度3.6以下	m3	200.43

工料机显示　**分期工程量明细**

按分期比例输入▾　分期比例应用到其他

分期	★分期比例	结果	★备注
1	0	0	
2	10	23.05	
3	20	46.1	
4	70	161.34	

图5-6-33　设置分期明细

(2)材料调差。切换到"人材机调整"界面，单击"材料调差"按钮，之前设置的3个分期就能看到了。

接下来的操作和验工计价的人材机调差只有第四步选择调差周期操作方法不同。

第一步：挑选要调差的人材机。

第二步：设置风险幅度范围。

第三步：选择调差方法。

第四步：设置调差周期，单击"单期/多期调差设置"按钮，单期设置是指平台根据在人材机分期调整设置的总期数、每期中的分期的量来计算当期的发生量，每个分期记一次差，分期结算单价分别输入，最后计入总价差；多期调差是指可以将之前设置的分期分多次进行价差调差，例如，按季度或年度为单位调一次差，确定结算单价时进行量价加权，最后再计入总价差，如图 5-6-34 所示。

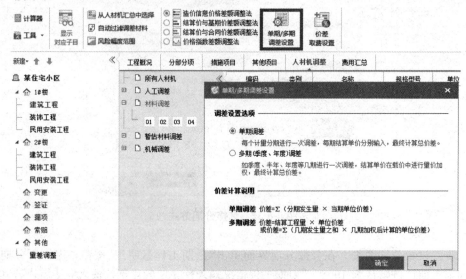

图 5-6-34　设置调差周期

若选择"多期（季度、年度）调差"，设置的分期可以被灵活地划分为不同的调差段，例如，第 1 到第 2 期调一次差，就需要将第一次调差选择为 1～2 期，再单击"添加"按钮，选择第二次的调差周期；再有第三次调差，一样的方法继续选择，设置完毕后单击"确定"按钮，这时材料调差周期变为按多期调差设置的总调差次数，并且材料工程量也会自动重新计算。

第五步：输入材料的确认价格。

第六步：价差取费。

6. 竣工结算—合同外量、价处理

接下来学习结算合同外部分，将从复用合同清单、关联依据、人材机参与调差、导入历史变更文件这四个功能进行讲解。

第一步：复用合同清单。对于合同外产生的量差，通常，其来源有两种情况，一种是要求结算工程量和合同工程量保持一致，超出部分工程量放在合同外处理，综合单价是根据清单先在合同内找相同或相似的；另一种是由合同工作内容的增减、合同工程量的变化、设计变更等带来的合同工程量的变化。这些合同外的工程量在软件中如何操作呢？

以"满堂基础"清单项为例，进入软件看到结算工程量为 526，合同工程量为 488.08，工程中要求结算工程量和合同工程量要一致，超出部分的量和价将放在合同外部分计算。

可以将这部分放在变更中处理，在导航栏选择"变更"选项，单击鼠标右键，选择"新建变更"选项，"工程名称"输入变更单的信息，再单击"确定"按钮，如图 5-6-35 所示。

要将合同内超出部分工程量快速提取到合同外，可以利用"复用合同清单"功能完成。"复用合同清单"对话框如图 5-6-36 所示，同时需要注意以下几个问题：

（1）输入过滤范围时需要将超出合同部分的结算工程量全部提取，所以在过滤范围输入 0；

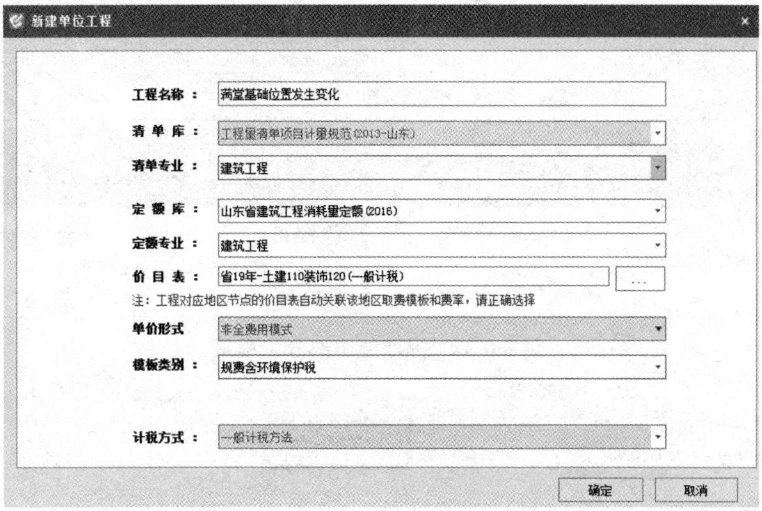

图 5-6-35　新建变更

图 5-6-36　"复用合同清单"对话框

(2)若显示出的清单项还是很多，为了快速找到目标清单，可以进一步按清单名称或关键字过滤；

(3)在选择单元格内勾选目标清单项；

(4)变更部分在合同内能找到相同或相似的清单，综合单价直接引用，所以，"清单复用规则"选择"清单和组价全部复制"；

(5)"工程量复用规则"选择"量差幅度以外的工程量"，如图 5-6-36 所示。

这样超出部分的工程量就被提取出来，结算单价、结算合价也自动统计出来，并且关联合同清单功能，能查看这条清单和哪个合同的哪条清单有关联，如图 5-6-37 所示。

第二步：人材机参与调整。若要求合同外的人材机也参与调差，就需要切换到"人材机调整"，单击"人材机参与调差"按钮，这样合同内外相同人材机计算方式就相同了，并且价格保持一致，如图 5-6-38 所示。

图 5-6-37　提取超出部分工程量

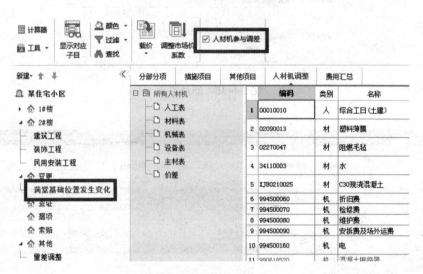

图 5-6-38　人材机参与调差

第三步：导入历史变更文件。如果合同外的费用已经用预算文件做好了，也可以直接导入到结算部分，以变更为例，在导航栏选中变更，单击鼠标右键，选择"导入变更"选项，在弹出的对话框中选择要导入的文件，单击"打开"按钮，能导入的工程类型包含 GBQ4.0 和云计价平台 GCCP5.0 做的项目文件与单位工程文件。这样，合同外费用文件就导入成功。

◀)) 知识拓展

在《13 清单规范》中第 9.8.1 规定"合同履行期间，因人工、材料、工程设备、机械台班价格波动影响合同价款时，应根据合同约定，按《13 清单规范》附录 A 的方法之一调整合同价款。"另外，第 9.9.2 条指出，承包人采购材料和工程设备的，应在合同中约定主要材料、工程设备价格变化的范围或幅度；当没有约定，且材料、工程设备价格变化超过 5% 时，超过部分的价格应按照《13 清单规范》附录 A 的方法计算调整材料、工程设备费。

不仅在规范中对人材机变化的范围和幅度有具体规定，而且在合同中也能看到人材机调整的相关说明，具体如下：

专用合同条款：①承包人在已标价工程量清单或预算书中载明的材料单价低于基准价格的：专用合同条款履行期间材料单价涨幅以基准价格为基础超过 5% 时，或材料单价跌幅以已标价工程量清单或预算书中载明材料单价为基础超过 5% 时，其超过部分据实调整。

②承包人在已标价工程量清单或预算书中载明的材料单价高于基准价格的：专用合同条款履行期间材料单价跌幅以基准价格为基础超过5％时，材料单价涨幅以已标价工程量清单或预算书中载明材料单价为基础超过5％时，其超过部分据实调整。

③承包人在已标价工程量清单或预算书中载明的材料单价等于基准单价的：专用合同条款履行期间材料单价涨跌幅以基准单价为基础超过±5％时，其超过部分据实调整。

实际材料调差时除要考虑规范或合同规定的量差幅度外，还要根据合同约定挑选要调差的材料，其次确定调差周期内发生的人材机和工程量，最后根据合同约定确定调差因素。整个流程如图5-6-39所示。

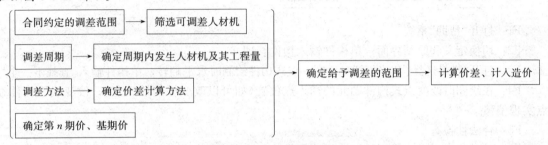

图5-6-39 人材机调差流程

在这个过程中，调差方法也是需要提前掌握的。《13清单规范》中提到"采用价格指数进行价格调整"和"造价信息价格差额调整"两种方法，用Excel很难厘清逻辑思路。

除此之外，还有更复杂的材料调差方法，就是根据信息价或者建设单位确定的价调整，只有一期的市场价还好，但要计算一个季度、半年或者一年的，手动加权计算的难度很大，因为材料的价格是时时在变的，每期统计的材料发生量也不一样。通过一些方法计算出量和价，接下来就是价差的计算，过程中需要考虑风险幅度。根据调差因素确定单位价差，再根据单位价差计算涨幅，然后根据涨幅确定是否要调差，再计入造价。这就是一条材料的调差思路，最后再将整个工程调过差的材料汇总即可。

附录　软件中的快捷键

★一、钢筋算量软件 GGJ 快捷键★

F1：打开"帮助"系统

F2：切换定义和绘图界面；单构件输入构件管理

F3：打开"批量选择构件图元"对话框；点式构件绘制时水平翻转；单构件输入"查找下一个"

F4：在绘图时改变点式构件图元的插入点位置（如可以改变柱的插入点）；改变线性构件端点实现偏移

F5：合法性检查

F6：显示跨中板带；梁原位标注时输入当前列数据

F7：显示柱上楼层板带和柱下基础板带；设置是否显示"CAD 图层显示状态"对话框

F8：打开三维楼层显示设置对话框；单构件输入时进入平法输入

F9：打开"汇总计算"对话框

F10：显示隐藏 CAD 图

F11：打开"编辑钢筋"对话框

F12：打开"构件图元显示设置"对话框

Ctrl＋F：查找图元；单构件输入"查找构件"

Delete：删除

Ctrl＋C：复制

Ctrl＋V：粘贴

Ctrl＋X：剪切

Ctrl＋A：选择所有构件图元

Ctrl＋N：新建

Ctrl＋O：打开

Ctrl＋S：保存

Shift＋Ctrl＋S：保存并生成互导文件

Ctrl＋Z：撤销

Shift＋Ctrl＋Z：恢复

Ctrl＋Q：动态输入关闭开启

Tab：动态输入时切换输入框

↑：动态输入时坐标与长度输入方式切换

Ctrl＋＝（主键盘上的"＝"）：上一楼层

Ctrl＋－（主键盘上的"－"）：下一楼层

Shift(Ctrl)＋右箭头：梁原位标注框切换

Ctrl＋1：报表预览"单页"

Ctrl＋2：报表预览"双页"

Ctrl＋2：二维切换

Ctrl＋3：三维切换（三维动态观察）

Ctrl＋Enter键：俯视

Ctrl＋5：全屏

Ctrl＋I：放大

Ctrl＋U：缩小

滚轮前后滚动：放大或缩小

按下滚轮，同时移动鼠标：平移

连续按两下滚轮：全屏

Ctrl＋Left(→)：左平移

Ctrl＋Right(←)：右平移

Ctrl＋Up(↑)：上平移

Ctrl＋Down(↓)：下平移

Ctrl＋P：报表预览"打印"

Ins：单构件输入"插入钢筋"

～：显示线性图元方向

Shift＋F3：绘制点式构件时上、下翻转

★二、快捷键设置★

在工程绘制过程中，对于经常使用的命令可以设置快捷键，然后可以通过按快捷键直接运行此命令，快速切换图层进行绘图操作，提高绘图效率。新版钢筋软件支持用户自定义快捷键，具体操作步骤如下：

第一步：单击"工具"→"快捷键设置"，弹出如附图1所示的对话框。

（1）添加常用命令：可以根据个人使用习惯，选择需要设置快捷键的命令。

（2）通过导入/导出的功能，保存已设定好的快捷键，以便后期复用。

（3）快捷键响应时间：输入数值，单位为"ms"。例如，剪力墙直线绘制功能的快捷键设置为QW，表示输入字母Q与字母W之间的时间间隔不超过350 ms；在使用快捷键触发剪力墙直线绘制功能时，按字母Q键、字母W键之间的时间间隔不超过350 ms。

（4）说明：快捷键不能输入F1～F12及所有功能键（如ESC、Caps Lock、↓），其余键均可以输入，且不允许为单独的主键盘数字，请在英文输入法下输入快捷键。

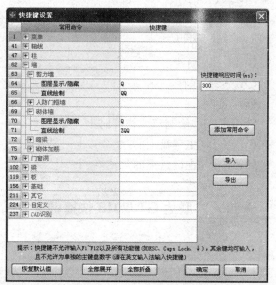

附图1 "快捷键设置"对话框

第二步：使用方法：在板图层下绘图时，发现图中漏画了某道墙，而设置的直线绘制墙快捷键为"QW"，则直接使用QW快捷键，软件自动切换到墙图层并运行直线绘制墙的操作，非常方便和高效。

★三、图形算量软件 GCL 快捷键★

F1：打开文字帮助系统

F2：绘图和定义界面的切换

F3：批量选择构件图元/点式构件绘制时水平翻转

F4：在绘图时改变点式构件图元的插入点位置（例如，可以改变柱、轴网的插入点），改变线性构件端点实现偏移

F5：合法性检查

F7：CAD 图层显示状态

F8：检查做法

F9：汇总计算

F10：查看构件图元工程量

F11：查看构件图元工程量计算式

F12：构件图元显示设置

Ctrl＋3：三维动态观察器

Ctrl＋Enter：俯视图

Ctrl＋5：全屏

Ctrl＋I：放大

Ctrl＋T：缩小

Ctrl＋Z：撤销

Ctrl＋Shift＋Z：恢复

Ctrl＋X：剪切

Ctrl＋C：复制

Ctrl＋V：粘贴

Ctrl＋N：新建

Ctrl＋S：保存

Del：删除

Shift＋F3：绘制点式构件时上、下翻转

Ctrl＋ ＝（主键盘上的"＝"）：上一楼层

Ctrl＋ －（主键盘上的"－"）：下一楼层

★四、广联达 GTJ2018 快捷键★

1. 功能键

F1：帮助

F2：构件定义

F3：批量选择

F4：改变插入点

F5：合法性检查

F6：显

F7：打开图层管理

F8：检查做法

F9：汇总计算

F10：查看构件图元工程量

F11：汇总选中图元

F12：显示设置

2. 各构件隐藏、显示快捷键

A：暗梁、门联窗

B：现浇板、螺旋板

C：窗、带形窗、基槽土方

D：墙洞、带形洞、独立基础

E：墙垛、圈梁

F：板负筋、房间、基础梁

G：过梁、连梁、地沟、栏杆扶手

H：楼层板带、保温层

I：壁龛

J：轴网

K：吊顶、基坑土方、集水坑、栏板

L：梁

M：门、筏板基础

N：板洞

O：辅助设计

P：天棚、雨篷

Q：剪力墙、保温墙、幕墙

R：楼梯、筏板主筋

S：板受力筋、踢脚、散水

T：条形基础、挑檐

U：墙裙、桩、建筑面积

V：柱帽、楼地面、桩承台

W：墙面、大开挖土方、尺寸标注

X：飘窗、筏板负筋、自定义线

Y：砌体加筋、柱墩、阳台

Z：柱

3. Ctrl 组合键

Ctrl＋5：视图 ZOOM

Ctrl＋F：查找图元

Ctrl＋1：钢筋三维

Ctrl＋S：保存工程

Ctrl＋－：下一楼层

Ctrl＋N：新建工程

Ctrl＋＋：上一楼层

Ctrl＋O：打开工程

Ctrl＋Z：撤销

4. 进阶组合键

S＋Q：拾取构件

C＋F：从其他层复制

P＋N：锁定

M＋V：移动

M＋I：镜像

J＋O：合并

T＋R：修建

F＋G：分割

G＋J：构件列表

O＋O：两点辅轴

T＋K：重提梁跨

T＋M：应用到同名梁

D＋J：生成吊筋

F＋W：查看负筋布筋范围

B＋B：直线绘制板

Z＋Z：点式绘制柱

F＋C：复制到其他层

U＋P：解锁

C＋O：复制

R＋O：旋转

B＋R：打断

E＋X：延伸

R＋F：人防门框墙

D＋H：导航树

S＋X：属性

P＋F：梁原位标注

S＋Z：删除支座

C＋M：生成侧面钢筋

G＋D：查改吊筋

L＋L：直线绘制梁

Q＋B：直线绘制剪力墙

C＋C：精确布置窗

参考文献

[1] 中华人民共和国住房和城乡建设部，中华人民共和国国家质量监督检验检疫总局. GB 50500—2013 建设工程工程量清单计价规范[S]. 北京：中国计划出版社，2013.

[2] 中华人民共和国住房和城乡建设部，中华人民共和国国家质量监督检验检疫总局. GB 50854—2013 房屋建筑与装饰工程工程量计算规范[S]. 北京：中国计划出版社，2013.

[3] 山东省住房和城乡建设厅. SD 01—31—2016 山东建筑工程消耗量定额[S]. 北京：中国计划出版社，2016.

[4] 朱溢镕，肖跃军，赵华玮，等. 建筑工程 BIM 造价应用（江苏版）[M]. 北京：化学工业出版社，2017.

[5] 山东省建设厅. DXD37—101—2002 山东省建筑工程消耗量定额[S]. 北京：中国建筑工业出版社，2003.